Cabin Safety Practice

비행안전실무

Preface

2022년 초반, 본권을 개정 하던 중 문득 서울시 강서구의 파란 하늘을 바라보니 대한항공 787-9 드림라이너 비행기 한대가 멋진 비행운을 그리며 날아가고 있었다. 수년 전 저자는 분명히 기내에 책임자로 있었고 탑승한 객실승무원, 승객의 안전과 최상의 기내서비스를 제공하기 위해 40,000ft 상공에서 이리저리 객실을 순회하며 고군분투 하고 있었다.

31년 9개월 비행, 현재 속도의 여객기로 지구를 882바퀴 도는 시간 처음 보는 분마다 어떻게 긴 세월을 비행기와 함께 지냈냐고 매우 의아해 하지만 찰나와 같은 시간 이었고 비행 중 기뻤던, 슬펐던, 어려웠던, 보람느꼈던 일이 융합되어 정말 길다고 느낀 적은 한번 도 없었다.

이제 비행의 날개를 접고 지상에서 미래의 객실승무원을 양성하고 있어 더욱 더 보람을 느끼고 있지만 국내에 최신 비행안전실무 지침서가 부족하여 이 책을 집필하게 되었다. 교재를 만드는 작업이 순조롭지는 않았지만 예비항공인을 위한 정성과 헌신의 입장에서 수많은 날들을 열정으로 되새김하여 이제 지금까지 볼 수 없었던 최신 비행안전 및 응급환자대처 관련 지식을 더불어 2022년 최신내용인 "비상 긴급 신호의 통합운영 절차", "감압 및 기내화재 진압절차", "B787-9(드림라이너)", "코로나 19 스페셜 에디션"과 같이 최신 항공안전 내용을 듬뿍 담은 새로운 비행안전실무 개정판이 다시 한번 후학의 손에 넘어가는 대장정의 막을 내렸다.

또한 이 책은 항공사 객실승무원과 항공사 지상직이라는 소중한 꿈이 가슴에서 용솟음치는 예비승무원 / 지상직 요원, 현직승무원 그리고 국내항공사의 객실승무원 업무에 대해 강의하고 가르치는 전국 항공 및 관광관련 학과 교수님께 큰 도움이 될 수 있기를 바라는 마음이 정말 간절하다.

끝으로 어려운 출판환경 임에도 불구하고 이 책을 출판 해주신 한올 출판사 대표님과 국내외 상공에서 함께 숨 쉬며 고락을 함께 했던 국내 대형항공사 선후배 여러분 그리고 한국항공객실안전협회 임원진께 머리 숙여 깊은 감사의 마음을 전한다.

저자 최성수 드림

Contents

Chapter 04 비행 중 안전, 보안 실무 / 91

Chapter 05 착륙 후 안전, 보안 실무 / 127

Chapter 06 항공기로부터의 비상탈출 실무 / 141

Chapter 07 운항승무원/지상직원과의 원활한 소통 / 165

Chapter 08 기내 상황별 안전 안내방송 / 171

Chapter 09 비행 중 응급환자 초기 대응실무(First Aid) / 191

Chapter 10 응급환자 후속관리 실무 / 221

Chapter 11 비행 중 기내 상황별 응급처치 실무 / 231

코로나19 스페셜 에디션(기내 코로나 19 감염병 예방 및 감염 의심승객 처리절차)

Chapter 12 CPR과 AED / 283

Chapter 13 실제 비행 중 응급환자 처치 사례 / 295

비행 **안전실무**

학습단위 정의

승객 탑승 전 안전, 보안점검, 이륙 전 안전, 보안 관리, 도착 전 안전, 보안관리, 도착 후 안전, 보안점검 관리 및 기내응급처치를 수행하는 능력을 함양한다.

학습 목표

승객 탑승 및 이륙 전 안전·보안 점검, 관리, 비행 중 안전·보안 관리, 착륙 전 안전·보안관리, 착륙 후 안전·보안 점검 및 기내응급처치를 수행할 수 있다.

선수 학습

비행 절차, 기내 서비스 절차, 항공기 객실 서비스 설비, 항공기 객실 안전 설비, 항공운송, 항공여행, 해외 체재 규정, 국내외 공항 규정, 고객응대, 고객심리

핵심 용어

객실승무원, 운항승무원, 교범, 절차, 항공기 안전·보안 규정, 객실 안전·보안 규정, 안전장비, 안전장비 점검, 보안장비, 보안장비 점검, 비상사태, 화재, 감압, 기내 난동, 테러, 응급환자 관리, 사고 예방, 발생, 대응, 진압, 보고, 30초 리뷰(30 seconds review), 탈출, 조종실 출입 절차, 기내 안내 방송, 승객 안내, 확인, 금지, 경고, 포박, 인계, 체크리스트, 점검표 CPR, AED

인용출처 : NCS 홈페이지-항공객실 서비스

Chapter 01

비행 안전실무의 개념

E LOTNICZE

비행안전(Flight Safety)이란 지상안전과 비행안전으로 나눠질 수 있으며 비행 전/중/후를 통틀어 항공기와 운항, 객실승무원 그리고 승객을 보호하고 안전하게 보호/운송하는 개념이다. 객실승무원이 항공기 탑승 승객과 승무원의 안전을 확보하기 위해 승객 탑승 전 안전, 보안점검/이륙 전 안전, 보안관리/비행 중 안전, 보안관리/도착 전 안전, 보안관리/도착 후 안전, 보안점검 및 응급처치를 수행하는 능력이다.

이것은 불의의 항공사고를 미리 방지하는 차원의 업무이고 매번 비행마다 계속되므로 항공 객실 규정 및 업무수행 절차를 숙지하여야 함은 물론 아래의 조건들을 비행근무 시 철저히 수행하여야 사고발생을 최소화할 수 있다. 따라서 본 교재에서는 객실승무원이 비행 전/중/후 실시하는 여러 가지 중요한 사항을 NCS 권장 시점별로 나누어 살펴 보고자 하며 일반적인 표준절차와 객실승무원의 승무절차는 다음과 같다.

비행안전사고 Frank Bird 삼각형 이론

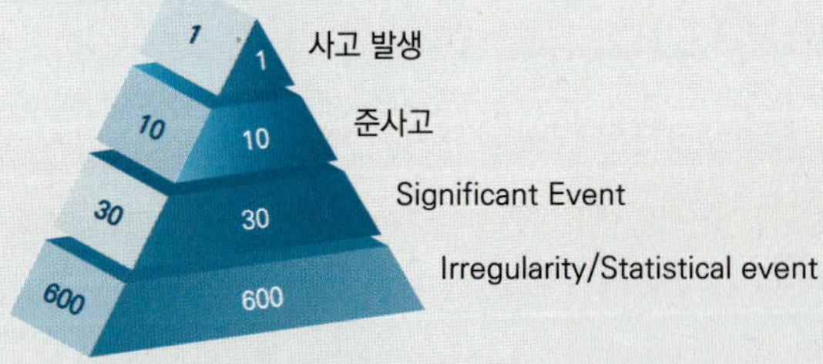

Frank Bird의 삼각형 이론이란 하나의 큰 사고가 발생하기 위해서는 수천 번의 아주 작은 사고가 연결되어 일어나며 모든 사고는 발생 전 징후를 보여주는데 비정상적인 행위-중요한 사고-준사고-큰 사고로 이어진다는 논리이다.

1 비행안전실무 학습요소

- 승객 탑승 전 안전, 보안점검하기
- 항공기 이착륙 전 안전, 보안관리하기
- 비행 중 안전, 보안관리하기
- 착륙 후 안전, 보안점검 관리
- 비상사태 발생 시 대응하기
- 상황별 안전안내 방송하기
- 비행 중 기내 응급처치 실무

2 객실승무원의 정의 및 자격

1. 객실승무원 정의 및 자격

객실승무원[Cabin Crew, Cabin Attendant, Flight Attendant, Stewardess(Steward)]이란 항공기에 탑승하여 항공기 안전운항과 승객의 안전을 위하여 객실 내 업무를 수행하여 비상탈출 시 안전하고 신속하게 비상탈출을 업무를 수행하는 자를 말한다.(항공안전법 제1장 제2조 제17호) 따라서 항공기 객실승무원은 비행 중 객실업무 수행을 위한 훈련과정을 이수하고 평가에 합격한 자이어야 하며, 직급과 근무연한에 따라 필요한 교육과정 및 보수교육을 이수한 자이어야 한다. 또한 항공기 안전운항을 위해 객실 비상사태나 응급환

자 발생 시 필요한 조치를 취할 수 있는 지식과 능력을 겸비해야 하며 이를 학습하고 유지하기 위해 소정의 교육훈련(신입안전훈련, 기종전문훈련, 정기안전훈련)을 이수하고 최종 절차에 합격한 자이어야 한다.

2. 객실승무원의 유래

세계 최초로 승객운송의 상업운항을 시작한 항공사는 1909년 설립된 독일의 델라크(Delag)항공사이며, 채플린(Zepplin)이라는 비행선을 운용하였다. 최초의 객실승무원 업무는 델라크 비행선에서 시작되었으며 최초의 남승무원은 독일 출신의 남성 스튜어드(STWD) 하인리

최초의 승무원 앨런 처치

히 쿠비스였다. 그러나 이때는 객실의 안전에는 관심이 전혀 없었으며, 오직 선내에서 승객에게 식사를 제공하는 임무만 담당하였었다. 이러한 시기가 계속되다가 여성이 객실승무원으로 탑승한 것은 미국에서 처음 시작되었다.

유나이티드 항공사의 전신이기도 한 보잉 항공 수송회사(Boeing Air Transport)가 1930년에 현지 간호사를 채용하여 탑승하게 하였고, 그때 처음 탑승한 여승무원은 엘렌 처치(Ellen Church)였다.

엘렌 처치(Ellen Church)는 처음에 보잉 항공사의 조종사가 되기 위해 지원하였으나 여성이라는 이유로 거절당하다 자신이 항공기 객실의 간호사로 탑승하면 승객들이 느끼는 비행공포를 감소시킬 것이라 제안하여 보잉 항공사가 그녀의 제안을 받아들였고 샌프란시스코와 시카고 구간을 비행하면서 커피와 샌드위치를 제공함으로써 기내 서비스의 장이 열리게 되어 세계 최초의 스튜어디스 1호로 명명되었다. 이후 해당 노선의 항공사 이용 승객들이 좋은 평가를 내리자 미국 내 전 항공사에서 제도를 시행하였으며 유럽대륙에서는 에어프랑스(Airfrance) 항공사의 전신인 파아망 항공사(Farman Airlines)가 국제선에 여승무원을 탑승시키는 것을 시작으로 여승무원 탑승제도는 유럽까지 전파되었다.

당시 여승무원의 호칭은 '스카이걸(Sky girl)', '에어 호스티스(Air hostess)', '스튜어디스(Stewardess)' 등이 있었으며 그중 스튜어디스라는 호칭이 지금까지 사용되고 있다. 그 후 여승무원이 되기 위한 간호사의 조건은 세계 제2차대전 이후로 사라졌으며 제트 항공기가 개발되고 비로소 객실 안전이 강화되어 안전 측면에서 객실승무원의 탑승이 의무화되었다.

1909 독일인 하인리히 쿠비스가 최초의 남자 객실승무원이자 힌덴부르크 참사의 생존자인 한 사람이다.

1928 독일의 루프트한자 항공사에서 객실승무원이 최초로 탑승하였으나 승무원은 여성이 아니라 남성이었다.

1930 최초의 여승무원은 미국 유나이티드 항공에서 1개월간 실험적으로 근무했던 간호사였던 엘렌 처치였다.

1948 대한민국 최초의 여승무원 탑승(노스웨스트 항공 한국어 통역 승무원)

우리나라에서는 1948년 노스웨스트(Northwest Airlines) 항공사가 국내에 취항하며 한국인 여승무원을 현지승무원으로 채용함에 따라 국내 최초의 '스튜어디스'로 근무하게 되었다.

3. 객실승무원의 자질

항공사마다 요구하는 객실승무원의 자질과 인재상은 항공사별로 다소 차이가 있다. 공통적으로 추구하는 인재상은 투철한 객실승무원의 직업의식, 철저한 안전의식, 봉사정신과 서비스 마인드, 원만한 인간관계, 글로벌 매너와 에티켓, 능숙한 외국어 구사 능력, 철저한 자기 관리, 건강한 신체와 체력이며 가장 많은 시간을 할애하는 것이 기내에서의 고객응대이므로 다른 어떤 직업보다 친화력이 필요하다.

객실남승무원 Wing

객실남승무원 견장

객실여승무원 Wing

또한 글로벌 항공회사의 필수 인재로서 각국의 문화사절단의 역할을 수행하므로 글로벌 매너와 외국어 구사 능력이 필수적이다.

그리고 항공기 탑승 근무에 적합한 신체 및 정서적 건강 조건을 항상 유지하여 기내에서 원만한 업무를 수행할 수 있어야 하며 요즘 대학 재학시절의 학점을 많이 참고하는 항공사도 상당수 있으니 재학시절 성실과 끈기로써 좋은 평가를 받을 수 있도록 노력해야 한다.

4. 객실승무원의 장점

세계 각국의 다양한 문화와 문물을 익힐 수 있다.

국제선 비행을 하게 되면 항공사에서 전략적으로 운영하는 유럽/미주/오세아니아/남미/아프리카 등 지구촌 모든 곳에 체류하게 되어 자연적으로 그곳의 문화

와 문물을 습득하게 된다. 저자도 1985년도 스위스를 처음 비행으로 방문하여 이전에 보지못한 의복, 문화, 풍습과 그 나라의 음식(퐁듀)에 흠뻑 빠진 경험이 있었다. 그 다음 비행이 파리였는데 중/고등학교 교과서에서만 보아왔던 에펠탑을 처음 보았던 감격과 흥분은 지금도 잊지 못하고 있다. 세계 각국의 다양한 문화와 문물 그리고 특색 있는 현지음식을 접할 수 있다는 점이 객실승무원 지망생에게는 제일 큰 장점으로 부각되리라 생각하며 입사 후 비행근무를 시작하고 어느 정도 시간이 경과하면 세계의 어떤 인텔리와도 견주어 볼 수 있는 지적인 모습, 현지문화와 문물에 대한 멋진 지식을 자연스럽게 습득하게 된다.

여성/남성의 사회적 지명도가 높다.

남녀 차별 없이 자신의 능력을 보장받는 것이 객실승무원으로서 가장 큰 매력이라고 할 수 있으며 항공사에서는 "오히려 남성이 역차별당한다."라는 우스개 소리가 나올 정도로 여성에 대한 대우가 파격적이다. 또한 2016년부터는 국내항공사의 객실승무원 정년도 만 60세로 4년 정도 늘어나게 된다. 따라서 적절한 자기 관리와 우수한 비행 근무 태도를 계속 유지한다면 남녀 차별 없이 개인이 희망하는

오랜 기간 동안 항공사 근무가 가능하다. 저자가 그동안 항공기에서 이야기를 나눈 승객의 이야기를 종합해 보면 비행기를 이용하는 승객에게 객실승무원이란 위치는 승객 자신의 안전을 지켜주고 장거리 비행 동안 돌보아 줄 훌륭한 인재라고 생각하지 승객 자신이 우위에 있다고 생각하지는 않는다고 본다. 지금은 퇴직한지 1년 정도 지났지만 아직도 비행기를 이용하게 될 때 마주치는 멋진 객실승무원을 보면 가슴이 벅차다. 이 글을 읽은 여러분은 미래의 우리나라와 소속 항공사를 대표하는 멋진 커리어우먼, 커리어맨이라 할 수 있다.

깔끔하고 세련된 용모와 국제적 매너를 몸에 익힐 수 있다.

객실승무원의 특성상 매번 비행 시 실시하는 것이지만 지적 메이크업, 단정한 용모복장을 자연스럽게 습득할 수 있고 국제적인 승객과 항상 마주하는 직업인 만큼 모든 상황에 대처할 수 있는 국제적 매너를 자의반 타의반 매년 실시하는 항공사 보수교육과 현지에서 부딪히는 실전으로 쉽게 체득할 수 있다. 저자가 비행 근무 시 어느 객실승무원의 말에 의하면 자신을 무대에 올라간 연극배우로 지칭하고 싶다고 했다. 이유는 항공기 기내라는 제한된 공간에서 모든 승객이(항공사에서 제공하는 영화 이외 딱히 볼 수 있는 장면이 없다) 승무원의 일거수 일투족을 주시하고 있으며 승무원의 말과 행동에 따라 담당구역의 비행 분위기가 좌우되기 때문에 매번 비행 나갈 때마다 무대에 서는 연극배우가 무대 뒤편에서 엄청난 준비를 하듯이 자신도 수많은 비행 때마다 매번 몸과 마음을 준비하는 과정에서 부지불식간 세련된 용모와 매너를 습득하게 되었다고 한다.

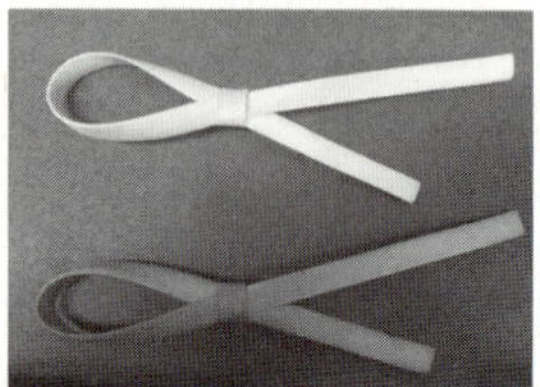

여승무원 헤어핀

국제여행의 관문 영국

사우디아라비아 체류시 복장

항공사의 좋은 복지를 마음껏 누릴 수 있다.

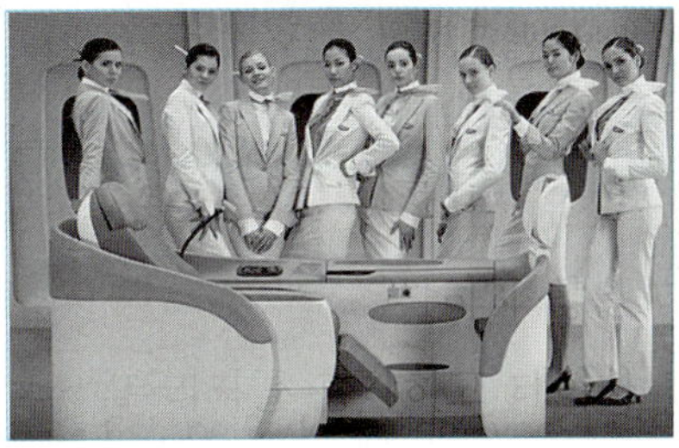

국내 항공사에서는 항공사별로 차이는 있지만 항공사 직원 및 객실승무원에게 무료 항공권을 지급한다.

또한 다른 나라 제휴항공사에서도 같은 혜택을 받을 수 있기 때문에 사실상 지구상의 모든 항공사 비행기를 승객 대비 약 10~15% 정도의 비용만 지불하고 이용 가능하며 이러한 항공권은 재직 중 가족뿐만 아니라 처부모와 시댁부모까지 이용이 가능하고 특히 국내 항공사 중에서는 재직 중 결혼하면 신혼여행지 왕복 항공권을 비즈니스 클래스로 제공하는 항공사도 있다. 또한 외국에 나가면 체류호텔/관광지/면세점/운송수단/헬스클럽/식사까지 객실승무원에게 많은 할인을 제공하여 일반 승객 대비 상당히 저렴한 가격에 이용할 수 있다. 또한 일부 항공사에서는 객실승무원의 학습을 위해 물심양면으로 많은 지원을 하고 있다. 가령 대학원을 진학하는 승무원에게는 학비를 지원하고 외국어 향상을 위한 시험비용도 일부 지급하고 있으며 자제들의 중/고등학교 및 대학교 학비, 유학 학비도 전액 지원하고 있다.

비교적 높은 급여를 받을 수 있다.

항공사 객실승무원은 본봉 이외에 비행수당을 받게 되는데 비행수당이 본봉과 거의 맞먹을 정도로 충분하게 책정되어 있다. 또한 비행수당에는 할증제도(월 실제 비행시간이 일정 시간을 넘으면 그 이후부터 탑승하는 비행시간이 할증됨)가 있어 비행을 많이 하면 할수록 생각한 금액보다 훨씬 높은 급여를 받을 수 있으며 해외에서 체류 중 문화 활동비를 포함하여 기타 약간의 체류비용을 회사에서 지급하는 곳이 많아 적절한 소비를 한다면 알차게 해외체류를 즐길 수 있다. 아마도 한국에서 미국 달러화와 유로화 그리고 일본화폐의 가치를 알고 마음껏 사용할 수 있는 사람은 몇명 안 되리라

에어프랑스 항공사 A380

대한항공 A380

아시아나 항공사 A380

생각하며 참고로 승무원의 지갑을 열어보면 해외체류를 대비해 항상 미국달러와 유로 그리고 일본화폐는 기본적으로 준비되어 있는 것을 볼 수 있다.

언어면에서 일반 사람보다 관심가질 기회와 학습할 수 있는 환경을 쉽게 접할수 있다.

만일 영어, 일본어, 중국어, 독일어, 불어, 아프리카어, 서반아어 등 여러 가지 언어 학습에 관심이 있는 사람이라면 항공사 객실승무원을 택하는 것은 최상의 선택이라 생각한다. 특히 항공사 객실승무원은 위에 언급한 언어를 사용하는 국가를 직접 가 볼 수 있는 기회가 상당히 많아서 본인의 의지만 있다면 한국에서는 상상도 못할 현지 언어 학습 방법을 습득할 수 있는 방법이 무궁무진하다. 특히 항공기에는 중국 현지승무원이 많이 탑승하게 되는데 이러한 현지승무원은 해당 국가에서도 인텔리에 속해 마음만 먹으면 개인교습까지 받을 수 있는 기회도 많다. 저자도 이런 기회를 많이 살려 보려 했는데 게으른 관계로 32년간 실천 못한 점을 지금도 현재 후회하고 있다. 만일 다시 객실승무원으로 돌아간다면 3개 국어를 완벽하게 구사할 정도의 실력을 갖추고 싶다.

비행 후 시간 내어 보람찬 사내/외 사회봉사활동에 참여할 수 있다.

하늘에서 승객의 마음을 사로잡고 있는 객실승무원은 비행 후 지상에서도 마음만 먹으면 가슴이 따뜻해지는 봉사활동에 참여할 수 있다. 항공사마다 조금씩 다르지만 주변 이웃에 대한 사랑을 실천하는 객실승무원의 봉사활동으로는 대한항공/아시아나 항공의 '하늘사랑 바자회'와 '캐빈 사회공헌 바자회'가 있으며 각종 회사 내 동아리를 이용하여 장애인 초청공연과 봉사활동 그리고 겨울나는 어르신과 독거노인, 장애인시설을 위한 '하늘사랑 김장 담그기' 그리고 저소득 가정 대상의 공부방에서 어린이들을 가르치며 노인복지관을 방문하여 배식을 도와주고 묵은 때를 청소하는 등의 객실승무원의 자발적인 봉사활동은 끊임없이 이루어지고 있다.

앞으로도 국내의 많은 항공사가 주변의 불우이웃, 장애인, 독거노인, 차상위 계층을 위해 서로의 힘을 보태고 정을 나누기 위해 지속적으로 많은 봉사활동을 계획하고 있어 보람 있는 활동이 기대된다.

객실승무원의 신체건강 조건

객실승무원은 항공기 객실 업무에 적합한 신체 및 건강조건을 유지해야 하며 그 조건에 미비되거나 부족할 경우 승무원의 자격이 일시 정지되거나 말소될 수 있다. 따라서 근무에 적합한 신체건강 상태를 항상 유지할 수 있도록 노력해야 한다. 또한 승객이나 타인에게 혐오감을 줄 수 있는 신체의 외적 손상이 있을 경우 완전한 회복 시까지 그 자격이 일시 정지될 수 있기 때문에 승무원은 직업상 자신의 안전을 위협할 수 있는 환경에 노출되지 않도록 유의해야 한다.

해외 체류호텔 헬스클럽

3 사진으로 본 객실승무원의 비행업무

객실승무원은 비행 전/중/후 다음과 같은 비행에 관련된 업무를 수행한다. 비행업무를 하기 위해 한국 내 집이나 해외체류를 마치고 호텔에서 출발하여 비행을 마칠 때까지의 일반적인 기내 업무는 다음과 같다.

회사출근길

회사출근

객실승무원 비행준비

0145전	객실브리핑
0120전	합동브리핑
0050전	ARRIVAL AT A/C

비행준비

객실브리핑 준비

객실브리핑

운항브리핑

청사도착

보안검색

게이트로 이동

게이트 도착

항공기 탑승

객실승무원 지상업무

Crew Baggage 보관	Report to Purser/Cockpit
비상보안장비 점검	지상서비스 준비
기타 장비 시스템 점검	스페셜 밀-신문세팅-서비스 아이템 배분
Catering Items 점검	

CREW 백 보관

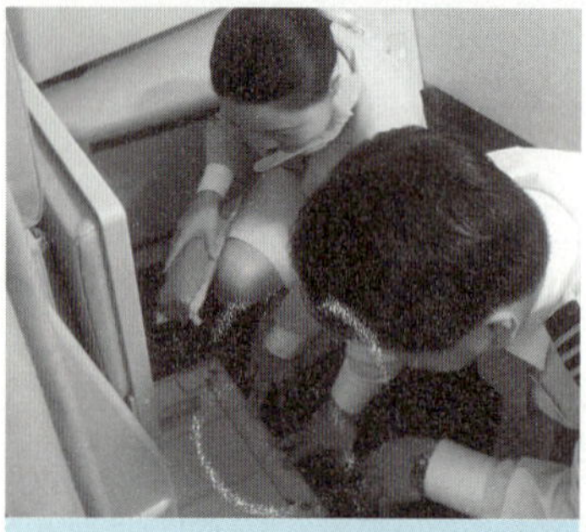

비상 보안장비 점검

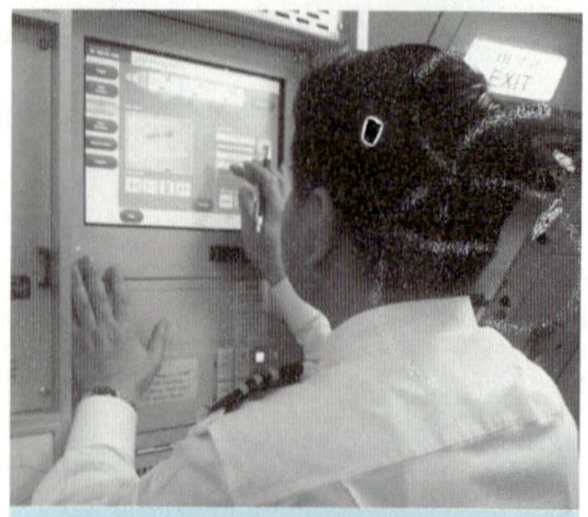

기타 장비 시스템 점검

Catering Item 점검

Report to Purser and Cockpit

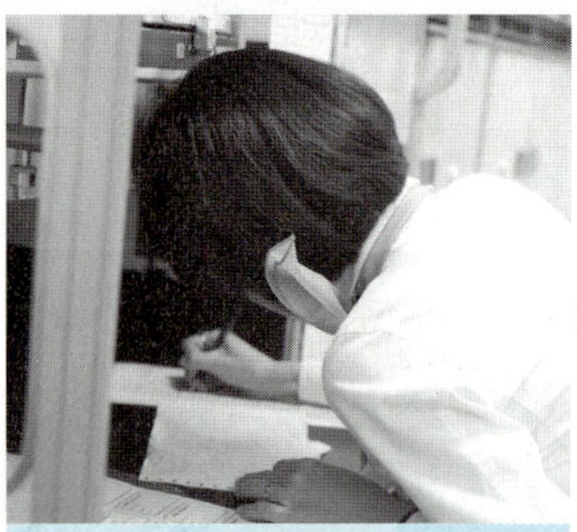

지상서비스 준비

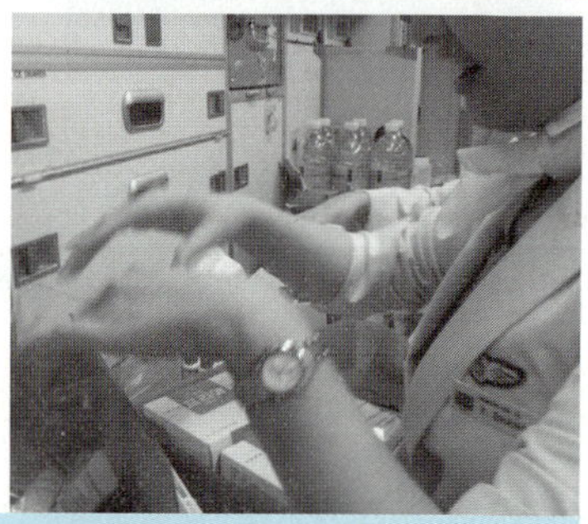

스페셜밀-신문세팅-서비스아이템 배분

승객 탑승

지상 서비스

객실승무원 지상업무

- 승객 탑승
- 지상 서비스
- Door Close : '객실준비완료' 통보
- Stafety Check
- Welcome 방송 : 'Pushback 준비완료' 통보
- Safety Demo
- 이륙 전 안전업무 : '이륙준비완료' 통보

Door Close

Safety check:정상-팽창

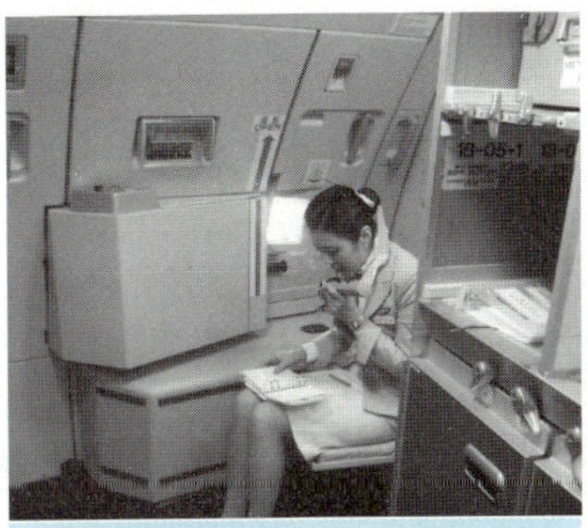

Welcome 방송

Safety Demo

이륙 전 안전업무

객실승무원 비행 중 업무

- Amenity Kit, Headphone
- Refreshment Towel
- Beverage
- Meal(DNR) with Wine & Bev.
- Meal Tray Collection
- 기내 판매 / 입국서류 배포

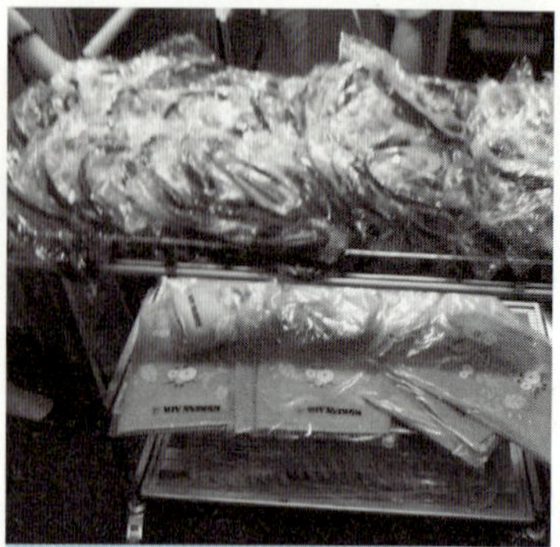

Amenity kit, 헤드폰 서비스

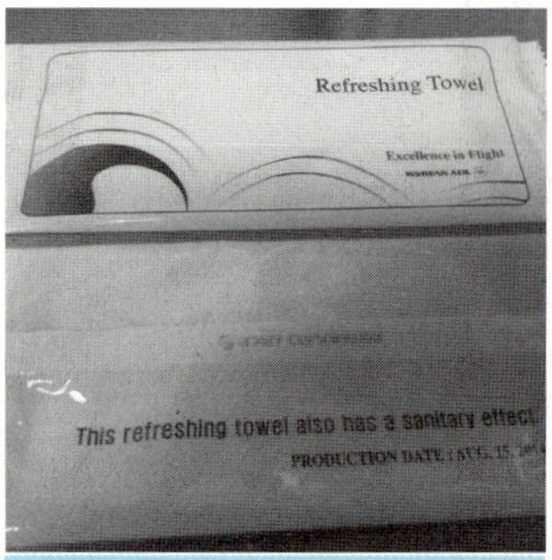

Refreshing Towel

Beverage

Meal(dinner) with wine

Meal Tray Collection

기내판매

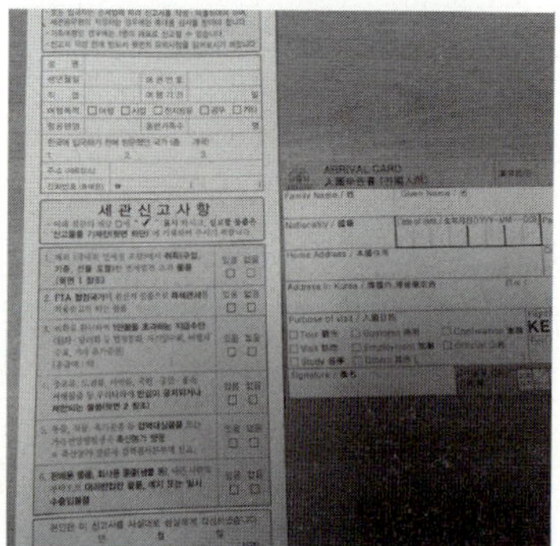

입국서류 배포

Safety Check:팽창-정상

객실승무원 비행 후 업무

- Safety check
- 하기인사
- 유실물 Check
- 기물 등 인계
- 기내판매 인계
- 승무원 하기
- De-Briefing

하기인사

유실물 Check

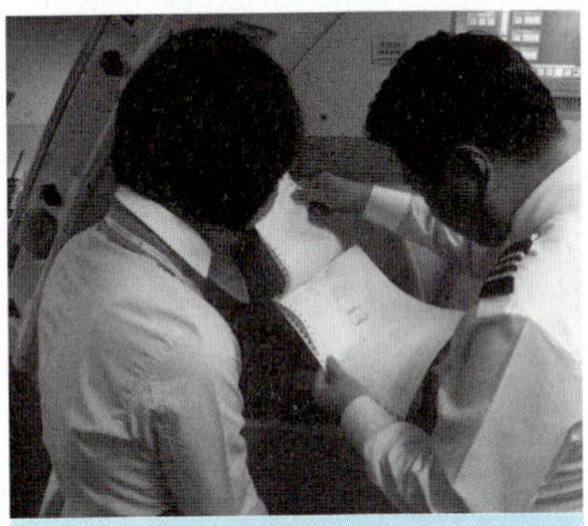
기물 등 인계

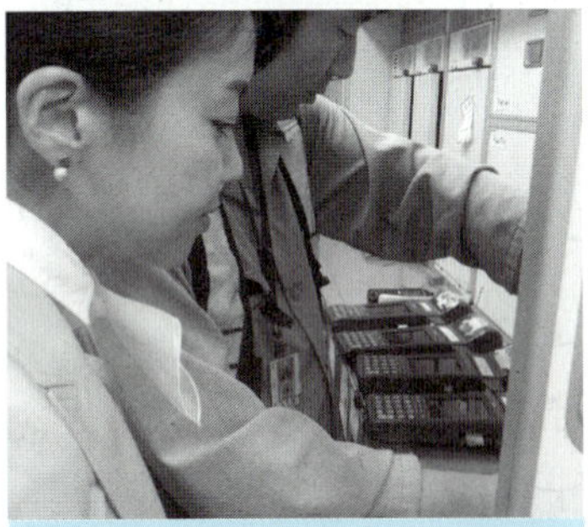
기내판매 인계

승무원 하기

Debriefing

FLIGTE SAFETY PRACTICE

Chapter 02

승객 탑승 전 **안전, 보안** 실무

본장을 학습하면 여러분은...

- 항공기 안전 규정에 따라 각종 브리핑 절차 및 승객 탑승 전 객실 안전장비를 점검할 수 있다.
- 항공기 안전 규정에 따라 승객 탑승 전, 항공기 객실의 보안장비를 점검할 수 있다.
- 항공기 안전 규정에 따라 항공기 안전 운항에 관계되는 의심스러운 물건에 대하여 신속히 보고할 수 있다.
- 항공기 안전 규정에 따라 기내 작업 인력에 대한 동향을 파악하여, 이상 발생 시 보고할 수 있다.

인용출처 : NCS 홈페이지-항공객실서비스

1 객실브리핑 - "Role Play"

"이번 항목은 이론 강의 후 학생들이 역할연기(Role Play)로 사용할 수 있는 단원입니다."

진행방법

- p20, 객실브리핑 - 조당 6명(객실사무장1,부사무장1.일반승무원4)
- p21, 운항브리핑 - 조당 6명(기장1,부기장1,사무장1,일반승무원3)
- p22, 갤리브리핑 - 조당 3명(선임여승무원1,아일담당2)
- p23, 디브리핑 - 조당 6명(객실사무장1,부사무장1.일반승무원4) 1조로 편성, 4개 브리핑 중 1개씩 골라 역할연기 가능
- 평가 : 각자 맡은 역할에 충실한 조 선택, 정해진 점수 부여

모든 객실승무원은 담당 객실사무장/캐빈매니저와 함께 정해진 내용의 객실브리핑을 정해진 시간과 장소에서 시행한다.

- 객실브리핑(Cabin Briefing)의 목적은 객실서비스, 항공기 구조, 비상장비, 승객 또는 승무원 안전에 영향을 줄 수 있는 사항 또는 보안사항 장비 및 시스템 정비에 관한 정보를 확인하며 탑승할 객실승무원 명단을 재확인하여 승객과 승무원의 안전을 도모하는 데 있다.

객실브리핑은 PPT를 통해 실시한다. 브리핑 자료 입력하는 모습

객실브리핑 순서

❶ 인원점검 : 객실승무원 인원파악, Greeting
❷ 비행준비 점검 : Duty 확인, 용모복장, 비행 필수 휴대품 소지 여부
❸ 비행정보 공유 : 해당 편 출/도착시간, 승객예약 상황, 서비스 순서, VIP, 노약자, 임산부, 스페셜밀, 비동반소아 운송절차, 장애인 탑승 등
❹ 객실 안전, 보안 정보 : 해당 편 항공기 안전/보안장비 위치 및 점검요령
❺ 객실서비스 정보 : 해당 편 서비스 절차/요령, 특수고객 응대
❻ 비행 관련 질의응답 : 사내 강조사항 및 해당 편 출입국 절차

2 운항브리핑(Joint Briefing)

해외공항 태국에서 운항브리핑 중인 대한항공/아시아나항공 운항/객실승무원 모습. 대한항공은 항공기 외부에서 아시아나항공은 항공기 내부에서 실시하고 있으며 상황에 따라 내/외부에서 번갈아 가며 실시한다.

객실브리핑 후 운항승무원과 객실승무원이 함께 모여 당일비행의 보안사항, 예상되는 Turbulence 고도, 난기류 지속시간, 해상비행 시 필요한 승객브리핑, 안전 고려사항, 비상절차, 객실승무원과 운항승무원의 협조사항 및 조종실 출입절차에 대해 논의한다.

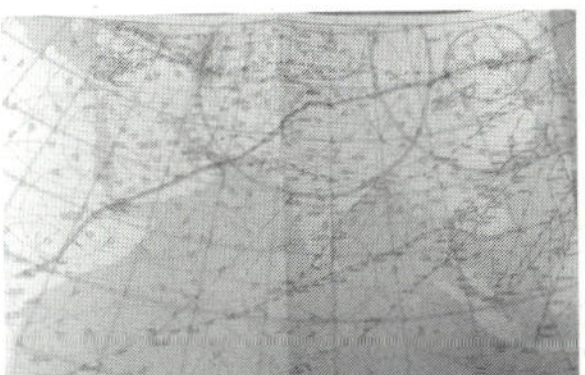

항로지도

항로상 구름분포도

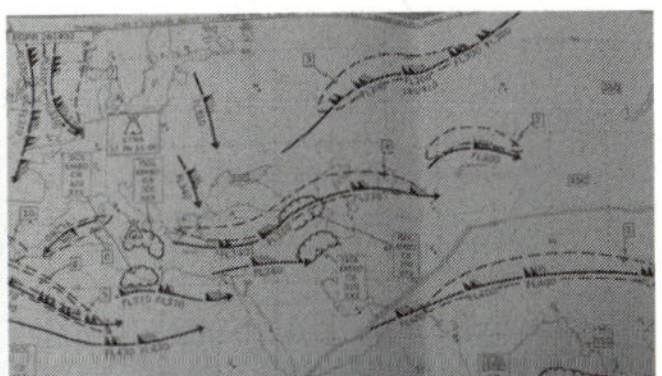

제트기류 및 전선지도

3 갤리브리핑(Galley Briefing)

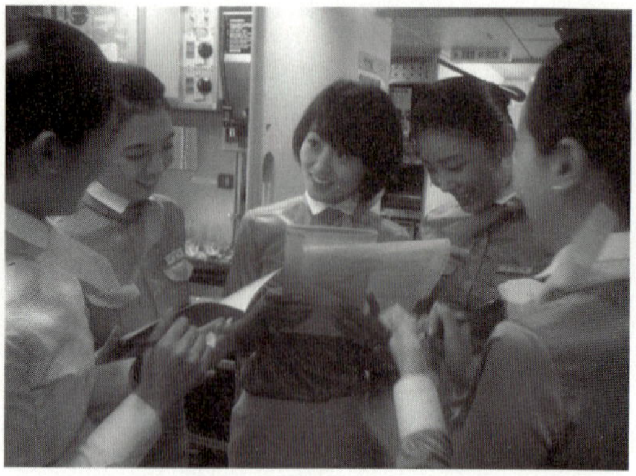

갤리브리핑이란, 항공기가 순항고도에 다다르면 기장은 객실 내의 'Fasten seatbelt' 사인을 끄게 된다. 이제부터 바야흐로 항공기 객실 내 서비스가 시작되는 것이다. 따라서 기내서비스 시작 전 각 Zone별 갤리에서 비교적 경험이 풍부한 갤리장을 맡은 선임승무원이 담당승무원을 모아놓고 해당 존의 승객 형태, 서비스 시 유의사항 및 특이사항에 대해 알려주게 되고 각 복도(Aisle) 담당승무원들이 담당을 맡은 구역의 기내 안전 및 서비스 특이사항에 대해 의견을 교환하게 된다. 이러한 절차를 갤리브리핑(Galley briefing)이라 하며, 착륙 전 기 수행한 기내서비스에 대해 피드백 차원에서 한 번 더 실시하게 된다.

갤리브리핑 시 착안사항

- 해당 구역의 승객 특이사항(이륙 후 기내서비스 전)
- 제공할 스페셜밀 종류 및 승객분포(이륙 후 기내서비스 전)
- 담당구역 내 기내 안전 및 보안사항
- 서비스 시 유의사항(이륙 후 기내서비스 전)
- 서비스 후 유의사항(착륙 전)
- 승객 맡은 짐 반환 여부(착륙 전)
- 담당구역 고객 불만/칭송 사항(착륙 전)
- 갤리별 시설물 고장 유무(착륙 전)
- 인계 시 특이사항(착륙 전)

4 디 브리핑(De-Briefing)

승객 하기 후 객실사무장/캐빈매니저 주관하에 객실 전방 또는 비행기 근처(Ship Side)에서 비행 중 발생한 특이사항을 점검하고 비행 후의 업무내용을 확인하는 업무절차이며 절차 및 내용은 아래와 같다.

비행 후 디 브리핑하는 저자

인천공항 도착 후 디 브리핑 모습

목적지 국내 공항에 도착해 디 브리핑하는 모습. 기내 업무가 잘되면 좋은 분위기이지만 그렇지 못하면 아주 심각한 분위기로 발전한다.

- 모든 객실승무원은 승객 하기 후 정해진 시점 및 일정한 장소에서 객실사무장/캐빈매니저가 주관하는 디 브리핑에 참석한다.
- 디 브리핑은 원칙적으로 매 비행 종료 시마다 항공기 객실 전방 또는 항공기 근처(Shipside)에서 실시하는 것을 원칙으로 하나, 단 동일날짜에 2개 구간 이상 근무 시 객실사무장/캐빈매니저의 판단에 따라 실시할 수 있고 국내선의 경우 당일 최종 근무 비행, 국제선인 경우 In Bound 비행 종료 시 한해 실시할 수 있다.
- 디 브리핑에 참석하는 객실승무원은 비행 중 특이사항 중심으로 객실사무장에게 보고의무가 있으며, 특이사항에 대한 처리절차를 지시하는 객실사무장/캐빈매니저의 지시사항을 적극 수용한다.
- 디 브리핑 실시 결과 특이사항이 발견되어 별도 보고 및 추후 업무개선이 필요하다고 판단되는 사항은 각종 객실보고서 작성 등을 통해 회사에 보고한다.
- 객실사무장/캐빈매니저는 아래의 객실 디 브리핑 가이드라인(Guide line)을 참조하여 비행 중 특이사항을 점검하고 승객 하기 후 업무절차를 확인한다.

디 브리핑 시 보고해야 할 비행 중 특이사항

- 객실설비 고장 및 객실정비기록부(CL(Cabin Log)) 기록 여부
- 기내 환자 및 부상승객 발생 여부 및 처리내역
- 기내식, 음료 등을 비롯한 서비스 아이템 관련 특이사항
- 기내 분실물 발생 여부 및 후속 처리내역
- 불만승객 발생 여부 및 후속 처리내역
- 클리닝쿠폰(Cleaning coupon) 발급 여부 및 후속 처리내역
- 기내 난동승객 발생 및 후속 처리내역
- 비행 중, 착륙 후 기내 안전 및 보안에 관한 사항
- 승객 좌석배정 관련 특이사항
- VIP/CIP 탑승 여부 및 객실서비스 보고방법
- 기내 접수서류(우편물, 상용고객 신청서, 기내면세품 사전주문서)
- 각 클래스별 특이사항 및 기타 보고사항

각종 브리핑(Briefing)에 대하여...

일반적으로 항공기에 탑승 근무하는 대부분의 승무원은 '브리핑(Briefing)'을 선호하지 않는다. 왜냐하면 모든 형태의 브리핑은 기내 업무 시 승객안전 및 고객서비스 부분의 잘못된 점을 미연에 방지하고 적절치 못한 승무원 개인의 업무절차에 대해 수정하는 방식을 취하고 있기 때문에 종종 분위기가 거북하고 경직되는 경우가 많은 이유이다. 하지만 브리핑을 통해 비행하게 될 또는 비행 중 그리고 비행 후 기내 업무수행 측면에서 잘된 부분은 격려하고 잘못된 부분은 지적하며 공개함으로써 향후 발생할 수 있는 업무적 실수를 미연에 방지하게 될 수 있다. 따라서 예비승무원 여러분도 현장에 투입되면 비행 전/중/후에 실시되는 각종 브리핑(Briefing)을 두려워 하거나 기피하지 말고 적극적으로 참여해 자신을 한층 더 향상시킬 수 있는 기회로 삼으면 좋을 듯 하다.

5 기내 안전장비 점검

항공기 탑승 객실승무원은 객실사고 예방과 비상사태 발생 시 신속한 대처를 위해 승객 탑승 전 기내설비, 위험한 물질의 탑재 여부 확인 및 비상시 사용하는 모든 장비를 점검해야 한다. 목적은 기내 비상장비 및 시스템의 사용법을 숙지하여 비상사태 발생 시 항공기 안전운항을 확보하고 소중한 고객 및 승무원의 생명을 보호하는 데 있으며 객실 내 장착되어 있는 안전장비를 정해진 점검요령에 의해 점검하여 이상이 있는 경우 객실 정비사에 의해 적절한 정비가 이루어질 수 있도록 하는 것이 객실승무원이 비행 전 반드시 수행하는 절차이다. 안전장비란 비행 중 사용할 수 있는 기내에 장착되어 모든 비상시 사용 가능한 장비를 말하며, 지상에서 점검 시 정위치, 수량, 봉인상태, 게이지 압력 등을 반드시 점검해야 한다.

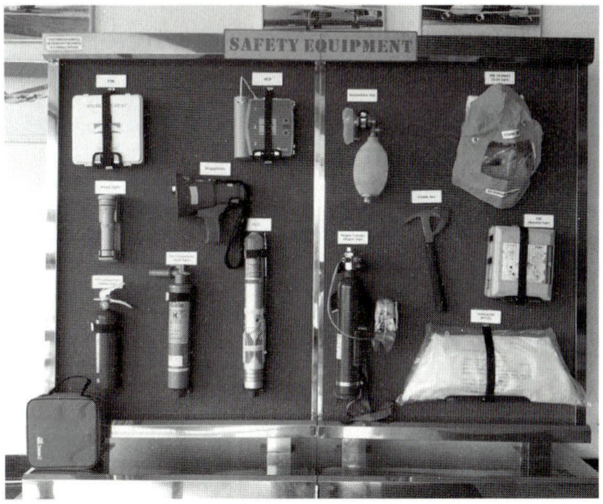

기내 안전장비 점검절차

- 승무원 짐 보관정리
- 출발편 항공기에 도착한 객실승무원은 소지한 비행 준비물이 들어 있는 캐리어를 수하물 선반(Overhead Bin)과 도어가 장착된 코트룸(Enclosed Coat Room), 또는 앞쪽과 통로 3면에 고정장치가 설치되어 있는 좌석 하단에 보관하여야 한다.
- 모든 객실승무원은 항공기 탑승 후 승객 탑승 전까지 객실 담당구역 내 장착된 모든 기내 안전장비를 점검한다.
- 점검절차는 객실브리핑 시 부여받은 담당 ZONE을 위주로 진행한다.
- 점검 시 발견된 이상물질이나 기내 안전장비의 이상은 즉시 보고하여 교체 및 수리가 될 수 있도록 조치한다.

• 객실책임자는 전 객실승무원의 비행 전 객실점검 이상 여부를 기장에게 보고 해야 한다.

기내 비치된 안전장비의 종류

(1) 산소공급장비

❶ 휴대용 산소통(Potable O2 Bottle), 휴대용 산소통 압력게이지

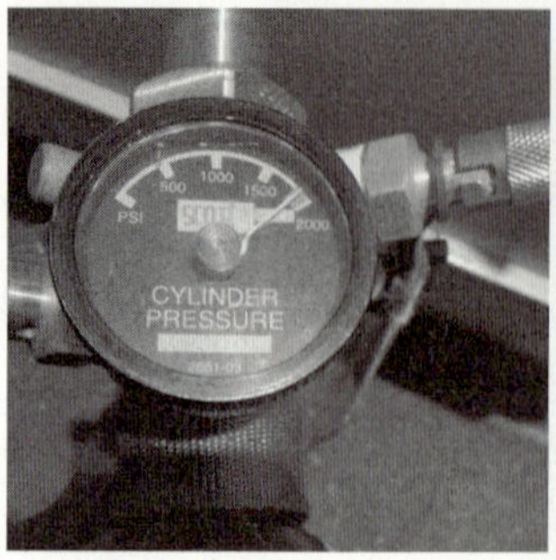

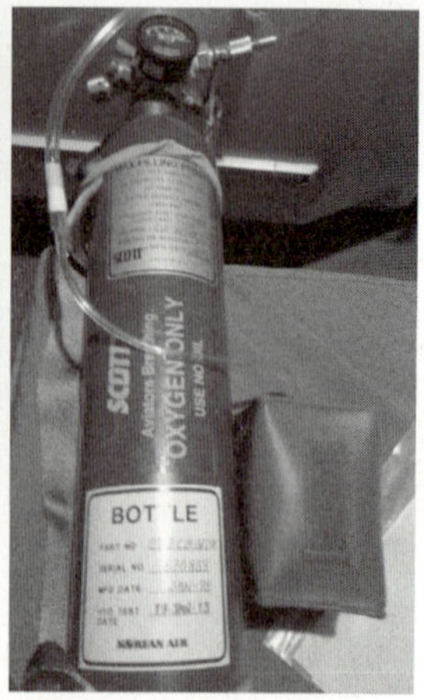

항공기가 순항 중 객실에는 여압장치(Airconditioner pack)를 이용하여 지상과 거의 같은 상태의 산소 공급을 하고 있으며 비상시(감압/응급환자 발생)에는 항공기 내 대용량 산소탱크 또는 자체로 산소를 만들어 낼 수 있는 장치에 연결된 산소마스크와 객실승무원 휴대용 산소통/환자용 대용량 의료용 산소통을 사용하여 승객에게 산소 공급을 하고 있다.

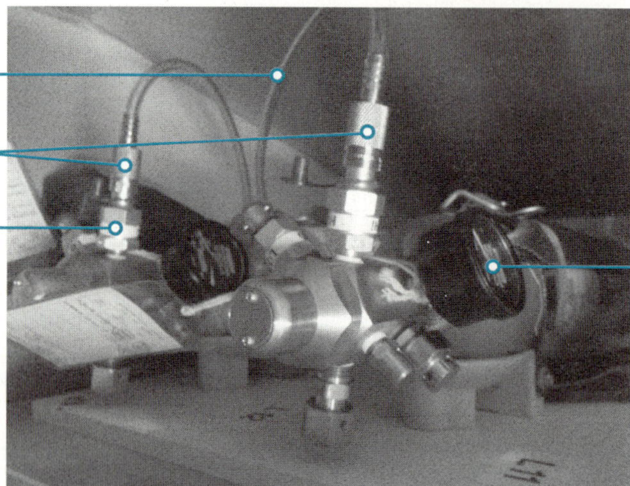

항공기에 세팅된 휴대용 산소통

기능

비상시 산소공급장치인 휴대용 산소통이 객실 내 승객수 대비하여 비상구 옆이나 객실승무원의 Jump Seat 아래 또는 주변에 설치되어 있고 사진과 같이 산소마스크에 연결·탑재되어 산소 공급이 필요한 사태가 발생하면 별다른 조치 없이 바로 사용할 수 있다. 많은 산소를 필요로 하는 환자 수송 시에는 대용량의 산소탱크를 별도로 탑재할 수 있다.

휴대용 산소통(Potable oxygen bottle)을 사용하기 위해서는 PO2의 레버를 반시계 방향으로 돌리면 산소공급이 시작되며 HI로 공급 시 1분에 4리터의 산소가 최대 77분까지 공급되고, LO로 공급 시 1분에 2리터의 산소가 154분까지 공급될 수 있다. 모든 PO2 BOTTLE은 내부의 산소가 완전히 소진될 때까지 사용하면 재충전이 어려우므로 500psi 정도가 남으면 공급을 중지해야 한다.

❷ 비상시(감압) 승객의 머리 위에서 공급되는 산소마스크

비행 중 항공기의 기내 압력이 서서히 또는 급격히 낮아져 객실 고도가 약 14,000ft가 되면 승객의 안전에 문제가 발생할 수도 있으므로 항공기에 준비된 산소를 공급하는 장치이다. 비행 중 머리 위 보관장소에서 산소마스크가 떨어지고 기내방송이 나오면 모든 승객은 즉시 위에서 떨어진 산소마스크를 잡아당겨(승객이 산소마스크를 잡아당겨야 산소 공급 장치에 연결된 핀-pin이 빠지면서 산소가 공급된다) 코와 입에 대고 비행기가 안전고도에 도달한 후 객실승무원의 지시가 있을 때까지 산소를 공급받아야 한다.

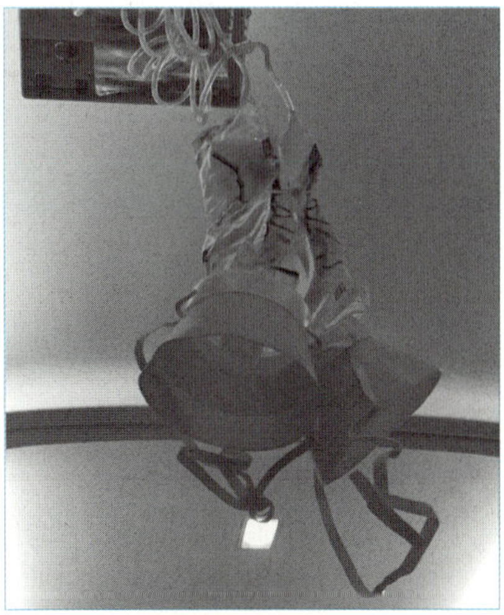

기능

모든 항공기에는 화학반응식 개별 산소 공급 시스템(B777, B737, A330)과 탱크식 산소 공급 시스템(A380. B747)이 장착되어 있다.

산소마스크에서는 분당 2.5리터의 산소가 공급되고 일단 산소 공급이 시작되면 승객이 멈추게 할 수 없다. 산소 공급 시간은 기종에 따라 다르지만 A380 15분, B747 15분, B777 22분, A330 22분, B737 12분 정도이다.

(2) 비상탈출장비(Emergency Evacuation Equipment)

❶ 조난 시 위치발신 가능한 송신기 ELT(Emergency Locator Transmitter)

항공기가 비상착륙, 착수 시 자동적으로 신호를 발신하여 구조요청을 할 수 있는 장치이며 조난신호를 장시간 동안 계속 발신하게 된다. 따라서 항공구조대는 이 장치에서 발신되는 구조신호에 따라 조난된 장소를 발견할 수 있게 된다. ELT는 수분을 넣어야 작동되며, 이때의 수분은 어떠한 형태라도 물과 동일한 액체만 넣어주면 된다.(24~50시간 작동한다)

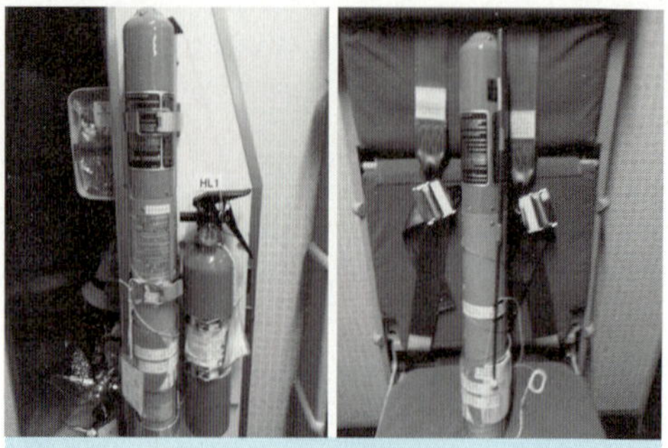

기내에 장착된 ELT 모습

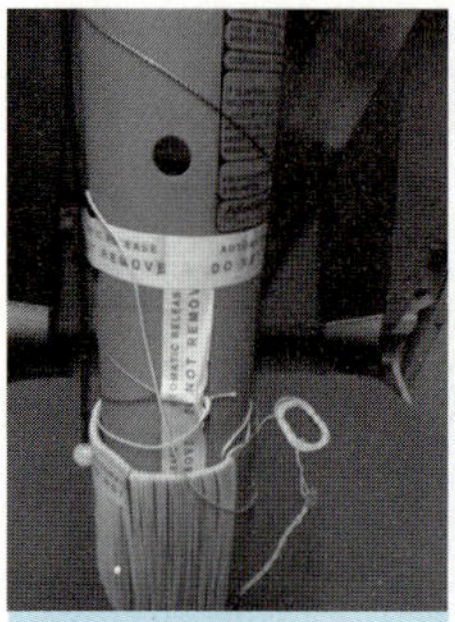

ELT 물 투입구

ELT 상단

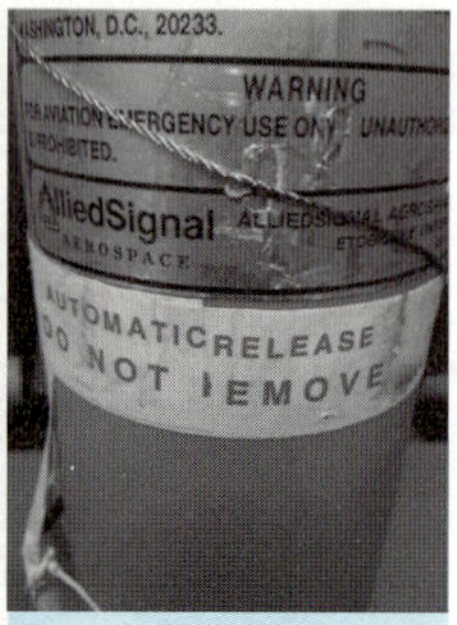

ELT 중단

❷ ELS(Emergency Light Switch)

기내 탈출 시 시야를 확보하고 경로를 밝혀주기 위해 사용하는 스위치이며 기내 전원 공급이 안 되더라도 자동으로 비상구까지 안내한다. 비상등에는 내부비상등과 외부비상등이 있다.

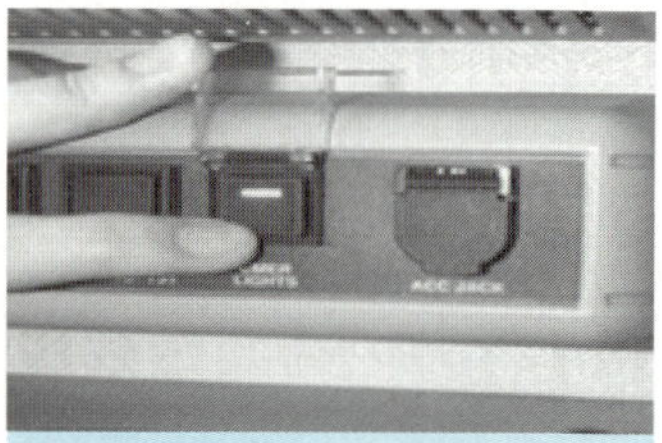

ELS(비상조명장치)

❸ Escape Strap

Escape Strap

Overwing Exit에서 탈출 시 승객의 안정적인 탈출을 위해 날개 위에 고정하는 끈을 말한다

❹ Flash Light(손전등)

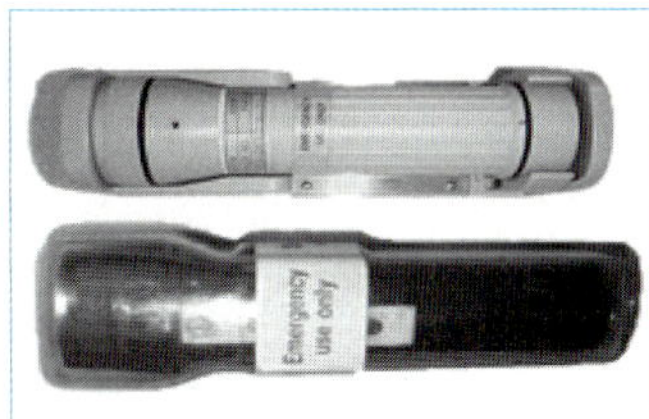

손전등

비상탈출 시 승객을 유도하고 시야를 확보하기 위해 사용하며 모든 승무원 좌석에 장착되어 있고 고정된 장치에서 장탈하면 자동적으로 불이 켜지게 되고 모든 손전등은 방수처리가 되어 있다.

❺ Megaphone(메가폰)

메가폰

기내의 방송장비를 사용하기 힘든 경우 승객의 탈출지휘를 위해 사용하는 확성기를 말한다.

❻ Life Vest(구명조끼)

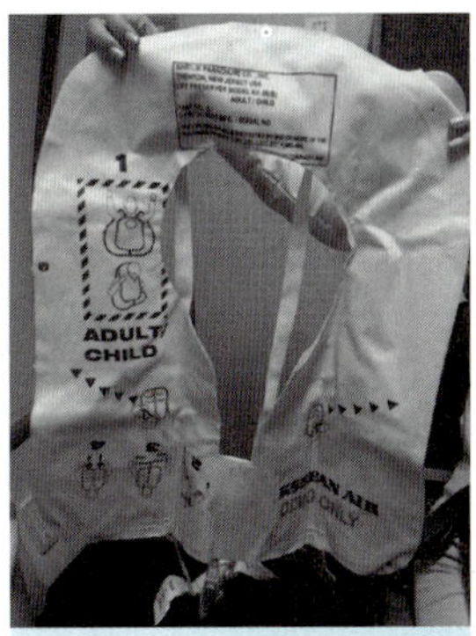

Life Vest 펼친 모습

비행기가 바다나 호수에 불시착 시 사용하며 승객용은 노란색, 승무원은 적색으로 표시된다. 성인용과 유아용의 구분이 되어 있고 유아용에는 보호자와 연결하는 끈이 장착되어 있다.

구명복은 뒤집어서 사용할 수도 있으며 양쪽 공기주입용 붉은색 고무관의 상단 가운데를 누르면 구명복내 공기를 제거할 수 있다. 구명복에 붙어있는 조명등은 Battery 구멍에 물이 들어가면 자동으로 켜지고 약 8~10시간 정도 지속된다. 최근 제작된 사양은 팽창손잡이가 한 개로 되어있는 Single 타입이 많다.

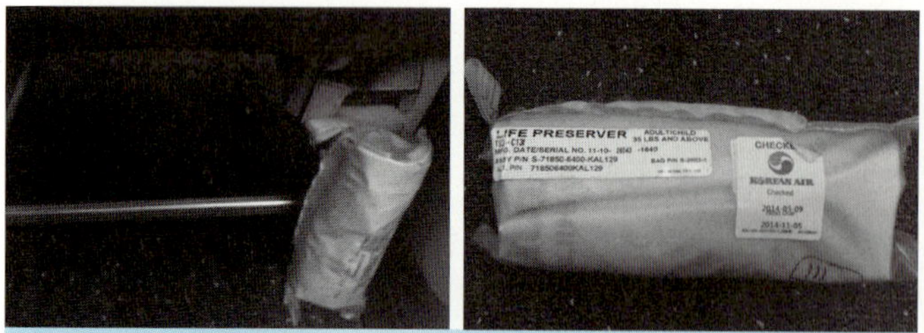

좌석 하단에 장착된 승객용 Life Vest

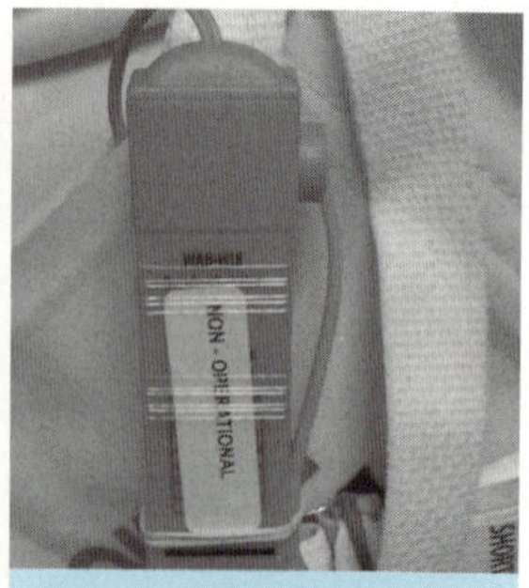

조명배터리

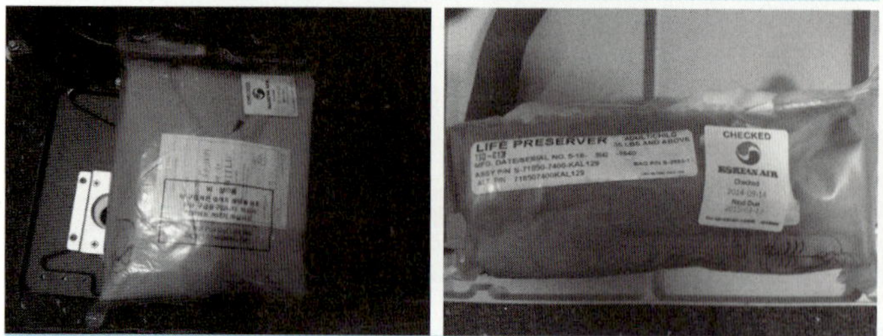

승무원 좌석 하단에 장착된 승무원용 Life Vest

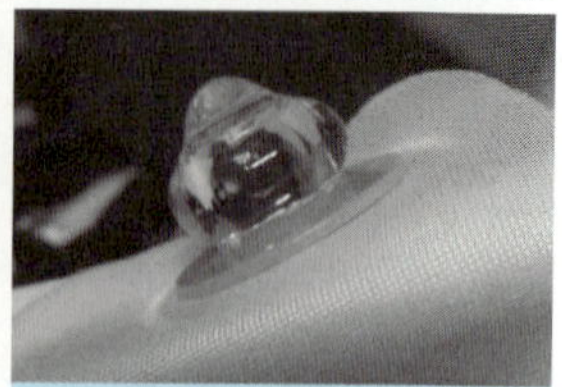
조명등

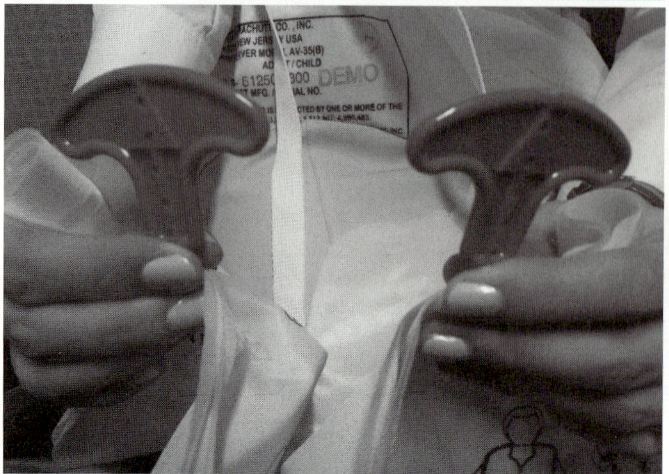

Life Vest 팽창을 위해 당기는 손잡이-아래로 힘차게 당기면 팽창한다.

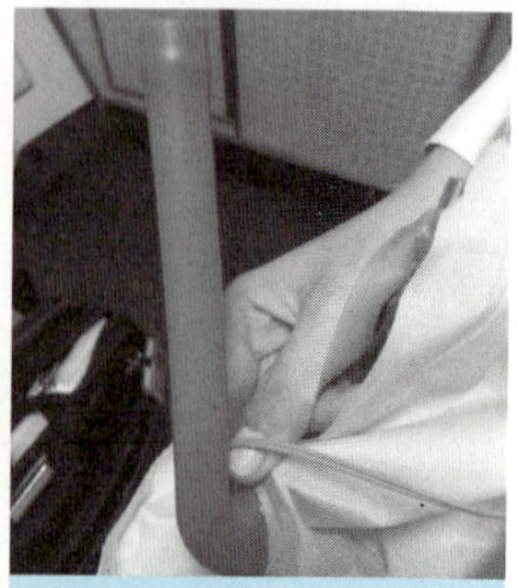
수동팽창용 튜브

(3) 기내 화재진압장비

❶ Halon 소화기

Halon 소화기 type 1

Halon 소화기 type 2

유류, 전기, 의류, 종이, 승객짐 등의 모든 화재에 사용. 본체, 핸들, 레버, 노즐, 게이지로 구성되어 있다. 산소를 차단하여 화재를 진압하는 방식이다. 화재로부터 2~3m를 유지하고 수직으로 세워서 분사하며 약 10~20초간 분사된다.

❷ H_2O 소화기

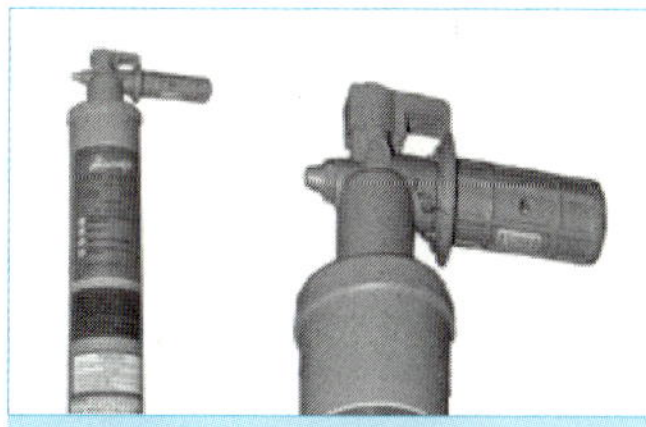
H_2O 소화기

종이, 의류 및 승객짐의 화재에 사용, 유류/전기화재에는 사용금지. 본체, 핸들, 레버, 노즐로 구성되어 있고 할론 소화기로 화재 진압 후 재발화 위험을 막기 위해 사용한다. 손잡이를 시계방향으로 돌리면 이산화탄소 탱크가 열리며 압력이 가해져 분사할 수 있게 된다. 소화액은 부동액 성분이 함유되어있어 마시면 위험하고 약 40초간 분사된다.

❸ 열감지형 소화기

열감지형 소화기

화장실 쓰레기통 화재에 사용(화장실 쓰레기통 내부에 장착됨)하며 화장실 쓰레기통 내부가 섭씨 80도 이상 올라가면 자동적으로 소화액을 분사하여 화재를 진압하는 방식이다.

❹ Circuit Breaker

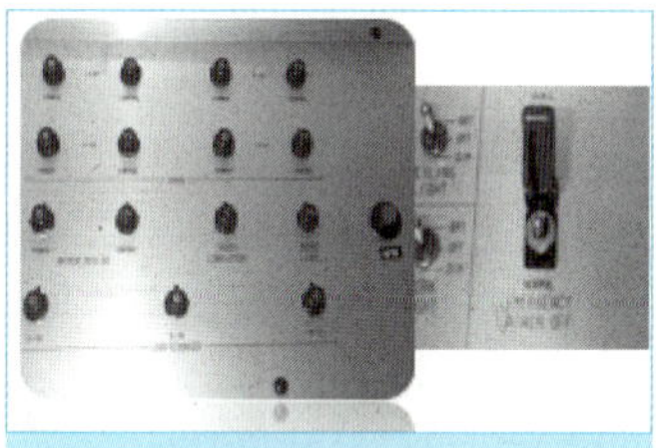
Circuit Breaker

갤리나 기타 장착된 곳의 전기공급 차단시 사용하며 전류의 과부하 발생 시 검은색 버튼이 튀어나와 전원공급을 차단시키는 역할을 한다.

❺ Smoke Detector

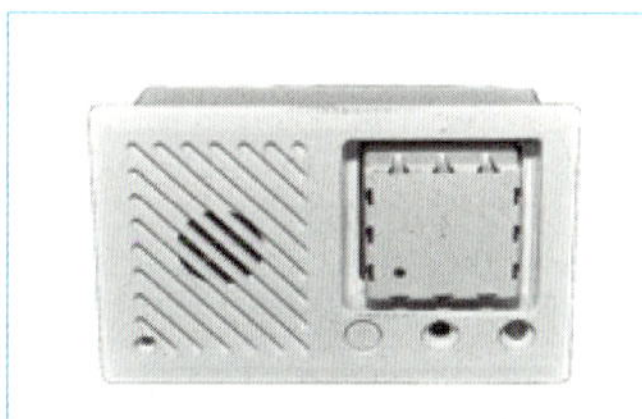
Smoke Detector

화장실/승무원용 벙크(Crew Bunk) 내 연기, 화재감지 역할을 하고 연기 감지 시 고음(삐~)의 경고등과 함께 적색의 경보 점멸등이 점등된다.

❻ 손도끼(Crash Axe)

손도끼

기내 화재 시 진압할 곳의 방해가 되는 장애물을 부수는 데 사용하며 조종실 내에 보관되어 있다.

⑦ 석면장갑(Asbestos Gloves)

기내 화재 시 뜨거운 물체를 잡는 데 사용한다. 불연성 재질인 석면을 이용하여 만든 장갑으로 뜨거운 물체나 불이 붙은 물체를 잡아야 할 경우 사용한다.

석면장갑

⑧ PBE(Protective Breathing Equipment)

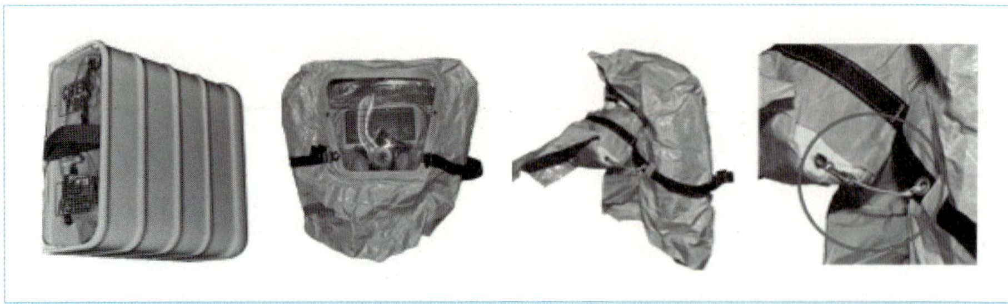
Puritan PBE

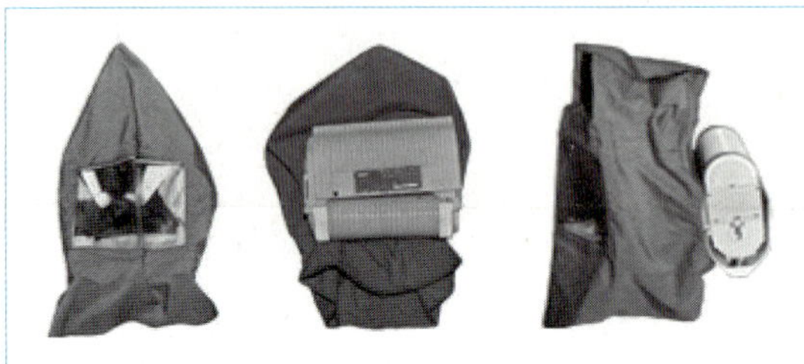
Scott PBE

PBE(Puritan)

PBE(Protective Breathing Equipment)는 제조사에 따라 Puritian Type과 Scott Type의 2가지 종류가 사용되고 있다.

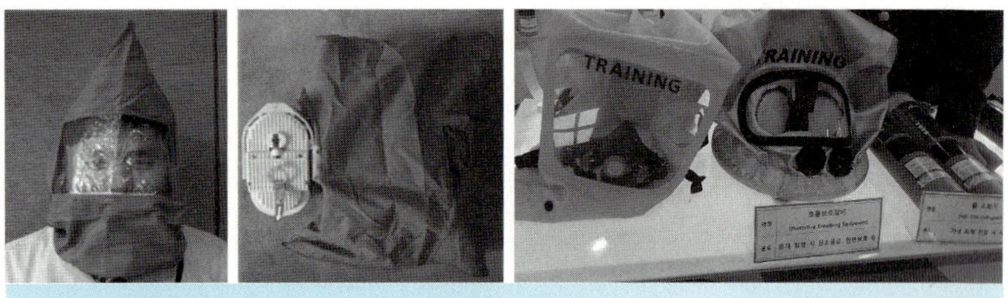

PBE(Scott)

기내 화재 시 화재를 진압하는 객실승무원의 호흡을 원활하게 하기 위해 비치된 소화용구. 안면보호와 호흡보조장구로 15분 정도 사용할 수 있다. 방염 소재로 진공포장되어 있으며 승무원은 비행 전 정위치 보관 여부, 진공상태를 확인해야 한다. 작동 시 잠시 동안 귀가 '뻥'하고 울리며 순간적인 두통과 귀 울림이 발생할 수 있다. 사용시간이 지나면 PBE 내부의 온도가 상승하기 때문에 신속히 벗어야 한다.

⑨ Smoke Goggle(눈 보호기)

화재를 진압할 때 연기로부터 시야를 확보하거나 눈을 보호하기 위해서 사용하며 유독가스와 연기가 발생한 곳에서 사용한다.

Smoke Goggle

⑩ Smoke Barrier(연기차단 패널)

항공기 중 2층으로 제작되어 있는 기종에 설치되어 있으며 아래층 객실(Main Deck)에서 화재 발생 시 연기가 계단을 통해 이층 객실(Upper Deck)로 올라오는 것을 방지하기 위한 장치이다. B747-400/ B747-8i/ A380 항공기 아래층 객실에서 이층 객실로 올라가면 계단 위쪽 끝에 설치되어 있다.

계단 제일 상단부에 아래층 화재 시 연기 유입 방지를 위한 Smoke Barrier가 설치되어 있다.

B737 갤리-장착되지 않음

⑪ Master Power Shut off Switch

(주 전원차단 스위치)

항공기 갤리 내 화재가 발생한 경우 해당 갤리의 모든 전원을 한꺼번에 차단하는 역할을 한다.

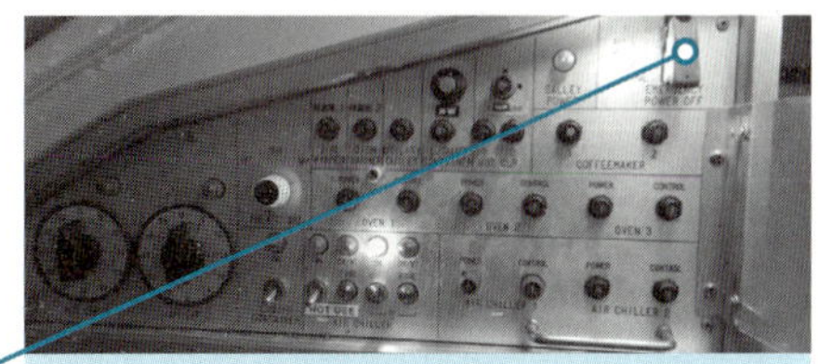

Master Power Shut Off Switch

B747 갤리 - 장착된 모습 - 오른쪽 제일 위쪽 빨간색 스위치

(4) 응급의료장비

의료장비는 항공기 순항 중 응급환자와 일반 환자 발생 시 신속한 대처를 위해 탑재되며, 종류에는 EMK, FAK, MEDICAL BAG, AED, Resuscitator BAG, UPK, STRETCHER, ON BOARD WHEELCHAIR가 있다.

❶ EMK(Emergency Medical Kit)

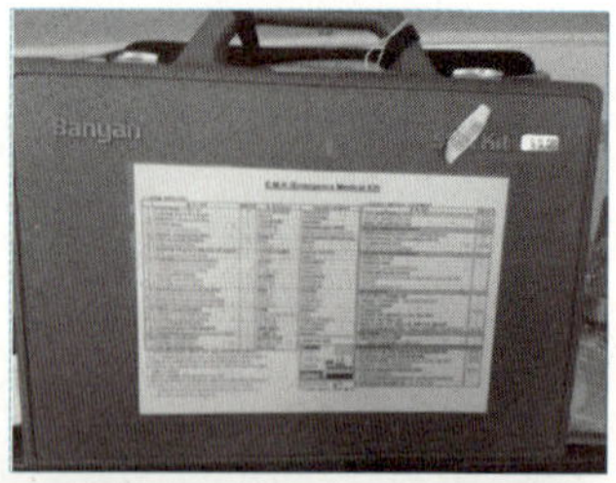

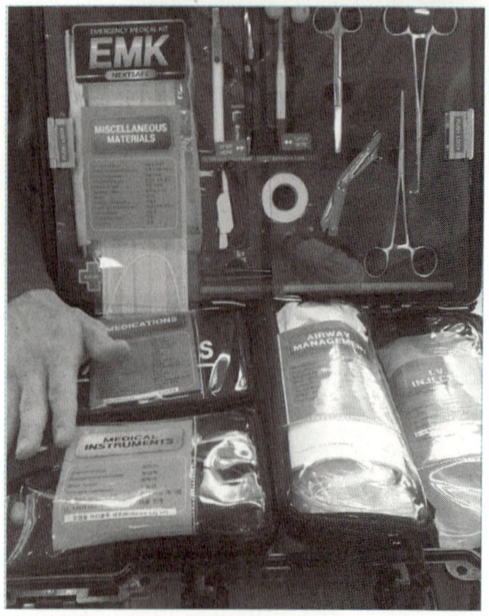

응급환자 발생 시 의료진에 의한 전문적이고 기술적인 치료를 위해 탑재되며 의료인만 사용할 수 있다. 기내에서 인정하는 의료인은 의사, 한의사, 치과의사, 간호사, 조산사이다. 일명 반얀키트(Banyan Kit)라고도 한다. 지상에서 점검 시 EMK의 정위치와 SEAL 상태를 점검한다. 내용물은 설명서/청진기/혈압계/인공기도/주사기/정맥주사용 카테터/항균소독포/의료장갑/도뇨관/수액세트/지혈대/거즈/반창고/외과용 마스크/탯줄집게/비수은 체온계/인공호흡용 마스크/펜라이트/아드레날린/항히스타민제/포도당/니트로글리세린/진통제/항경련제/기관지 확장제/진토제/아트로핀 주사액/이뇨제/부신피질 스테로이드/자궁수축제/생리식염수/아스피린 등이 들어 있다.

❷ FAK(First Aid Kit)

일반적인 환자에 사용할 수 있는 구급상자로 좌석수에(50석당 1개) 비례해서 탑재되고 있으며 평상시에는 봉인(Sealing)되어 있다. 지상에서 점검 시 정위치와 수량, SEAL 상태를 점검한다. 내용물로는 거즈용 붕대/화상치료거즈/멸균거즈/지혈압박용 거즈/부목/일회

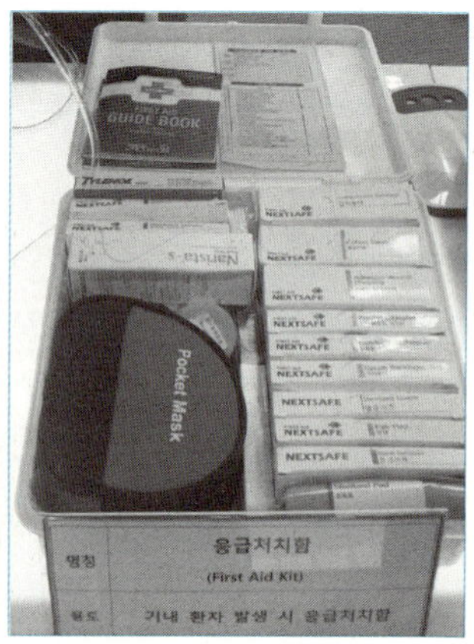

용 밴드/삼각건 및 안전핀/멸균면봉/베타딘 스와프/반창고/상처봉합용 테이프/안대/체온계/인공호흡용 마스크/수술용 접착테이프/일회용 의료장갑/손세정제/가위/핀셋/응급처치요령설명서/암모니아 흡입제/타이레놀/멀미약/항진경제/점비액/항히스타민제/제산제/지사제가 들어 있다.

③ MEDICAL BAG

일정직급 이상의 객실승무원이 소지하고 있는 상비약이다. 내용물로는 소화제/정노환/일회용 밴드/화상처치용 연고/베타딘 스와프/안티푸라민/인공눈물/타이레놀/항히스타민제/얼음주머니/멀미약/진통제 등이 들어 있다.

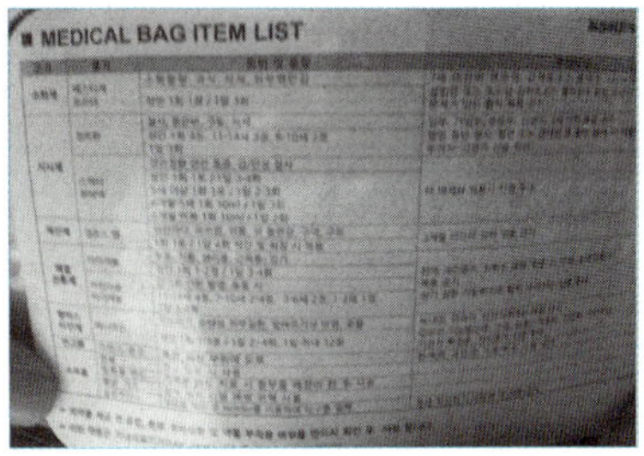

④ AED(Automated External Defibrillator)

호흡과 맥박이 없는 심장질환 환자에게 전기충격을 주어 심장기능을 복구할 수 있도록 도와주는 의료기구이며 본체와 연결접착면 그리고 가슴털을 제모할 때 사용하는 면도기로 구성되어 있다.

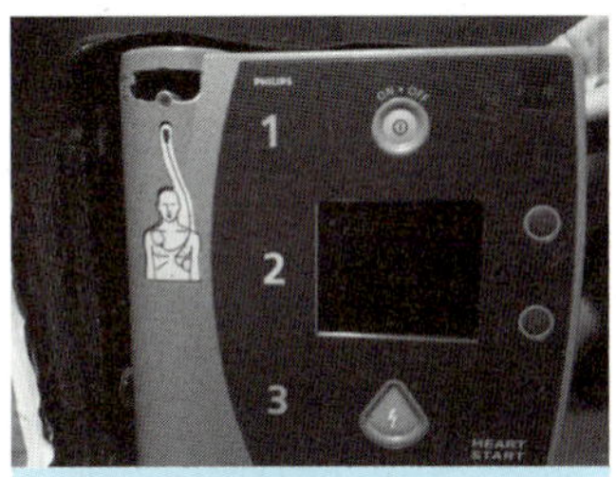

AED

⑤ RESUSCITATOR BAG

인공호흡이 어렵거나 힘들 때 사용하는 기구로서 구조 호흡기라고도 한다.

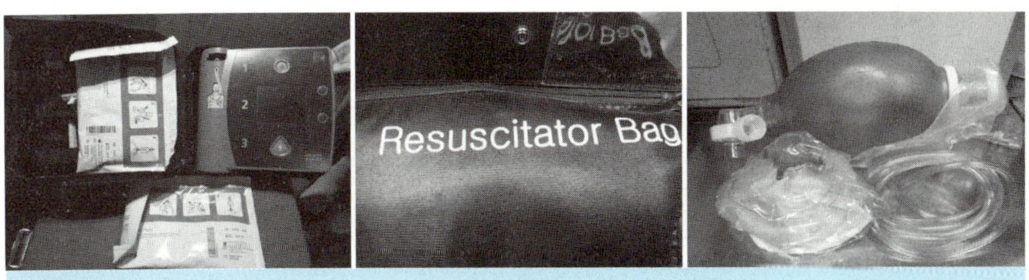

앰부백-AMBU BAG

❻ UPK(Universal Precaution Kit)

환자의 체액이나 타액으로부터 오염을 방지해 주는 장비이다. 내용물 구성은 마스크, 장갑, 가운, 거즈, 주사바늘 폐기용 통 등이 포함되어 있다.

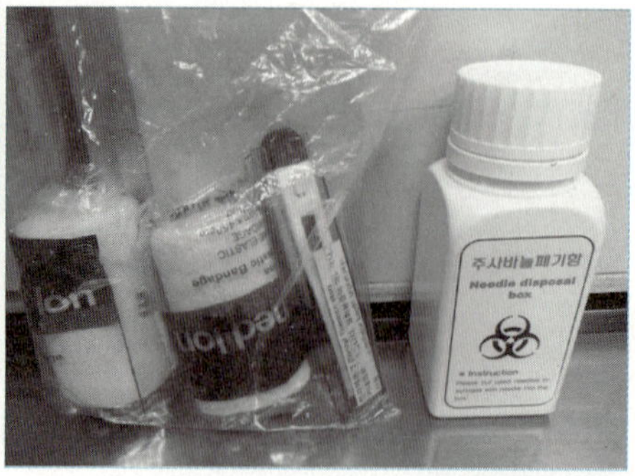

❼ 자동혈압계

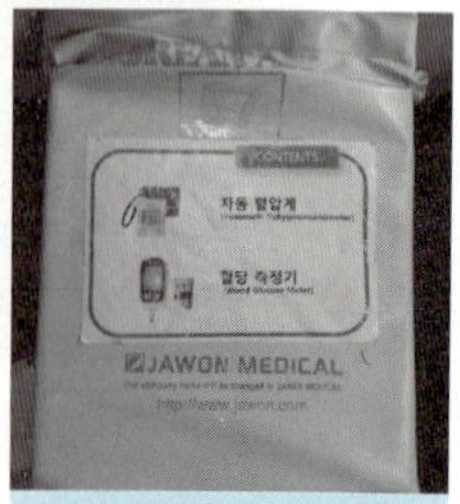

자동혈압계

기내 환자 발생 시 환자의 혈압을 자동으로 측정할 수 있는 장치로 혈당측정기가 내부에 동봉되어 있어 혈압/당뇨를 측정하는 데 사용한다.

❽ STRETCHER

움직일 수 없는 환자의 이동에 사용되는 이송용 침대이며 일반석 6석을 이용하여 장착한다.

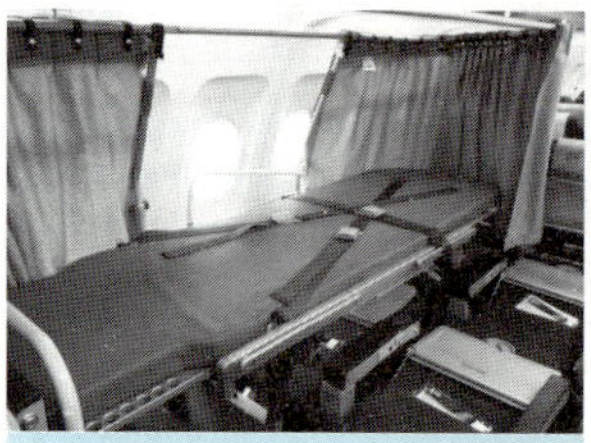

현재 기내장착용 스트레처

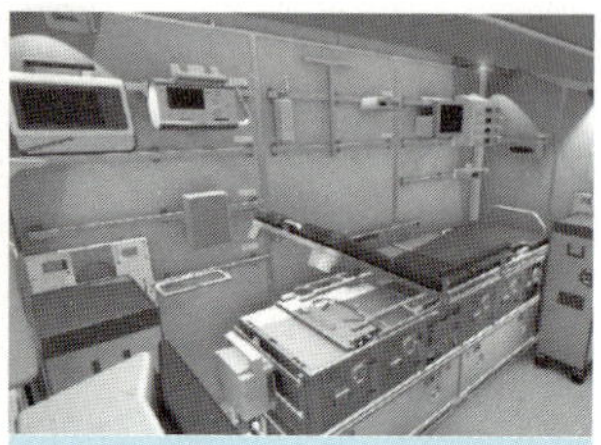

차세대 신형항공기의 스트레처

❾ ON BOARD WHEELCHAIR

지상에서 사용하는 휠체어는 기내 복도가 좁아 진입이 불가하여 기내에서 사용할 수 있도록 특수 제작된 조립식 휠체어로서 모든 비행기에 장착되어 있다.

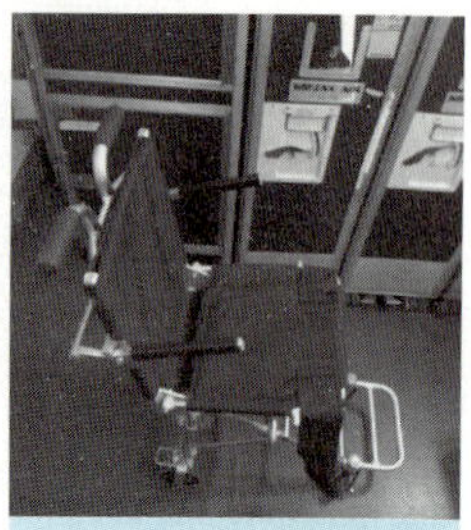

on Board Wheelchair

(5) 기타 안전/보호장비

❶ Polar Suit

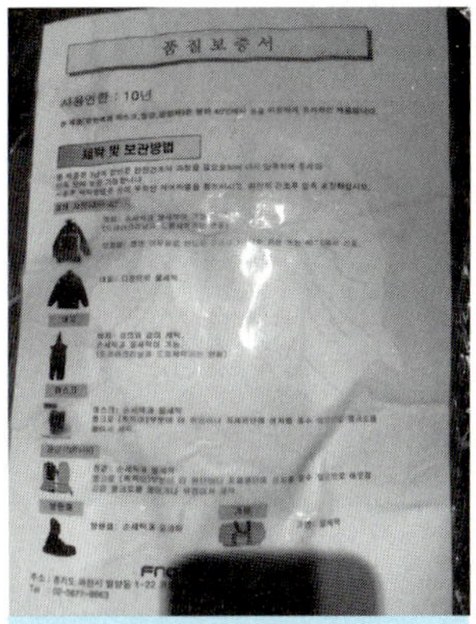

폴라슈트 안내문

적지 않은 비행기들이 미국이나 캐나다에서 한국으로 비행할 때 연료절감을 위해 매일 북극항로를 이용하고 있는데 별도의 공항시설이나 편의시설이 전혀 없는 극지방에 비행기가 불시착할 경우를 대비해서 운항 및 객실승무원의 체온유지를 도와주고 승객의 구조 활동을 용이하게 해주는 의복/장갑으로 구성되어 있다. 참고로 미국과 캐나다에서 한국으로 비행하는 모든 항공기가 매번 비행 시마다 북극항로를 이용하는 것이 아니라 세계 비행안전 점검기관에서 매일 극지방 우주선과 방사선의 총량을 점검하여 허용치 수준에 들어야만 북극항로를 이용할 수 있다.(우리가 아름답고 환상적으로 느끼고 있는 오로라도 일종의 우주선이라고 보면 되고 북극항로를 이용하는 이유는 극지방에는 고고도에서 편서풍/제트기류 같은 바람이 불지 않아 비행기가 바람의 영향을 덜 받기 때문에 항공기의 연료를 절약할 수 있고 비행시간을 단축시킬 수 있기 때문이다)

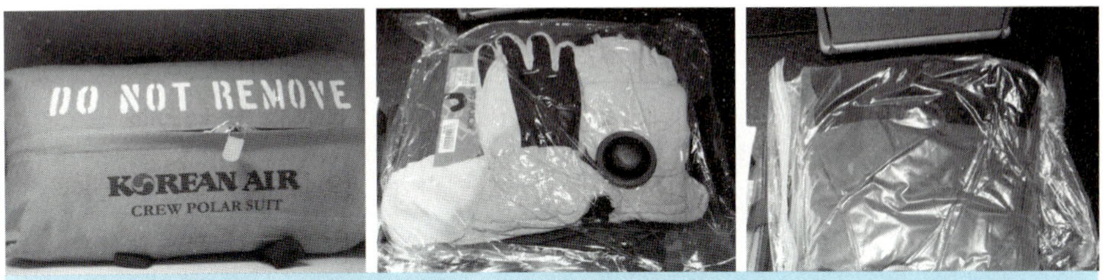

항공기 내 탐재되는 Polar Suit

❷ Safety Belt

항공기 지상 주기 시 항공기 내부에서 근무하는 객실승무원과 지상조업원이 항공기에서 낙상하지 않도록 도와주는 안전벨트를 말하며 착용한 후 Door Assist Handle에 연결하여 사용한다. Safety Belt를 착용하면 객실승무원이나 지상조업원이 항공기 문이 열려 있는 상태에서 실수로 항공기에서 발을 헛

디뎌 떨어지더라도 지면에 추락하지 않고 공중에 매달려 있게 된다. Safety Belt는 비행기 내부에서 외부로 낙상한 객실승무원이 발생하여 그 후 항공기에 도입되었으며 KE 모든 항공기에 탑재되고 있다.

Safety Belt

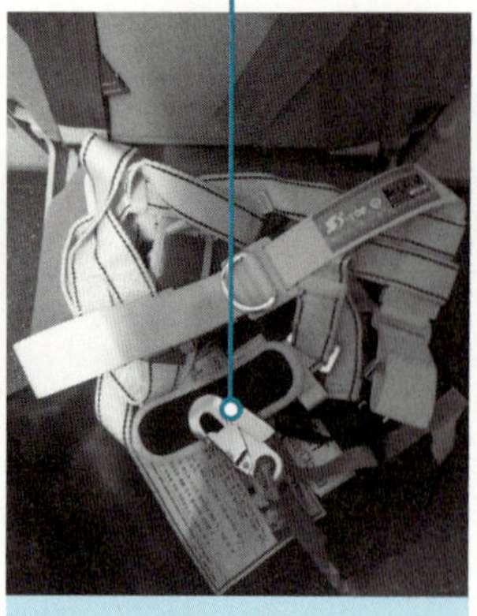

내부 구성품

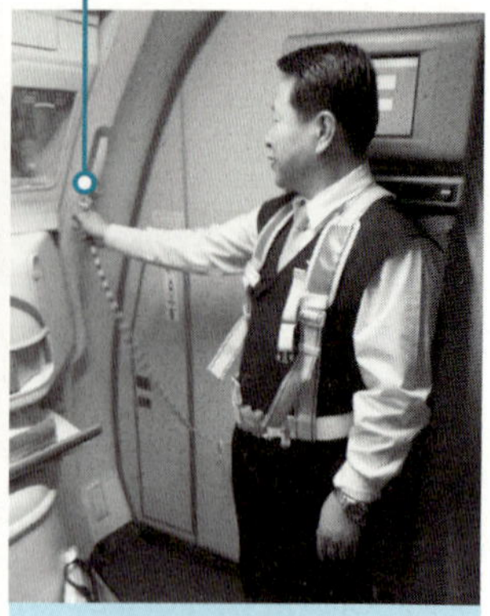

착용한 모습

❸ Door Safety Strap

Safety Belt와 비슷한 용도로 사용되며 항공기가 계류장 또는 활주로에 주기 시 객실승무원의 낙상으로 인한 상해를 방지하기 위해 항공기 Door 내 · 외부에 설치되어 있는 낙상방지 경고용 끈을 말한다. 아래 왼쪽 사진의 빨간색 손잡이를 잡아 당기면 반대편 Door Frame에 설치할 수 있으며, 놓으면 자동적으로 감겨서 내부로 들어가는 자동형 Safety Strap이 있는 반면, 항공기 도어 양쪽에 수동으로 설치해야 하는 수동형 Safety Strap이 있다.

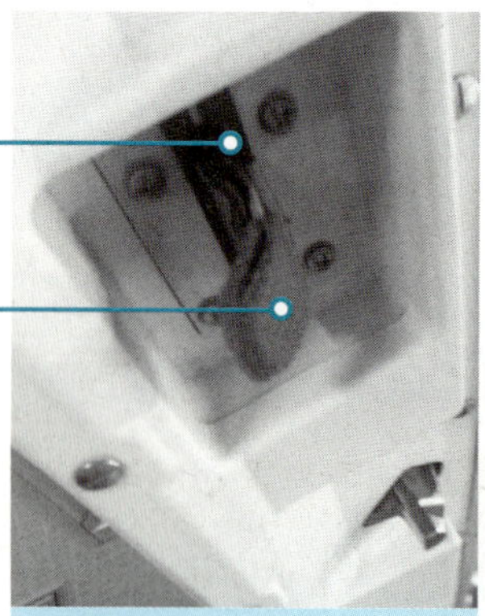

Door Safety Strap 감긴 모습

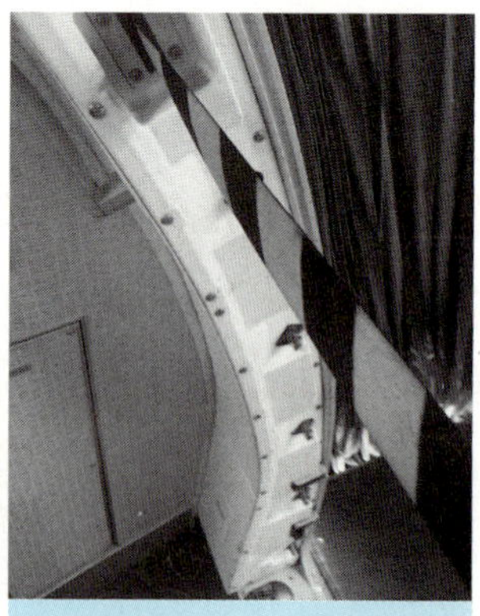
Door Safety Strap 설치된 모습

④ 객실승무원 안전교범(COM-Crew Operation Manual 아래 사진 중 빨간색 책 세 권)

객실승무원 안전매뉴얼

예전에는 모든 승무원이 들고 다녔으나 최근에는 팀장급만 소지하고 일반 승무원은 약본이라 하여 간편화된 필수제본만 소지하고 있다. 객실승무원 안전교범은 항공기에 비치되어 운영되며 한국어 버전과 영어 버전 두 가지로 되어 있다. 아래 사진에 객실승무원 안전매뉴얼 3권이 비치된 이유는 분실 시를 대비해서 한 권 더 비치하고 있으며 객실승무원 및 항공기 안전/보안/응급처치에 관한 모든 사항이 수록되어 있다.

6 기내 보안장비 점검

항공기 안전운항에 방해되는 기내 불법행위 승객, 난동승객, 항공기 공중납치(Hijacking)에 대비하기 위해 항공기 내 탑재되어 운영되고 국내 항공사별로 약간의 차이는 있을 수 있으나 포승줄, 타이랩, 테이저, 방폭담요, 방탄조끼, 비상벨 등의 보안장비가 운영되고 있다.

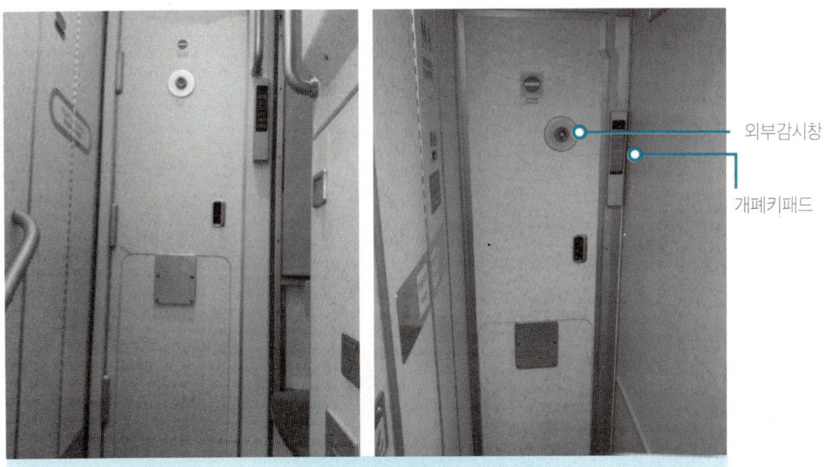

기내 보안장비의 일종인 조종실 방탄문

이러한 장비는 보안을 위해 승객의 눈에 잘 띄지 않는 기내장소에 보관되어 있으며 매 비행 전, 후 객실승무원에 의해 점검하게 되어 있고 점검일지도 함께 작성해야 한다.

> 북미의 9·11 테러사건 이후 조종실의 보안이 강화됨에 따라 현재 모든 여객기에는 상기와 같은 철저한 방탄문이 설치되어 조종실의 보안을 책임지고 있다.
> 방탄문의 구성요소는 방탄문 자체와 키패드로 되어 있는데 객실승무원이 용무로 들어갈 때 인터폰 및 음어 그리고 정확한 키패드 숫자를 입력해야만 조종실 출입이 가능하다. 또한 조종실에서 객실승무원 및 출입인원 모두를 출입금지할 수 있는 잠금장치가 있다.

각 보안장비에 관한 설명은 아래와 같다.

포승줄

Tie-rap

전자충격기

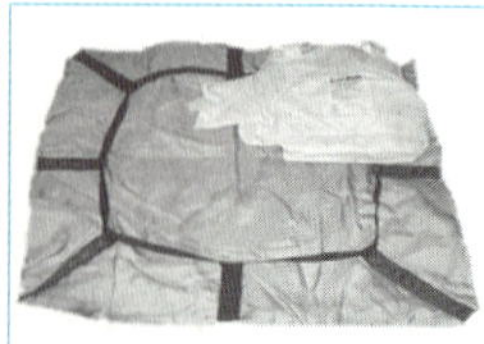
방폭담요 / 재킷

❶ 테이저 건(Taser Gun)

본체와 전선으로 연결된 두 개의 전극(탐침)을 발사해 상대를 제압하는 전자무기이다. 테이저 건에서 발사된 탐침이 몸에 박히면 순간적으로 전류가 흐르며 근육계가 마비된다. 운동신경의 신호와 비슷한 형태의 전류로 신경계를 일시적으로 교란시키는 것이기 때문에 적은 전류로도 상대를 확실하게 무력화할 수 있다. 테이저 건에 맞은 사람은 격렬한 전신 근육 수축과 감각신경

- 테이저 본체 가격 : 약 100만원
- 레이저 빔 가격 : 약 40만원
- 카트리지 가격 : 약 1발당 3만원
- Wire 길이 : 약 6.4m

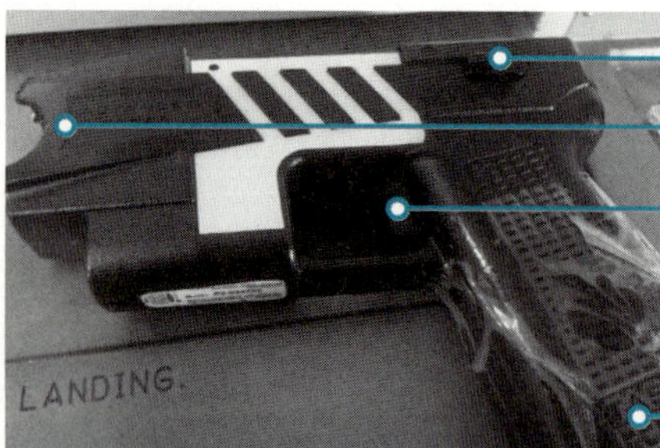

기내에 탑재되는 실물 테이저 건

교란으로 심한 고통을 느끼게 된다. 테이저 건은 상대방과 직접 접촉해야 하는 전기충격기(스턴 건, Stun Gun)와는 달리 비교적 원거리에서도 사용할 수 있으며 사정거리는 4.5~10.6m로 전극이 들어있는 카트리지 종류에 따라 다르다.

카트리지를 장착하지 않았을 때는 전기충격기(Stun Gun)처럼 사용이 가능하고 카트리지를 장착하지 않은 테이저 건의 순간 최대 전압은 5만V(볼트)이다. 카트리지를 장착하고 테이저 건에서 전극이 발사되어 사람에게 명중했을 때의 전압은 최대 1,200V, 평균 400V(X26 기준)이다. 전류는 평균 2~3mA(밀리암페어, milliampere)이다. 또한 탐침이 꽂혀있는 상태에서 계속 방아쇠만 당기면 전기충격을 가할 수 있어 기내 난동자 및 하이재킹(Hijaking) 범인의 제압에 효과적이다.

테이저 사용 4대 원칙

- 승객과 승무원의 생명 위협상황과 항공기 안전운항 위협상황에서만 사용한다.
- 항공기 기내에서만 사용한다.
- 테이저 교육을 이수한 승무원만 사용한다.
- 2인1조로 운반하고 2인1조로 사용한다(테이저를 기내 비치한 항공사도 많다)

- 탑재 목적

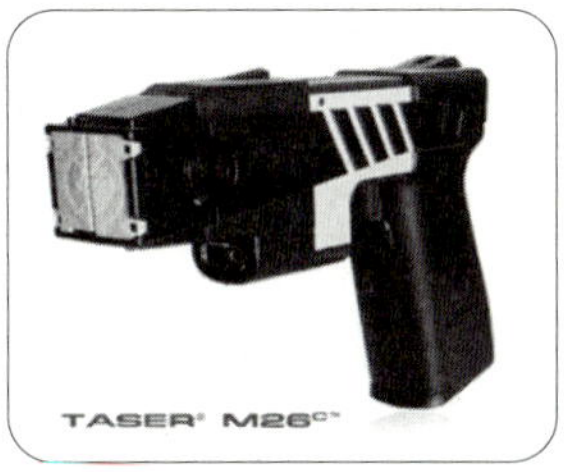

기내 난동 및 대 테러에 효과적인 대응방법으로 Air-TASER를 탑재하기로 결정 (50,000볼트/26와트/0.5미리 암페어)

Air-TASER 운영기준

- 최종 경고

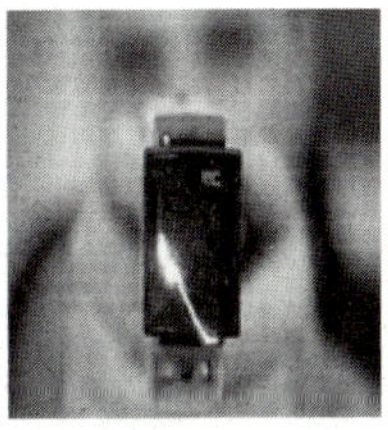

"난동행위를 멈추지 않으면, 전자충격기를 사용하겠습니다. 자리에서 엎드리고 손을 뒤로 하십시오."

"I will shoot you, if you do not immediately stop these acts of unlawful interference. Throw yourself down on your knees with your hands behind your back.."

Air-TASER 사용 규정

• 사격 방법

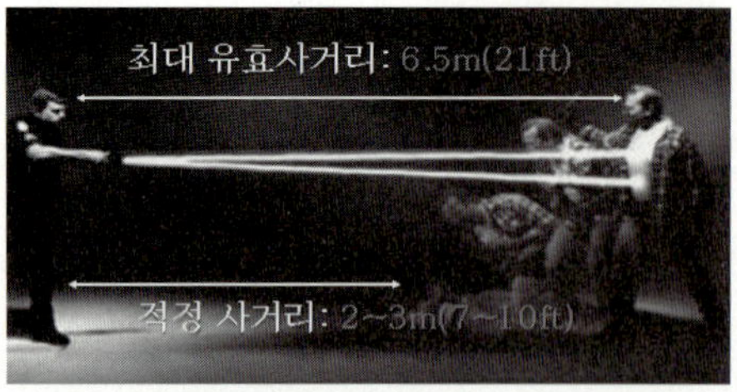

Air-TASER 사격 방법

❷ 스턴 건(Stun Gun)

테이저 건을 발사한 후 더 이상의 실탄을 장전할 수 없을 때 테이저 건은 전기충격기로 사용할 수 있다. 불법난동자의 몸에 총구를 대고 방아쇠만 당기면 총구에서 고압의 전기가 흐르며 전압은 일반적인 것들은 5~50만 볼트이고 전압은 매우 높은 반면, 전류는 수mA로 매우 적기 때문에, 살상 능력은 없다. 고전압 모델(110만 볼트도 있다)과 초소형 저전압 모델이 존재한다. 8만 볼트 이상일 경우, 두꺼운 옷 위에에서도 효과가 있으며, 15만 볼트 이상이면 가죽 잠바와 두터운 모피 코트 위에서도 효과가 있다고 한다.

• Cartridge가 사용된 것일 경우
• 총구에 Cartridge가 없을 경우

Stun-Gun 사용 방법

❸ 방폭매트(2015년부터 신형 방폭매트 탑재)

방폭매트는 방탄조끼와 한 조를 이루어 기내에 탑재되며 일정 장소에 보관하여 기내 폭발물 발견 시 사용하게 된다. 폭발물은 원래 이동하지 않는 것이 원칙이나, 기장의 지시에 의거 항공기 뒤쪽으로 폭발물을 이동시키고 폭발의 힘을 최소화시키기 위해 덮는 MAT이다. 일반적으로 모든 항공기에는 폭발위험 최소구역(LRBL-Least Risk Bomb Location)이 있으며 이는 항공기 오른쪽 제일 뒤 도어 근처를 의미한다. 방폭매트를 사용하였다 해도 폭발물의 폭발을 억제시키는 것은 아니며 폭발위험을 최소화시키는 보안장비이니 유념하도록 하자.

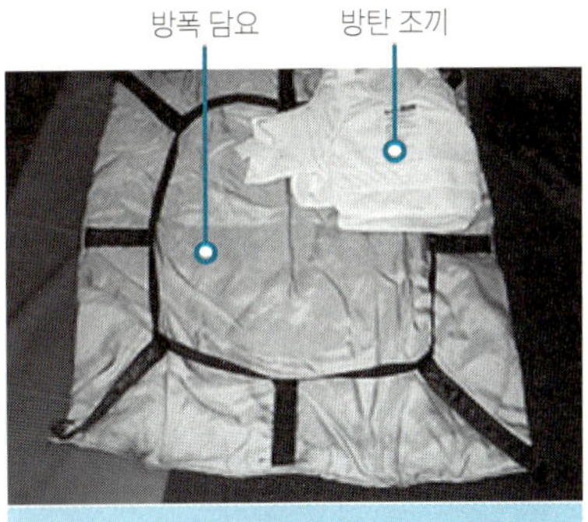

TYPE A(기준)

TYPE A(기준)

Safety Circle로 폭발물을 둘러싼 후에 방폭 Mat로 덮음)

기내 폭발물 발견 시 조치사항

- 폭발물이 발견된 장소에서 승객들을 가능한 멀리 대피시킨다.
- 폭발물은 설치된 장소에서 이동하지 않는 것을 원칙으로 하나, 지상에서 승객과 승무원의 안전을 위해 옮기라는 연락을 조종실에서 할 경우 객실승무원은 폭발물을 이동시켜 폭발위험 최소구역(LRBL)으로 옮길 수 있다.
- 폭발물을 이동시킬 승무원은 반드시 방탄조끼를 착용하고 폭발물 하단에 이동방지 장치가 없는지 확인한다.
- 폭발위험 최소구역(LRBL)으로 이동 후 승객/승무원의 짐을 깔고 폭발물을 방폭매트 중앙에 놓은 후 방폭매트로 완전히 덮는다.
- 짐을 폭발물 위에 높이 쌓고 단단히 묶은 후 의심물질이 남아 있는지 재검색을 실시한다.

LRBL(폭발위험 최소구역, Least Risk Bomb Location) : 일반적으로 항공기 오른편 제일 끝 도어를 의미한다.

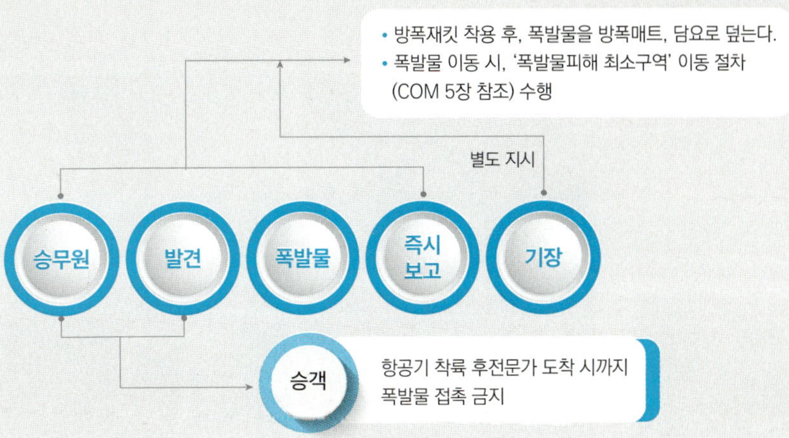

④ 타이랩(Tie Wrap)

타이랩의 용도는 기내 난동자나 불법행위하는 자의 손, 발을 묶는 데 사용하며 전, 후가 구별되어 있으니 반드시 확인하고 사용하도록 해야 한다. 일단 정확히 사용하면 절대로 풀리지 않는 것으로 알고 있으나 2016년 최근 유튜브에 타이랩을 순식간에 풀 수 있는 동영상이 소개된 이후 미국 경찰에서는 범인의 신체를 구속할 수 있는 특수테이프(Tape)를 개발하여 사용하고 있다.

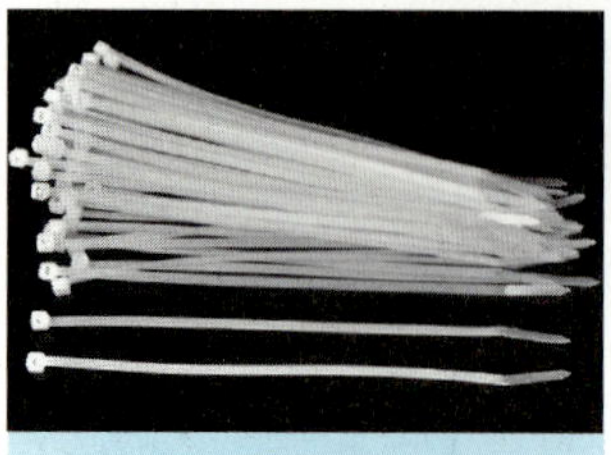
수갑 대신 사용하는 신체 결박용 타이랩 모습

수갑

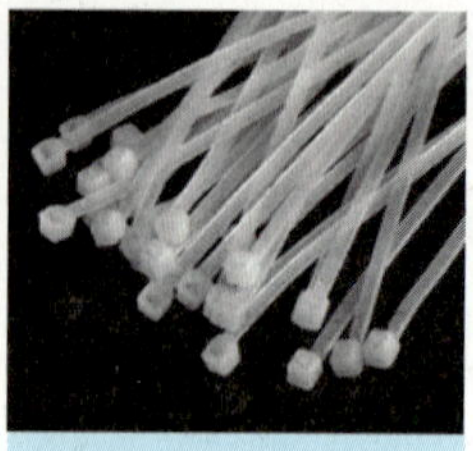
타이랩

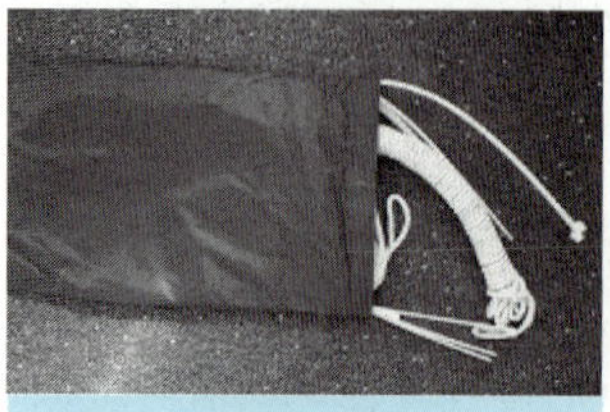
포승줄 : 범인을 움직이지 못하도록 묶을 때 사용한다.

방탄조끼 : 기내 설치된 폭발물을 이동시킬 때 착용하여야 한다.

포승줄과 방탄조끼도 기내 일정한 곳에 함께 비치되어 있다.

⑤ 비상벨(Emergency Bell)

비상벨(Emergency Bell)

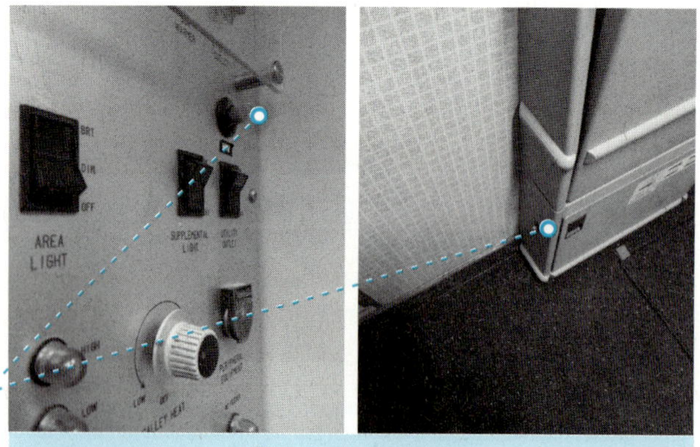

빨간 버튼이 비상벨이다.

비상벨은 기내 하이재킹이나 테러 발생 시 운항승무원에게 인터폰 사용 없이 객실의 상황을 알릴 수 있는 장치이며 항공기 내 일정장소에 설치되어 있다. 객실승무원이 누르면 조종실에 버저가 울리며 부저의 길고 짧음으로 객실 긴급상황을 조종사가 알아 들을 수 있도록 되어 있다.

❻ **포승줄** : 범인을 움직이지 못하도록 묶을 때 사용한다.

2022년 모든 항공사에서 운영하는 신형 포승줄

2017년까지 기내에는 면으로 된 하얀색 포승줄이 탑재되어 움직이며 난동을 부리는 승객을 묶기가 매우 힘들었다. 하지만 2017년 부터는 아래 사진과 같이 한번 작동으로 승객의 몸을 구속시킬 수 있는 신형 포승줄이 탑재되어 2022년 현재 예정이다.

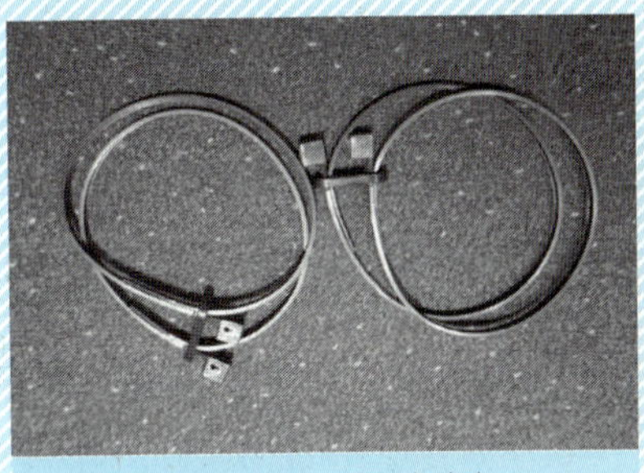

신형 포승줄 - 발 구속장치

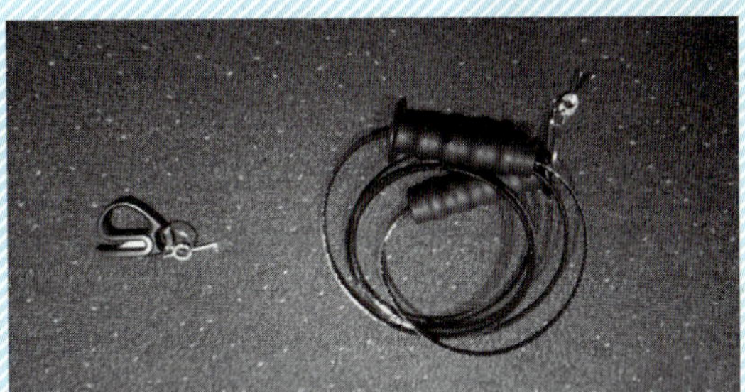

신형 포승줄 접은 모습 - 왼쪽은 필요 시 포승줄을 자를 수 있는 장치

7 항공기 출입 가능 인원

항공기의 출입 가능 인원은 운항승무원 및 객실승무원, 신분증을 소지한 항공사직원 또는 지상직원(조업원 포함), 해당 편 탑승권 소지승객, 항공안전 감독관 및 보안감독관, 신분증 또는 항공관계 공무원증을 소지한 자로 규정되어 있으며, 기내 비인가자가 출입하려 할 때 객실승무원의 조치는 다음과 같다.

기내 정비사

기내 미화인력

기내 조업인력

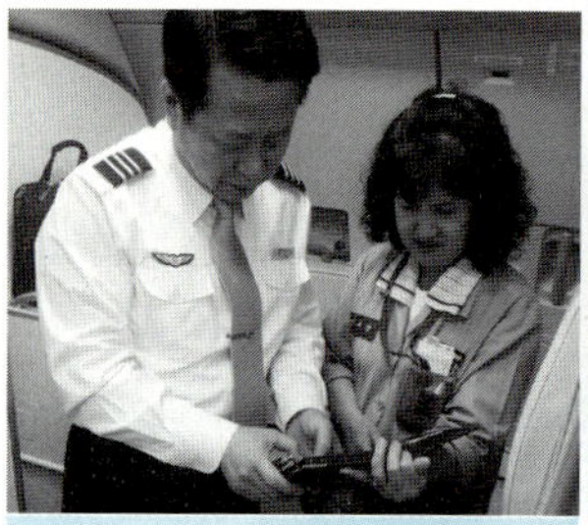
기내식 탑재인력

객실/운항 승무원

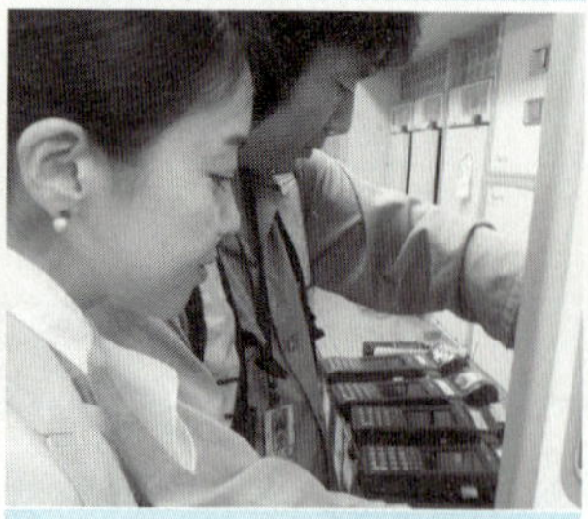
면세품 탑재인력

기내식 보안점검인력

객실승무원 조치사항

- 객실승무원은 항공기조업원, 객실 및 운항정비사, 보안점검요원, 기내식 탑재인원, 면세품 탑재인원, 기내 미화인력 및 기타 기내 진입직원이 있을 경우 철저한 ID 확인을 통해 비인가자의 출입을 통제한다. 또한 기내 출입증 미소지자가 발견되었을 때는 기내 출입에 필요한 출입증 제시 요구하여야 하며 출입증을 제시하지 못하거나 거부하는 경우 즉시 기장, 캐빈매니저/객실사무장, 운송직원에게 보고하여 공항경찰에 신고 조치될 수 있도록 한다.
- 승객 탑승 시에는 모든 승객의 탑승권(날짜, 편명)을 확인하여 비인가자의 출입을 완벽하게 통제한다.

8 안전, 보안 점검 시 의심스러운 물건 보고

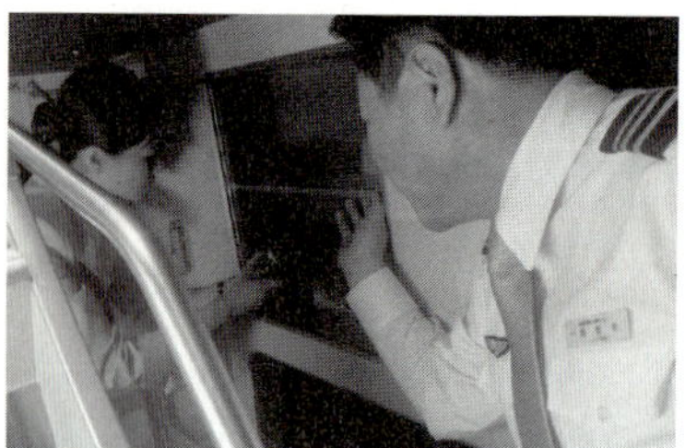
비행 전 구석진 곳까지 점검하는 저자

❶ 승객 탑승 전 항공기 보안점검

승객 탑승 전, 후 기내 보안점검 요령

모든 승무원은 보안점검 요령에 맞추어 각자의 담당구역에 나와서 동시에 기내 보안점검을 수행한다.
보안점검의 목표는 의심물품이 있는지 점검하는 것으로 보안점검 체크리스트에 따라서 기내의 보관공간을 육안으로 점검한다.

기내 보안점검하는 승무원

기내 보안점검하는 저자

❷ 안점검 체크리스트

점검 방법

- 객실사무장은 기내 보안점검 CHK-List를 이용 PA로 보안점검을 지시한다.
- 지시에 따라 의심물품이 있는지 육안으로 확인한다.
  - 의심물품 : 확인이 안 된 봉투, Box, 백색가루, 흉기 등 보안에 저해 물품

주의사항

- 의심스러운 물건 발견 시 점검 중지, 객실사무장이나 기장에게 보고한다.
- 매 항공편 운항 후에는 Left Behind Item 및 잔류 승객을 확인한다.
- 봉인된 기내식에 이상이 있을 경우 매니저를 불러 해당 물품을 하기하여 재확인 후 탑재한다.
- 보안점검과 기내식 조업이나 청소는 분리 원칙이다.
  단, 항공사 직원의 감독하에 동시 실시 가능하다.

주요 절차

보안점검 Check List

구분		점검 내용	Alert Level 3,2			Alert Level 1		
			S	U	N/A	S	U	N/A
Cabin	좌석	좌석 상단						
		좌, 우 창측 벽면 구석진 곳						
		Sidewall Stowage Bins [B744 U/D, A380 U/D]						
	통로	Overhead Bin 내부						
		Bulkhead 및 Curtain 주위 구석진 곳						
		객실 Floor 부분						
	Jump seat	Crew Jumpseat 및 Life Vest 보관 장소						
		비상장비 보관 장소						
	Door	Door 주변 구석진 곳						
		Coatroom 내부						
		잡지 Rack 내부						
	CRA	Crew Rest Area [A380, B744, B772, B77WS, A332]						
	VCC	Video Control Center						
	DFS Area	Duty Free Showcase [A380 Only]						
Lavatory	설비	Lavatory Door, Wall 및 Ceiling 주위						
		변기 주변 구석진 곳						
	보관함	휴지, 화장지 보관함						
		세면대 하단 공간						
		쓰레기통						
		거울 뒷면 Comp't 내부 [A380, B772, B773, B77WS]						
Galley	보관함	Galley 내 모든 보관 공간(Oven, 냉장고, Bar 등)						
		Ceiling, Walls 및 Floor						
		쓰레기통 및 Towel 수거함						
		천장에 위치한 Comp't						
		Cart Lift(Elevator) 내부 [A380, B744]						
	탑재 Cart	Cart Sealing						
Cabin	좌석	Seat Pocket 내부						
		EU 공항에서는 모든 Alert Level에서 점검						
		Seat Cushion 하단 및 Life Vest 보관 장소						
		EU 공항에서는 모든 Alert Level에서 5% 점검						

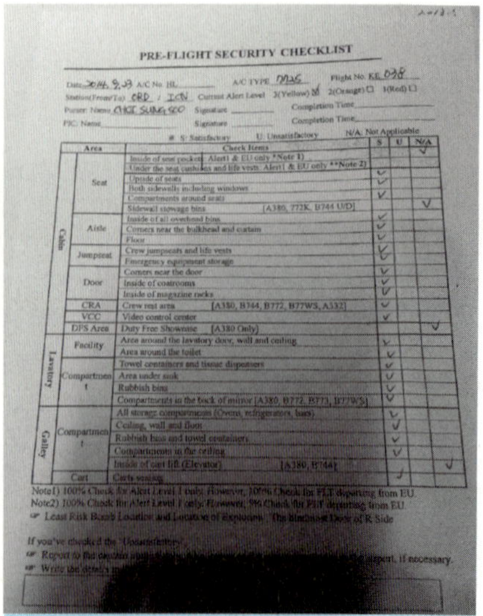

현재 사용되고 있는 실물 보안점검 체크리스트

❸ 보안점검 방법

- 좌석 상단, 객실 바닥, Crew Rest Area, Jump Seat 의심 물품이 있는지 파악
- 모든 Curtain은 들춰서 구석진 곳을 점검
- 모든 Comp't는 열어서 점검

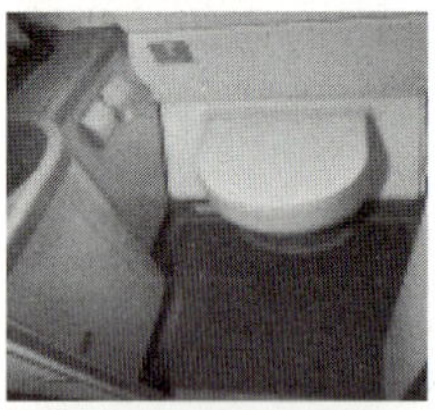

- Lavatory Door, Wall 및 Ceiling(천장) 주위 뜯겨진 흔적이 있는지 점검
- Comp't를 직접 열어 점검(휴지, 화장지 보관함, 세면대 하단, 쓰레기통, 거울)

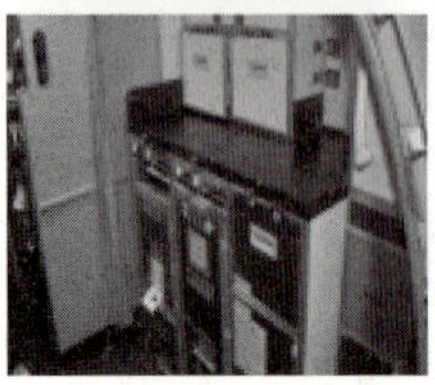

- 모든 Comp't 점검(Oven, 냉장고, 쓰레기통 등)
- 천장에 위치한 Comp't/Cart Lift 내부(747,380)
- Seal(봉인) 상태 확인

- 보안장비 점검은 비행 전 보안점검 시에 실시한다.
- 점검 중 의심스러운 장치, 가방, 액체, 물건 등을 발견 시 즉시 점검을 중지하고 의심스러운 물건을 만지거나 분해하지 않고 이동시키지 않도록 하며 객실사무장/캐빈매니저 및 기장에게 보고하여 공항경찰 등 관계기관에 신고될 수 있도록 한다.
- 기내식은 전용용기에 담겨 봉인되어져 기내 탑재된다. 이후 승무원에 의해 봉인상태(Sealing)를 점검받게 되며 봉인상태에 이상이 있을 시에는 기내식 탑재담당자를 불러 내용물을 재검사하도록 한다. 재검색 후에도 이상이 있을 시에는 해당 물품을 하기시켜 재확인 후 재탑재되도록 한다.
- 객실승무원은 보안점검을 끝낸 다음 객실사무장/캐빈매니저에게 이상 유무를 보고하고 객실사무장/캐빈매니저는 보안점검 결과를 기장에게 보고한다.

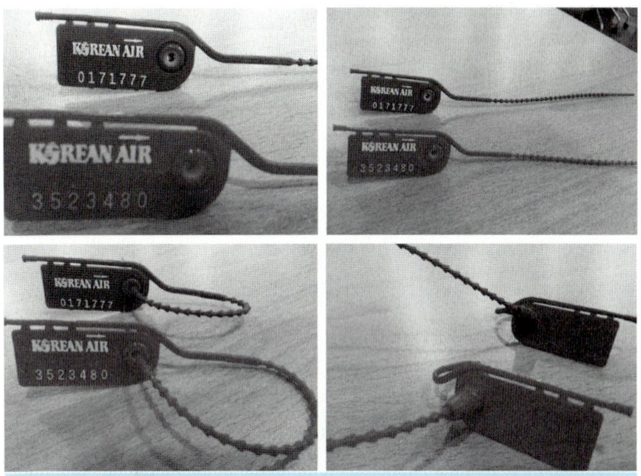

항공기 각종 시설 및 기용품, 기내식 봉인에 사용하는 Seal-색깔은 항공사별로 차이가 있을 수 있다.

FLIGTE SAFETY PRACTICE

Chapter

03

항공기 이륙 전 **안전, 보안** 실무

본장을 학습하면 여러분은...

- 객실 안전 규정에 따라 승객에게 좌석벨트 착용안내를 정확하게 할 수 있다.
- 객실 안전 규정에 따라 미착석 승객을 확인하고 착석을 유도할 수 있다.
- 객실 안전 규정에 따라 객실 수하물 선반 잠금상태를 확인하고 조치할 수 있다.
- 객실 안전 규정에 따라 설비 잠금상태를 확인하고 조치할 수 있다.
- 객실 안전 규정에 따라 비상시 관련정보를 제공할 수 있다.
- 객실 안전 규정에 따라 해당 항공기 문 슬라이드를 비상상태로 변경할 수 있다.
- 객실 안전 규정에 따라 비상구 좌석에 위치한 승객에게 비상시 행동요령과 협조를 안내할 수 있다.
- 객실 안전 규정에 따라 창문덮개를 원위치하도록 안내할 수 있다.
- 객실 안전 규정에 따라 좌석 등받이와 앞 선반을 원위치하도록 안내할 수 있다.
- 객실 안전 규정에 따라 좌석벨트 착용을 확인하고 점검할 수 있다.
- 객실 안전 규정에 따라 항공기 탑승 후 다시 하기를 원하는 승객에 대하여 신속히 보고할 수 있다.
- 객실 안전 규정에 따라 의심스러운 승객 또는 돌발상황에 대해 선임자에게 보고할 수 있다.
- 객실 안전 규정에 따라 승객에게 전자기기 사용금지 안내 방송을 하고 조치할 수 있다.

인용출처 : NCS 홈페이지-항공객실서비스

항공기 이·착륙 전 모든 객실승무원은 승객의 안전을 위해 필수적인 안전 활동을 수행함과 동시에 승객에게 정보제공 및 안내를 하여야 한다.

1 탑승객 좌석안내

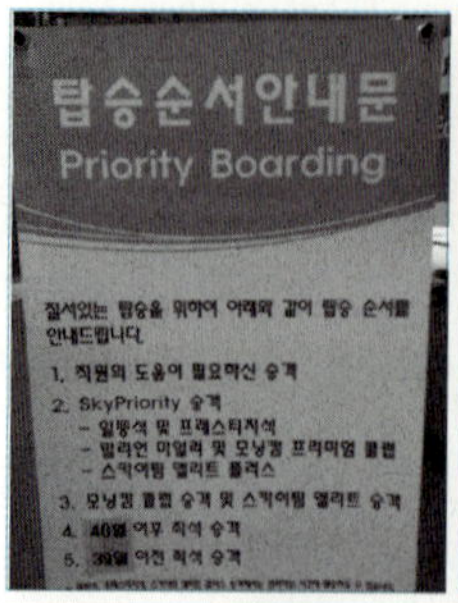

인천 국제공항에서 출발하는 국내의 모든 국제선 항공기의 탑승시점은 일반적으로 출발 30분 전에 실시함을 원칙으로 하고 있다.(A380 항공기와 해외 특정 공항에서는 출발 40분 전에 실시하는 경우도 있다) 승객 탑승 시 객실승무원은 객실브리핑 시 지정된 담당구역에서 탑승하는 승객에게 일일이 탑승환영인사 및 탑승권 재확인을 실시하며 좌석을 안내하고 승객의 수하물의 보관 및 정리에 협조한다. 당일 출발편 좌석여유가 많은 경우 대부분의 승객이 지정된 자리보다 좀 더 넓고 편한 곳으로 옮기려 하는데, 이때 객실승무원은 승객이 소지한 탑승권에 명시된 좌석에 앉도록 안내하여야 한다.

좌석안내 시 객실사무장/캐빈매니저에게 보고해야 될 승객 유형

- 탑승권의 날짜, 편명이 틀린 승객
- 만취한 상태 또는 약물에 중독된 것으로 보이는 승객
- 전염병을 앓고 있는 승객
- 정신적으로 불안하여 다른 승객을 위험에 빠뜨릴 수 있는 승객
- 타인에게 심한 불쾌감을 줄 수 있는 승객
- 수하물 운송 규정에 어긋난 지나치게 크거나 무거운 물품을 휴대한 승객
- 제한 품목 또는 운송 금지 품목을 소지한 승객

제한 품목(SRI: Safety Removed Item) 소지 승객

다른 승객에게 위해를 가할 수 있는 총포류, 칼, 가위, 송곳, 톱, 골프채, 건전지 등 인명, 항공기 안전 및 보안에 위험을 줄 가능성이 있는 품목으로 기내 반입은 불가하며 위탁 수하물에 넣어 탁송해야 한다. SRI는 목적지에 도착 후 수하물 찾는 곳(Baggage Claim Area)에서 찾을 수 있다.

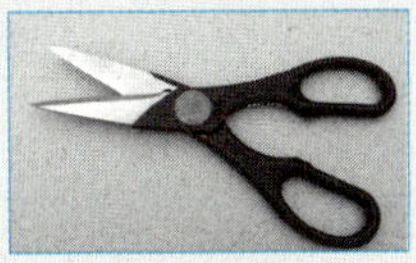

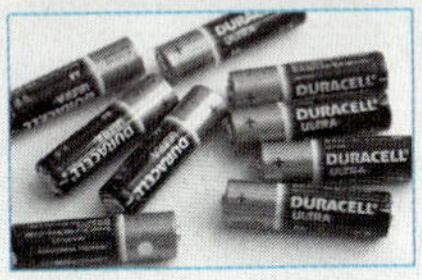

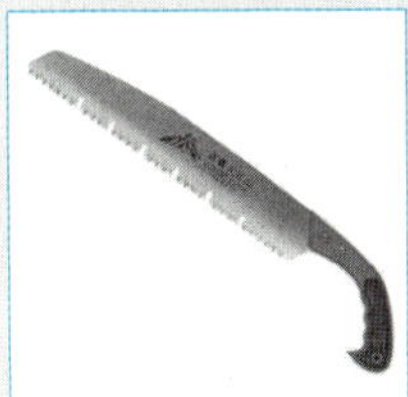

운송 금지 품목

폭발성 물질, 인화성 액체, 액회/고체가스, 산화성 물질, 독극성 물진, 전염성 물질, 자기성 물질을 말하며, 기내 반입과 탁송 모두 불가한 품목이다.

폭발성 물질

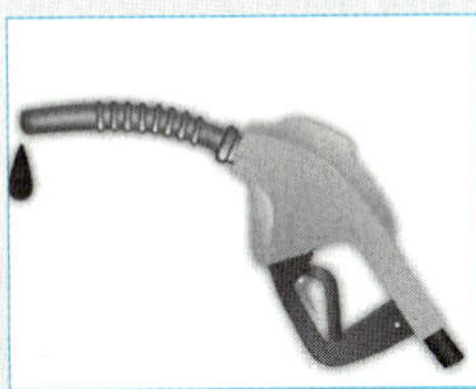

인화성 액체

액화가스

산화성 물질

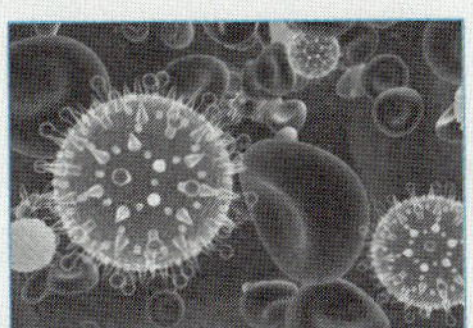

전염성 물질

자기성 물질

독극물

2 의심스러운 승객(Suspicious Passenser) 발견 시 보고

좌석안내 시 의심스러운 승객과 비행 중 의심스러운 승객은 항목에서 차이가 있을 수 있다.

객실승무원은 좌석안내 시 또는 승객이 항공기 탑승 중/후 의심스러운 행위를 발견하면 지체 없이 객실사무장/캐빈매니저에게 보고하여 기장과 협의 후 공항관계기관/공항경찰대에 신고하는 등의 적절한 안전/보안조치를 취할 수 있어야 한다.

좌석안내 시 의심스러운 승객이란 아래와 같다.

- 좌석에 착석하지 않고 주변을 계속 돌아다니는 승객
- 객실승무원의 동태를 계속 관찰하고 불안해 하며 식은땀을 흘리는 승객
- 양손을 사용하여 액체, 고체, 전자용품 등의 물건을 계속 취급하고 있는 승객
- 액체나 고체성 물질을 아주 조심스럽게 운반하는 승객
- 탑승 직후, 출발 전 화장실을 들락거리며 불안한 표정을 짓는 승객
- 항공기 탑승 후, 출발 전/후 지상에서 여러 가지 적절하지 못한 이유를 대며 하기하겠다고 요청하는 승객

3 항공기 DOOR CLOSE

항공기 객실사무장/캐빈매니저는 지상직원으로부터 탑승완료 통보를 받은 후 기장에게 승객의 숫자 및 특이사항을 연락하여 출발에 필요한 조치를 실시한다. 이때 지상직원으로부터 받는 서류를 Ship Pouch라고 하며, Ship Pouch의 내용물은 승객과 화물운송관련 서류 및 입국서류가 포함된다.

도어 닫기 전 열린 항공기 문

Ship Pouch

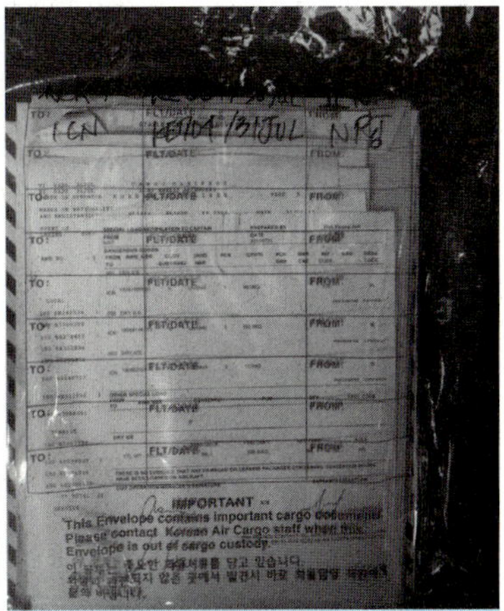

객실에 탑재되는 화물선적 서류

항공기 Door Close 전 확인해야 할 사항

- 승무원 및 승객 숫자
- 운송관련 서류
- 추가 서비스 품목을 탑재
- 지상직원 잔류 여부
- 객실준비완료 확인

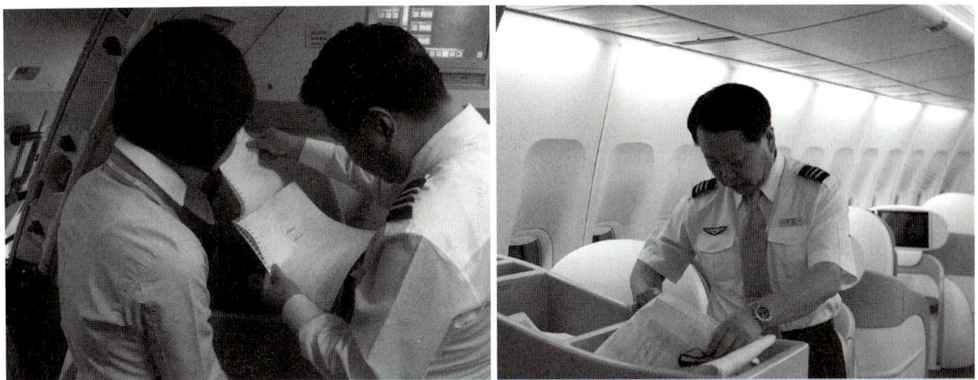

항공기 도어 CLOSE 전 지상직원과 객실준비완료를 준비하는 저자

객실준비완료란?

승객 탑승완료 후 아래의 상황을 점검하여 이상이 없을 때 지상직원에게 통보하는 '구두용어'로 객실사무장/캐빈매니저가 지상직원과 승객 탑승완료 점검을 마친 후 기장에게 통보하여 항공기 Door를 닫는 절차를 말한다.

- 전 승객 탑승완료
- 수하물 선반(Overhead Bin) 닫힘상태 확인
- 휴대 수하물 점검 및 보관상태 확인

4 객실 안전점검

'Safety Check'-비상시 탈출하기 위한 Escape Slide Mode를 변경하는 행위를 의미한다.

항공기 Push Back 직전 및 목적지 공항게이트(Gate)에 도착하여 항공기 엔진을 끈 직후 객실승무원은 각 도어에 설치되어 있는 비상탈출 슬라이드 모드(mode)를 객실사무장/캐빈매니저의 방송에 맞추어 팽창위치(Armed Position) 또는 정상위치(Disarmed Position)로 바꾸어야 한다. 이 동작은 많은 집중을 요하는 절차이므로 정확한 명령어에 의해 절도 있게 시행해야 하고 재확인 후 실시하는 행동이 필요하다.

Push Back

게이트(Gate)에 접안되어 있던 항공기에 모든 승객이 탑승을 완료하고 객실준비가 완료되었을 때 기장에게 연락하면 기장은 지상의 정비사에게 연락하여 항공기를 뒤로 밀어낼 준비를 한다. 따라서 거대한 특수차량(Towing Car)을 이용하여 항공기를 뒤로 밀어내는 행위를 푸시백(Push Back)이라고 한다. 일단 항공기가 푸시백하면 다시 원위치로 돌아오기에는 공항 관제탑과 교신하여 허락을 득하는 등의 많은 절차를 필요로 하기 때문에 아래 사항을 철저히 확인한 후 기장에게 객실의 푸시백 준비완료(Ready to Push Back)를 알려야 한다.

항공기 Push Back을 담당하는
토잉카(Towing Car)

푸시백하고 있는 이스타 항공 비행기

푸시백하는 대한항공 A380 비행기

Towbarless Car

푸시백(Push back) 전 점검사항

- 모든 승객 착석 및 좌석벨트 착용상태 확인
- 좌석 등받이, 개인용 모니터, 식사 테이블, 발 받침대, 창문 덮개 원위치 상태 확인
- 승객의 개인 휴대 수하물 정위치 보관 및 수하물 선반 닫힘상태 확인
- 갤리(Galley) 내 모든 이동물질 잠김상태 확인
- 비상구 좌석의 착석상태 확인
- 객실 내 모든 도어의 잠김상태 및 슬라이드 모드(Slide Mode) 변경상태 확인

5 푸시백(Push Back) 전 객실 준비사항

1. 좌석벨트 착용상태 점검(Seatbelt Check)

객실승무원의 안내에 따라 승객이 항공기에 탑승하게 되면 Fasten Seat Belt(안전벨트 착용) 신호가 켜져 있으며 모든 승객이 탑승을 완료하게 되면 출발에 앞서 객실

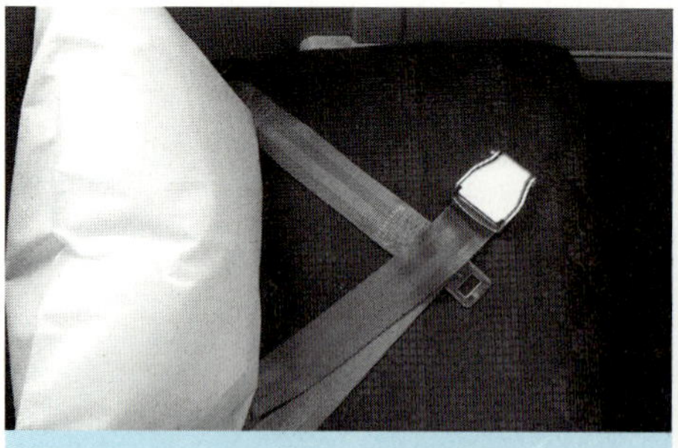
B737-800 좌석과 좌석벨트

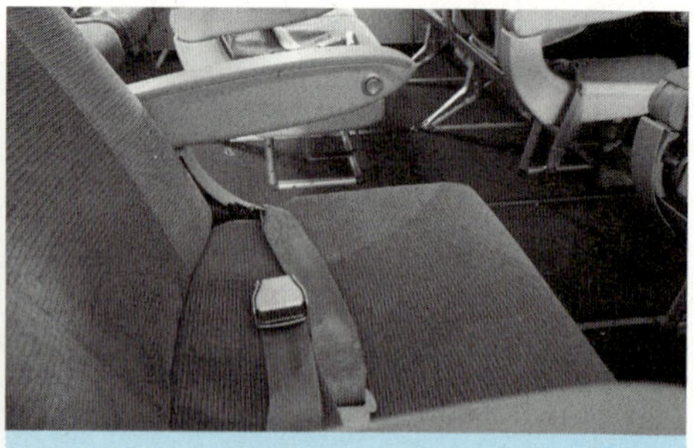
A320 항공기 좌석벨트

승무원들이 일일이 좌석벨트 착용 여부를 꼼꼼히 점검하고 있는데, 이 절차는 객실승무원의 업무교범(COM-Cabin crew Operation Manual)에 나와 있는 중요한 사항이며, 승객이 좌석벨트 착용 시 아래의 착용규정을 벗어나지 않아야 한다.

- 비행 중 좌석벨트 사인을 반드시 준수해야 한다.
- 좌석벨트를 착용할 때는 똑바로 앉아야 한다.
- 휴식이나 누워 있을 경우 착석을 유도한다.
- 이착륙 시 좌석벨트 1개를 2인이 사용해서는 안 된다.
- 만 2세 미만 아이는 이착륙, 기체요동 시 가능한 한 성인이 안도록 한다.
- 비행기가 흔들리지 않는 경우에도 좌석벨트 상시착용 방송을 실시한다.

영유아용 항공안전 카시트 CRS (Child Restraint System)

2015년 교통안전공단의 실험 결과에 따르면 어린이가 카시트를 착용하지 않으면 차량사고 시 머리에 중상을 입을 가능성이 20배 가량 높고, 성인좌석에 앉을 경우 7~12세 어린이는 성인용 안전벨트만 착용하면 복합 중상 가능성이 5.5배 높은 것으로 나타났다. 예전에는 몰랐지만 성인용 안전벨트는 아이들에게 무용지물일 뿐만 아니라 오히려 흉기가 될 수 있다. 성인의 신체사이즈에 맞게 제작된 안전벨트는 앉은키가 작은 아이들의 목을 압박해(3점식 벨트일 경우) 사고 시 2차 상해를 입히거나, 골반벨트가 복부로 미끄러져 장 파열을 일으킬 수 있다. 따라서 유아나 어린이가 일반 성인용 안전벨트를 착용하면 경우에 따라 안전벨트 때문에 오히려 심각한 피해를 입는 경우도 잦은 것으로 드러났다. 특히 "체구가 더 작은 아이의 경우 안전벨트 밑으로 몸이 빠져 나가며 벨트가 목을 졸라 질식사하기도 한다(서브머린효과, Submarine Effect)." 이것이 바로 유아보호용 장구 장착이 법으로 의무화된 이유다.

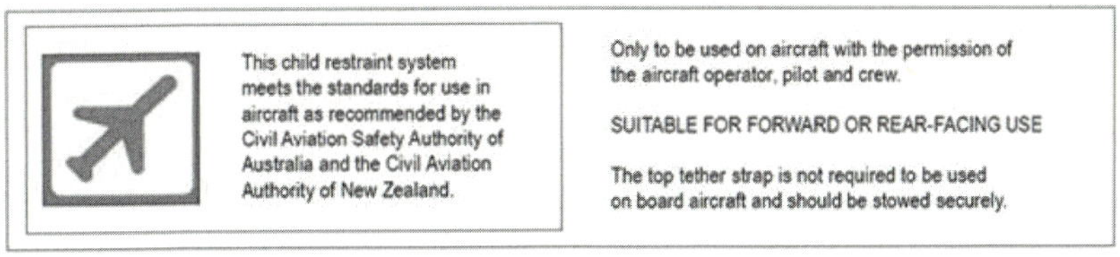

항공기에 설치되는 영유아용 카시트에는 하단의 보증서가 장착되어야 한다.

도로교통법 제50조에 영유아(6세 미만)는 유아보호용 장구를 장착한 후에 좌석 안전띠를 매도록 규정하고 있으며, 이를 위반하면 적발 시 벌금 6만원이 부과되며 카시트를 착용하지 않고 성인용 안전벨트를 매는 경우도 벌금 6만원을 부과받을 수 있다.

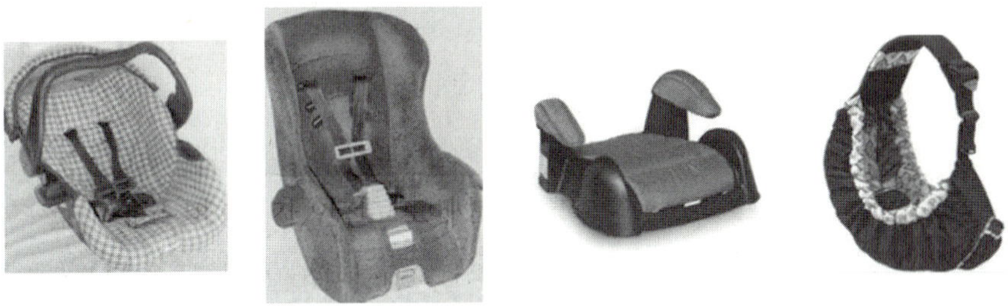

국제검증 안 되어 비행 중 사용해서는 안 되는 영유아 고정장치

해외 저명한 충돌, 충격 전문가들은 어린이를 안고 자동차 조수석에 앉는 경우 시속 20km 정도의 충돌에서도 어린이 목이 손상되거나 품안에서 빠져나갈 가능성도 있다고 경고한다. 자동차는 안정성을 테스트 할 때 보통 시속 60km 정도로 테스트를 하고 그에 따른 안전등급을 부여한다. 하지만, 왜 그 이상의 속도로는 측정하지 않을까. 이유는 간단하다. 해보았자 전부 파괴되어 측정이 의미가 없기 때문이다.

비행기는 이착륙 시 시속 270~300km/h이다. 상상은 독자에게 맡긴다.

충격량과 충격력은 속도가 오를 때마다 제곱으로 뛰게 된다. 속도가 올라가면 올라갈수록 충격량은 더욱 심해진다는 것이다. 물론 현대 항공공학에는 항공기 외부에 고장력 강판, 비행강성 등 충격량을 줄여주는 최첨단 기술들을 적용하고 있긴 하지만, 속도의 충격량에는 절대 당해낼 수 없다.

여기서 주목해야 할 것은, 시속 60km일 때와 120km일 때 충격 높이가 2배가 아니라는 점이다. 거의 4배이다.

또한, 시속 60km와 시속 180km는 충격 높이가 무려 9배 가량 차이가 나며, 그러면 시속 300km/h인 경우는 어떨까? 상상하기도 끔찍할 것이다.

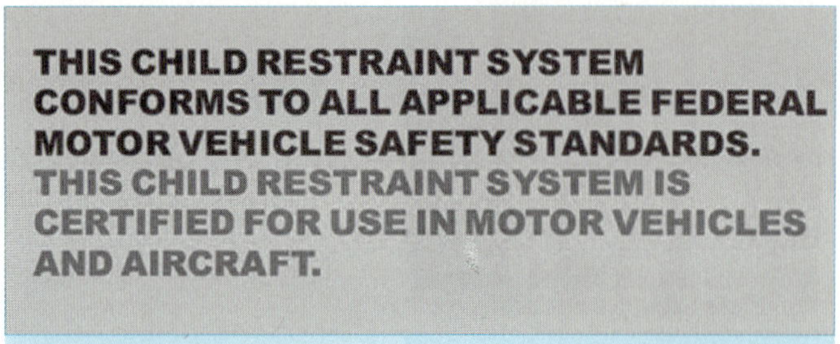

항공기에 설치되는 영유아용 카시트에는 하단의 보증서가 장착되어야 한다.

현재 대한항공에서 사용되고 있는 국제민간항공기구 검증필 영유아 항공카시트 CRS 모습
- 출발 48시간 전 예약 필수

2. 미착석 승객(Standing Passengers) 착석유도

항공기 출발/도착 전 모든 승객은 지정된 좌석에 착석하여 좌석벨트를 매고 있어야 한다. 따라서 미착석 승객에게는 객실승무원이 요청하거나 기내 방송을 통하여 반드시 착석하고 출/도착할 수 있도록 사전점검이 철저히 이루어져야 한다. 저자의 경험상 미착석 승객의 대부분은 단체승객 중 동료와 좌석이동을 하거나 단체의 가이드가 안내를 하는 과정에서 발생한다. 따라서 단체승객인 경우 좀 더 철저한 안내 및 권유가 필요하다.

'출발 시 승객 착석유도 방송문'

안내 말씀 드리겠습니다.
출발 전 점검 절차로 손님들께서 좌석에 앉으셨는지 확인하고 있습니다.
신속한 출발을 위해 자리에 앉아 주시기 바랍니다.

Ladies and gentlemen
All passengers are requested to take their seats for prompt departure of the aircraft. We thank you for your cooperation.

3. 오버헤드빈(Overhead Bin) 점검

Overhead Bin은 승객의 머리 위에 설치되어 있는 승객의 휴대수하물 보관장소를 의미하며, 다음과 같이 확인하는 절차를 이/착륙 전 시행하여야 한다. 참고로 승객의 모든 휴대수하물은 좌석 아래나 Overhead Bin 또는 Enclosed 코트룸에 보관할 수 있으며 각각의 보관장소가 원하는 사이즈와 무게가 적정해야 하며, 객실승무원은 이·착륙 전 담당구역(Zone)의 Overhead Bin 닫힘상태를 규정에 맞게 확인해야 한다.

A320 오버헤드빈 열린 상태

A320 오버헤드빈 닫힌 상태

Overhead Bin 보관 가능 휴대수하물

- Overhead Bin의 적정 사이즈를 초과하지 않는 휴대수하물
- Overhead Bin의 적정 무게를 초과하지 않는 휴대수하물

Overhead Bin 보관 불가능 휴대수하물

- 술병, 철제 핸드 카트(트롤리), 새어나올 수 있는 액체
- 미끄러지거나, 악취, 화재를 유발할 수 있는 물품
- Overhead Bin 적정 무게를 초과하는 휴대수하물
- Overhead Bin 적정 사이즈를 초과하는 휴대수하물

Overhead Bin 여는 절차

- 먼저 한 손을 열려는 Overhead Bin 하단에 갖다 대어 혹시 모를 휴대수하물 낙하사고를 예방한다.
- Overhead Bin을 열 때에는 한 번에 열지 말고 먼저 손잡이를 잡고 천천히 열도록 한다.

Overhead Bin 닫는 절차

- 적정 휴대수하물이 적재되면 객실승무원은 Overhead Bin의 덮개를 위에서 아래도 천천히 이동시키며 완전한 잠김상태가 될 때까지 누른다.

- 닫힌 후 Overhead Bin의 덮개를 다시 한 번 눌러 봐서 완전한 닫김이 되었는지 재확인한다.
- Overhead Bin이 제대로 닫히지 않은 상태에서는 덮개가 열리거나 하단의 빨간색 표시가 나타난다. 이런 상태로 이착륙을 하게 되면 충격에 의해 Overhead Bin의 덮개가 열리면서 승객의 휴대수하물이 낙하하게 되며 하단 승객의 머리나 어깨에 심각한 부상을 초래할 수 있다.(Overhead Bin은 항공기 기종 또는 제작사에 따라 적정 무게가 달라질 수 있으며 적정 무게는 제작사나 항공사별로 달라질 수 있다)

Overhead Bin 열 때 표준동작 3단계(매우 중요함)

- 제1단계 : 오버헤드빈 아래 승객에게 사전안내를 실시한다.
- 제2단계 : Overhead Bin 하단을 손으로 막고 좌, 우 확인한다.
- 제3단계 : 천천히 Open한다.

4. 각종 컴파트먼트 고정(Compartment Locking)

비행기의 모든 Compartment(기용품 보관장소)는 이/착륙 전 컴파트먼트의 상단에 설치되어 있는 시건 및 봉인장치를 이용하여 철저히 잠가 놓아야 하며, 객실 시니어 승무원/객실사무장에 의해 재점검이 이루어져야 한다.

B777-200 뒤 갤리 컴파트먼트

시건장치를 이용하여 Locking하지 않았을 경우 이륙할 때 떨어지거나 착륙할 때 밀려나와 승무원 및 승객의 안전에 심각한 위해를 줄 수 있다.

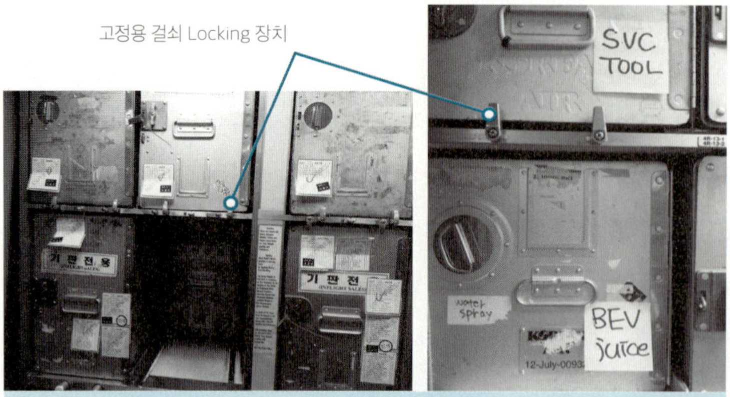

B777 항공기 이륙 전 완벽하게 고정되어 있는 기내 캐리어 박스 모습

5. 비상시 관련정보 제공(Safety Demonstration)

이/착륙 전 객실승무원은 비상구 좌석에 착석해 있는 승객에게 비상구 사용법, 비상시 탈출절차, 협조의 의무를 고지해야 하며 승무원에 의한 시연과 기내 비디오 시스템을 통해 비상시 탈출절차에 대해 공지한다. 만일 기내 비디오 시스템이 설치되어 있지 않은 기종은 기내 방송 사전녹음장치(Pre Announce Recording)를 사용하거나 육성방송을 통해 좌석벨트, 비상구, 구명복, 산소마스크, Safety Information Card의 내용, 금연규정을 모두 포함한 Safety Demo를 객실승무원이 실연한다.

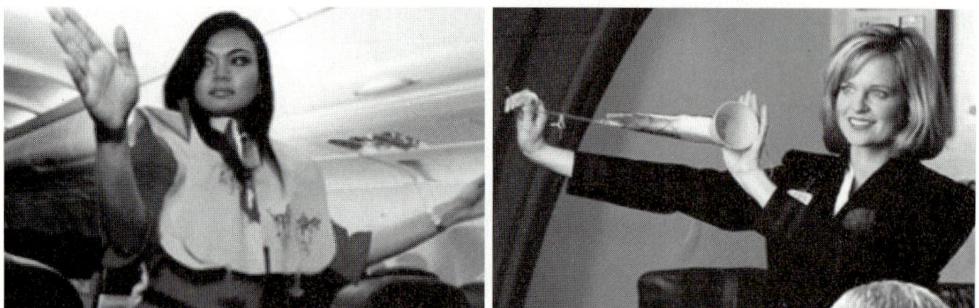

델타항공사 승무원 데모 모습

또한 성인 비동반소아(UM), 장애인, 노인승객, Safety Demo를 볼 수 없는 좌석에 앉은 승객에게는 개별적으로 브리핑하여야 한다. 승객 좌석 앞 Seat Pocket에 비치되어 있는 비상탈출안내 소책자(Safety Card)를 승객이 한 번씩 볼 수 있도록 적극

권유하도록 한다. Seat Pocket 내 비상탈출안내 소책자는 모든 책자에 비해 제일 앞편에 세팅될 수 있도록 해야 하는 것이 안전 규정이며, 국가항공 안전보안 점검 시 주요 점검사항이다.

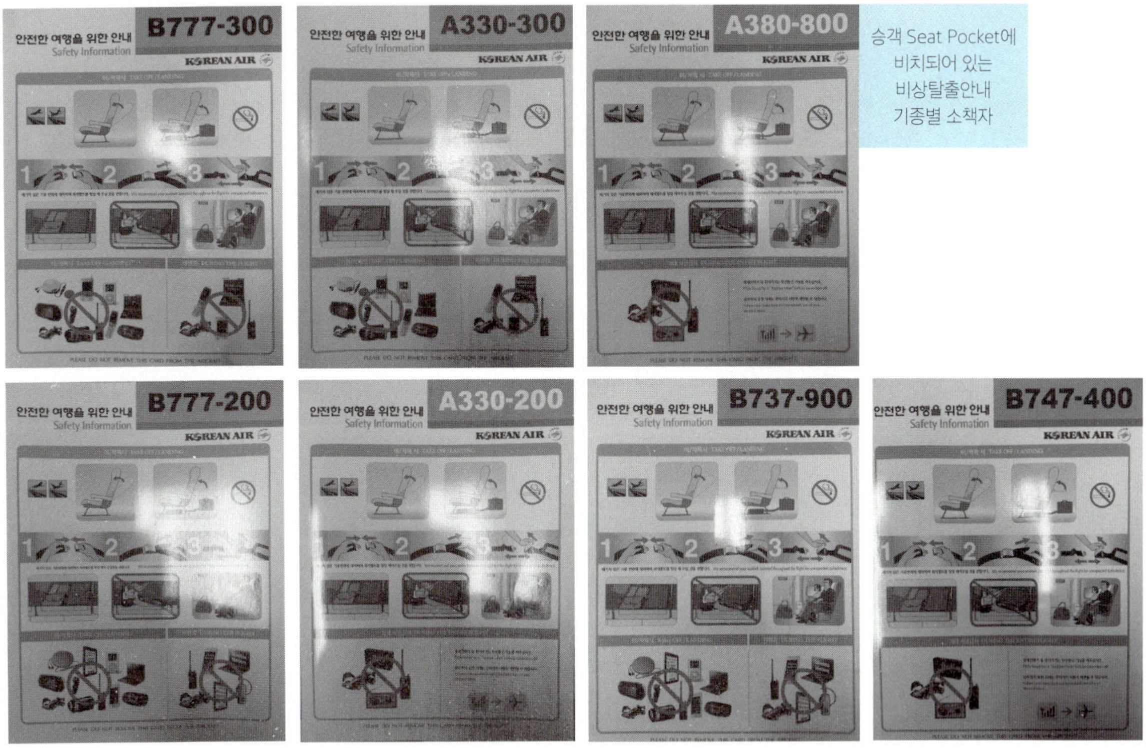

승객 Seat Pocket에 비치되어 있는 비상탈출안내 기종별 소책자

6. 비상구(Emergency Exit) 착석승객 재확인

❶ 비상구열 착석규정

비상구열 좌석에 착석하는 승객은 항공기 비상시 객실승무원을 도울 수 있는 승객으로 제한하여 배정한다. 따라서 객실승무원은 승객의 탑승 시작부터 항공기 이동 전까지 비상구열 좌석에 착석한 승객의 적정성을 파악하여야 한다.

❷ 비상구열의 정의 및 미배정 승객

비상구로 직접 접근할 수 있는 좌석으로 승객이 비상구로 접근하기 위해 통과하여야 할 비상구 창측 좌석에서부터 통로까지의 좌석을 말하며 탑승수속하는 수속 담당직원은 승객에게 비상구열 좌석을 제공할 경우 배정사유와 규정을 설명하여야 한다. 아래와 같은 조건에 해당하는 승객은 비상구열 배정이 제한된다.

양팔, 손, 다리의 민첩성이 다음의 동작을 수행하기 어려운 승객

- 비상구나 슬라이드 조작장치에 대한 접근
- 조작장치를 밀거나 당기고 돌리는 동작
- 비상구 여는 동작
- 신속한 비상구로의 접근
- 장애물 제거할 때 균형 유지
- 빠른 탈출
- 탈출한 승객이 미끄럼틀로부터 벗어날 수 있도록 하는 행위

❸ 그 외 비상구열 좌석 배정불가 승객

- 15세 미만 승객
- 비상탈출 지시 이해 못하는 승객
- 다른 시력 보조장비 없이는 위의 기능을 하나 이상 수행할 수 없는 승객
- 승무원의 탈출 지시 청취불가 승객
- 비상구 좌석 착석규정 준수의사가 없는 승객

7. 공항특성 의거 창문덮개(Window Shade) 개폐 여부 고지

- 이/착륙 시 Window Shade(창문덮개)는 승객의 외부상황 판단을 위해 반드시 Open해야 한다.
- 다만, 국내 군 공항인 경우 보안관계로 이/착륙 시 항공기 Window shade를 내리도록 규정한 공항이 있으니 보안규정을 참조하여 실시하도록 한다. 단 이/착륙 후 이러한 상황이 해제되면 기내 방송을 통하여 창문덮개 Open에 관한 방송을 실시하여야 한다.
- B737 Overwing Exit인 경우 창문덮개는 기존의 항공기와 달리 아래에서 위로 열도록 되어 있으니 숙지하여야 한다.

창문덮개 Closing 안내방송

손님 여러분, 이 공항에서는 보안 규정에 따라 이/착륙 시 창문덮개를 내리도록 요청하고 있습니다. 지금부터 창문덮개를 내려 주시기 바랍니다.

Ladies and gentlemen,/ For Security reasons,/ airport authorities request to close your window shades during take off,/ landing and while on the ground./ Please/ close your window shades for a moment./
Thank you for your cooperation./

창문덮개 Open 안내방송

손님 여러분, 협조해 주셔서 감사합니다. 지금부터 창문덮개를 열고 즐거운 여행을 하시기 바랍니다.
Thank you for your cooperation, ladies and gentlemen./ You may open your window shades now./ Please enjoy your flight./

8. 좌석 등받이(Seatback) 원위치

- 좌석 등받이의 구성은 등받이, 모니터(일부 기종), Tray Table, 옷걸이(일부 기종), 음료수 홀더(Holder)가 장착되어 있다.
- 좌석 등받이는 항공기 Push Back, 이착륙 전 주변 승객의 원활한 항공기 탈출을 위한 통로 확보 차원에서 반드시 원위치하여야 한다.
- 좌석 등받이를 최대로 젖힐 수 있는 각도는 클래스별 상이하나 KE 경우 일등석과 비즈니스 클래스는 180도, 일반석 각도는 115도이다.
- 좌석 등받이는 뒤로 기울어지도록 설계되어 있으나 B737 기종 날개 위 비상구(Overwing Exit)에 설치된 비상구열 좌석은 다른 승객의 원활한 탈출을 위해 고정되어 있어 탑승 후 객실승무원에 의해 그리고 탑승 수속 시 지상직원에 의한 사전 안내가 필요하다.
- 항공기 승객 탑승 전 안전, 보안점검 시 뒤로 젖혀진 좌석 등받이가 원위치로 되지 않거나 뒤로 기울어지지 않는 경우 객실승무원은 즉시 정비사에게 고지하여 수리될 수 있도록 조치하여야 한다.

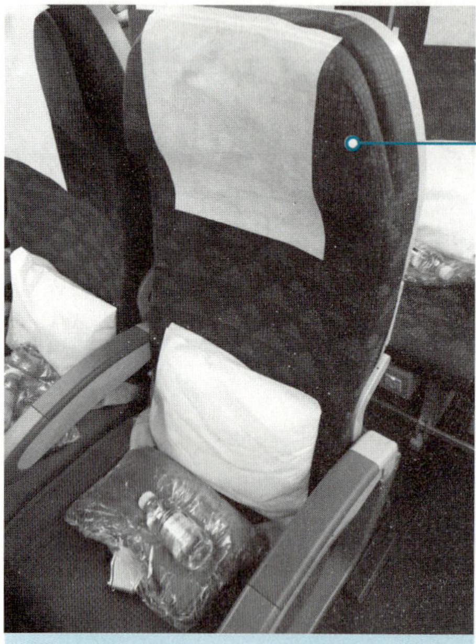

A330 항공기 좌석 등받이 앞면

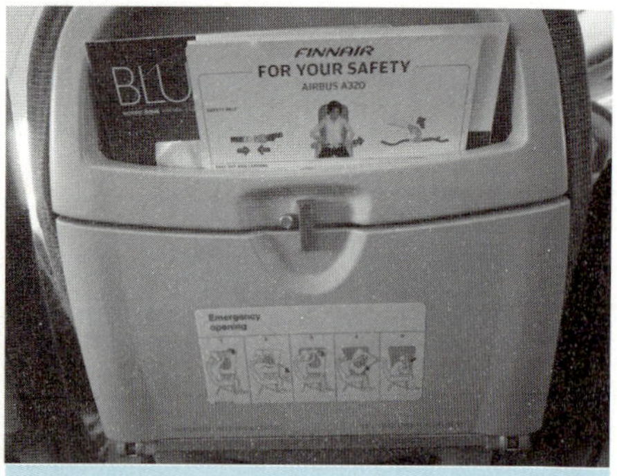

A320 좌석 등받이 뒷면

9. 좌석 앞 선반(Tray Table) 원위치

좌석 앞 선반이란 좌석 등받이에 설치되어 승객의 기내식 취식, 음료, 개인 작업을 할 수 있도록 만들어 놓은 네모난 플라스틱 시설물을 의미하며, 구성품은 Tray Table, 컵홀더, 테이블 고정장치로 되어 있다.

- 좌석 앞 선반은 항공기 출발 전, 이/착륙 시 다른 승객의 원활한 탈출을 돕도록 반드시 원위치로 하고 걸쇠를 이용하여 고정해야 한다. 비상구열 좌석은 좌석 앞 선반이 팔걸이(Armrest)나 좌석 하부에서 나오도록 설계되어 있으니 접혀서 보관되어 있는지 확인한다.
- 좌석 앞 선반을 고정시키는 고정핀이 고장나 Tray Table이 고정되지 않을 경우, Table의 경사가 심할 경우 객실승무원은 즉시 정비사에게 고지하여 수리 후 출발하도록 해야 한다.

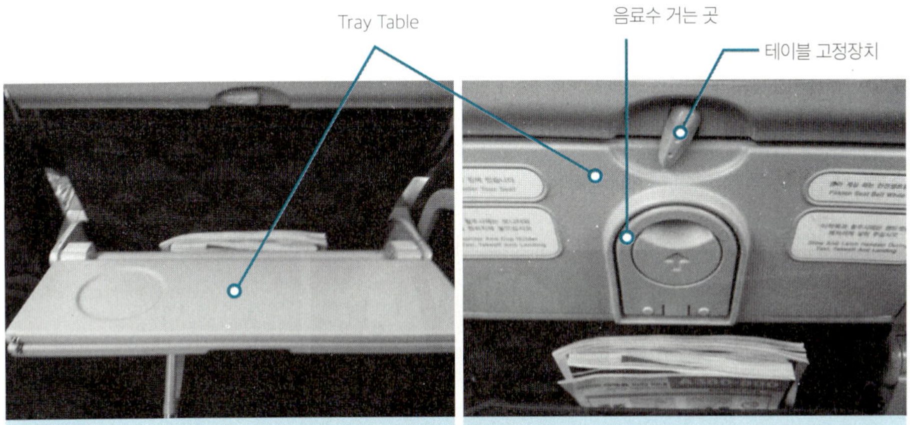

B777 항공기 Tray Table 열린 모습

B777 항공기 Tray Table 원위치된 모습

10. 전자기기 사용(Use of Electronic Device)금지 안내

2015년 3월 1일부터 비행 중 휴대용 전자기기 사용 확대가 시행되고 있다. 객실승무원은 항공안전법과 항공보안법에 따라 항공기의 전자파 간섭을 방지하기 위하여 탑승객의 휴대용 전자기기 사용을 제한할 수 있다.

기내에서 사용금지 및 제한된 전자기기의 사용은 항공기 무선통신에 간섭을 유발시킬 수 있기 때문이며 객실승무원은 승객이 '전자기기 사용금지 및 제한규정'을 준수할 수 있도록 해야 한다. 승객이 휴대한 전자기기 사용중지를 기장이 요청할 경우 객실승무원은 승객 전체의 전자기기 사용을 중지시켜야 한다.

전자기기 사용을 중지하지 않은 승객이 있을 경우 객실승무원은 이러한 행위가 위법이라는 사실을 안내하고 계속해서 사용규정을 지키지 않거나 업무수행을 방해한다면 '기내업무 방해행위'에 규정된 절차에 따라 승객의 기내업무 방해행위를 중지시켜야 한다.

국토교통부는 대한항공, 아시아나항공, 진에어 3개 항공사가 2015년 3월 1일부터 휴대용 전자기기(PED) 사용 확대를 시행한다고 밝혔으며 4개 국내 LCC(제주, 에어부산, 티웨이, 이스타)항공사도 안전성 평가를 위한 기술을 지원하여 휴대용 전자기기 사용 확대를 시행할 예정이다.

비행기에서 항상 사용금지 휴대용 전자기기

- AM/FM 라디오/TV/휴대용 TV 수신기
- 케이블로 연결하여 사용하는 컴퓨터/게임기의 주변기기(프린터, 팩스 등)
- 무선 조종 장난감
- 상업용 또는 아마추어용 무선 송/수신기

항공기 도어가 열려 있을 때 사용 가능한 휴대용 전자기기

- 외선사용 GPS 수신기
- 상방 통신용 무선 호출기
- 무선 통신기능이 꺼진 PDA, 스마트기기 및 휴대용 전화기

비행기에서 항상 사용 가능한 휴대용 전자기기

- 인공심장박동기, 보청기, 기타 인공장기
- 사전 허가된 의료지원장치/생명연장 보조장치
- 휴대용 녹음기, 전기면도기, 전자시계, 개인소음방지용 헤드폰
- 항공회사가 기내에 설치한 위성전화, 비디오장비
- 전자게임기, 블루투스 통신방식기기, 비디오 카메라
- CD/MD/MP3

전자기기 사용 – 휴대전화 금지 안내방송

안내 말씀 드리겠습니다. 지금 휴대용 전화기를 사용하시는 분께서는 손님여러분의 안전을 위해 즉시 전원을 꺼주시기 바랍니다.

Ladies and gentlemen,
All passengers are kindly requested to turn off
all mobile phones now.
Thank you for your cooperation.

11. 카트, 오븐, 커피메이커, 화장실문 고정(Cart, Oven, Coffeemaker, Lavatory Locking) 방법

항공기 출발 전 모든 갤리의 기물은 반드시 시건장치를 이용하여 안전하게 고정되고 잠근 상태로 출발하여야 한다.

❶ 카트(CART)

밀카트, 음료/주류 카트는 하단의 브레이크 페달을 이용하여 잠금위치로 세게 밟아주고 갤리 Compartment에 부착되어 있는 문을 닫은 후 시건장치를 이용하여 정확히 잠근다.

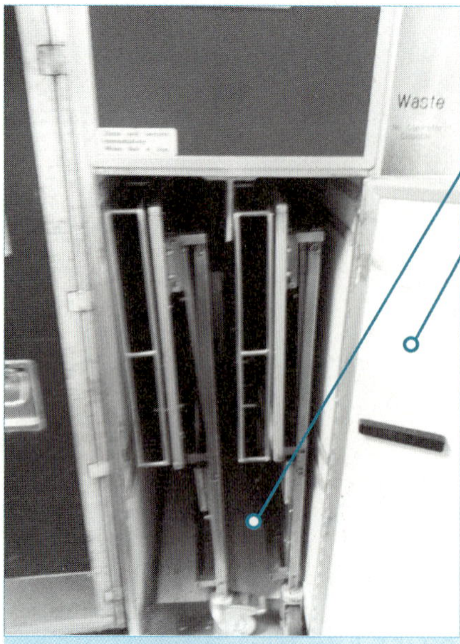

기내 서빙카트-Serving Cart

기내 Meal and 음료 Cart

② 오븐(OVEN)

갤리(Galley) 내에 설치되어 있는 오븐은 오븐 Door 중단, 상단에 설치되어 있는 잠금장치를 잠그고 손으로 강하게 눌러보아 튀어나오지 않는 정도가 완전한 잠금상태인 것이다. 이/착륙 중 오븐 문이 열리면 자동적으로 안에 있던 오븐 랙과 내용물이 튀어나와 큰 소음과 함께 승객과 승무원에게 상해를 입힐 수 있다.

오븐 내부

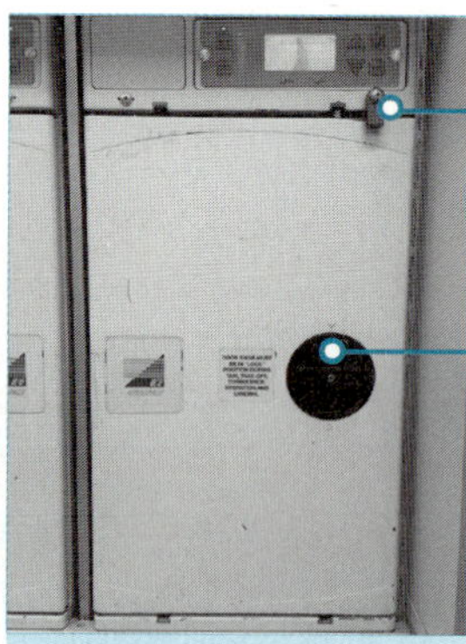

오븐 외부

❸ 커피메이커(COFFEE MAKER)

커피메이커 상단에 설치되어 있는 Locking Lever를 아래쪽으로 힘차게 내려 커피Pot을 완전히 본체에 고정시켜야 한다.

Lock Lever

이 손잡이를 아래로 강하게 당기면 커피메이커가 고정된다.

❹ 화장실문(LAVATORY DOOR)

비행기의 화장실문은 대부분 접이식으로 되어 있으나 일부 기종에서는 핸들을 돌려 여는 고정식 문도 사용한다. 따라서 접이식 문은 이착륙 시 바깥에서 당겨보아 확실하게 닫아주고 고정식 문은 바깥에서 당기고 핸들을 돌려 완전한 닫김상태로 만들어 주어야 한다.

접이식 문이 설치되어 있는 화장실

고정식 문이 설치되어 있는 화장실

12. 슬라이드 모드(Slide mode)변경 : 객실사무장/캐빈매니저가 실시

2017년 5월부터 대한항공에서는 기내방송을 이용한 도어 슬라이드 모드 변경 방송을 실시하지 않고 객실사무장이 변경시점에 인터폰으로 전 승무원을 호출한 후, 아래의 문장과 같이 도어 슬라이드 모드 변경을 지시하고 인터폰을 종료한다.

잠시 후 다시 인터폰으로 전 승무원을 호출하여 담당승무원이 모드를 변경한 사항을 순서에 의거 도어담당 승무원이 객실사무장에게 보고하는 것으로 시행하고 있다.

즉, 탑승한 승객은 슬라이드 모드 변경절차에 따른 기내방송을 듣지 않게 되어 있다. 바뀌게 된 이유는 객실사무장이 인터폰을 사용하여 슬라이드 모드 변경 방송을 실시하게 되면 승객이 시청하고 있는 비디오 화면이 정지되어 불편하다는 고객서신이 많이 접수되어 변경하게 되었다. 인터폰으로 슬라이드 모드 변경을 지시하는 절차는 동일하며 아래와 같다.

❶ 슬라이드 모드 변경 방송 예-KE

- 제1단계 : Cabin Crew Door Side Stand By.
- 제2단계 : Safety Check.
- 제3단계 : 객실사무장이 모든 승무원에게 인터폰 이용하여 Call한다.
- 제4단계 : 제일 뒤편 승무원부터 'L5, L4, L3, L2… 이상 없습니다'를 순서대로 객실사무장에게 연락한다.

> 항공기가 2층 구조로 되어 있는 A380인 경우 L5, L4, L3, L2, UL3, UL2, UL1 이상 없습니다… 순으로 연락한다.

❷ 슬라이드 모드 변경 방송 예-OZ

- 제1단계 : 전 승무원은 Door Side로 위치하고 오른쪽 출입문 안전장치를 팽창(정상)위치로 변경하십시오.
- 제2단계 : 왼쪽 출입문 안전장치를 팽창(정상)위치로 변경하십시오.
- 제3단계 : 각 Door별 담당승무원이 PA를 이용해 "출입문 안전장치를 팽창(정상)위치로 변경하고 상호 확인했습니다."라고 보고한다.

DOOR MODE 변경 절차 철저 준수

- 'STOP', 'THINK' and 'Arming lever 위치확인' 절차 준수
- 반드시 CROSS CHECK 절차를 준수할 것

DOOR OPEN 시 2인 1조 작동 절차 준수

- 특히, B737의 경우, 승객 하기 순서 준수를 위해 사무장 1인이 DOOR를 작동하는 사례 금지

❸ 현재 운항되는 각 항공기별 슬라이드 모드 변경

B737-700/800/900

- B737 팽창위치(Automatic/Armed Position) : 도어 하단의 거트바(Girt Bar)를 바닥에 설치되어 있는 Brakets(걸쇠 틀)에 건 후 빨간색 Red Warning Flag를 Viewing Window를 가로질러 놓는다.

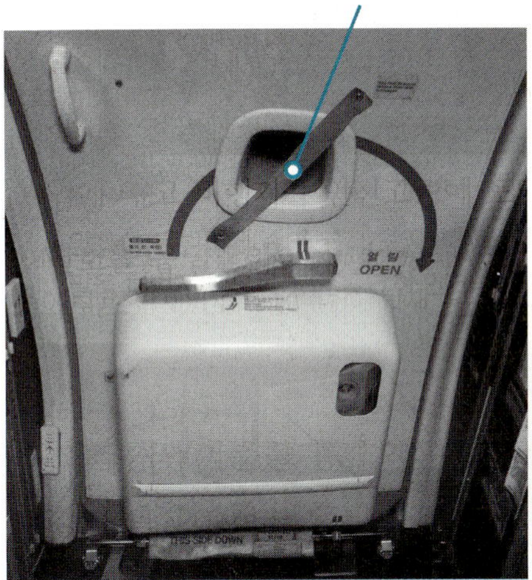

B737 항공기 팽창위치

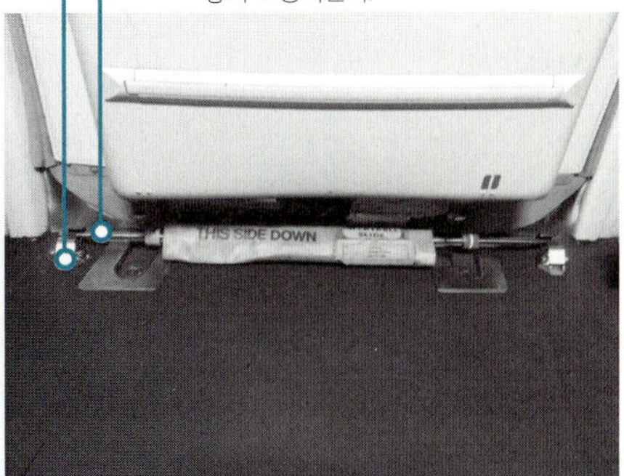

B737 항공기 팽창위치

- B737 정상위치(Manual/Disarmed Position) : 도어 하단 Brakets에 장착되어 있는 거트바(Girt Bar)를 슬라이드 Bustle 하단에 설치되어 있는 Girt bar 보관 철제고리에 장착시킨 후 Red Warning Flag를 Viewing Window 상단과 수평하게 놓는다.

- Door Mode 변경 시 Girt Bar는 고정장치에 정확하게 장착
- Door Open 시 Girt Bar 정상위치 반드시 재확인 후 Open

B737 항공기의 정상위치는 Red Warning Flag를 Viewing Window에 수평으로 놓는다.

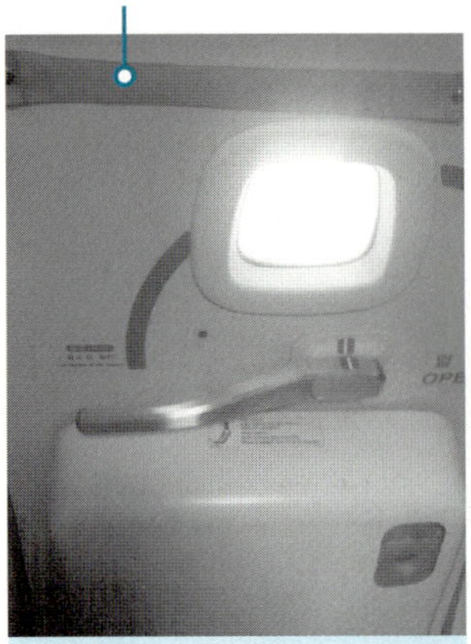

B737 항공기 정상위치

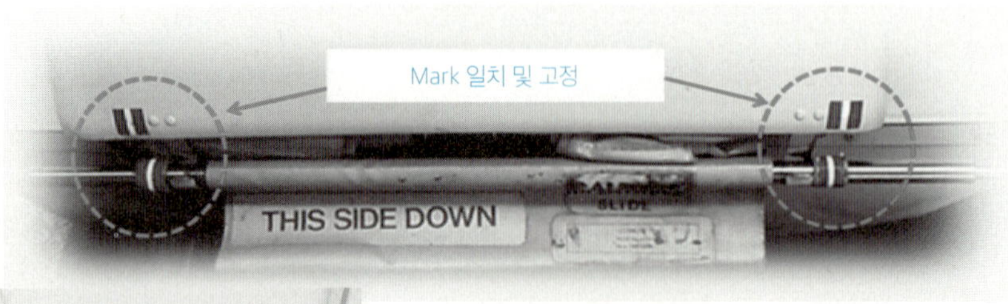

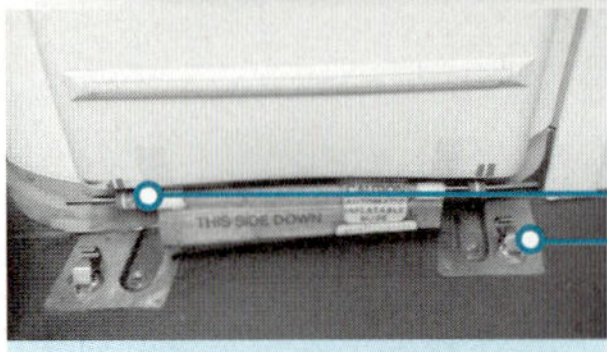

B737 항공기 정상위치

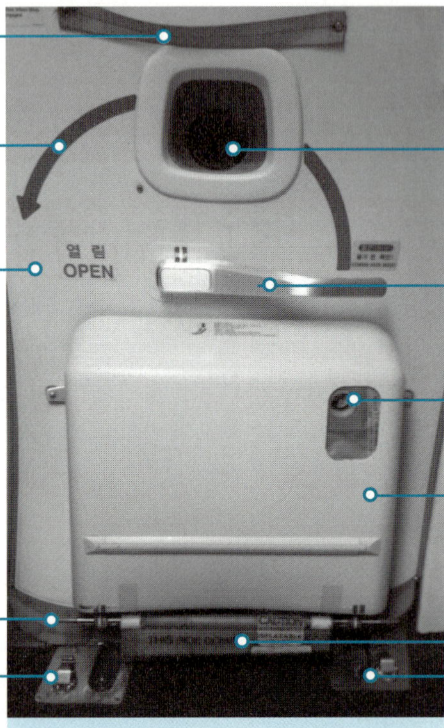

B737-800/900 기종 Door 구조 설명

A330-200/300

- A330 정상위치(Manual/Disarmed Position) : 도어 슬라이드 손잡이를 정상위치로 강하게 밀고 Safety Pin을 꽂는다.

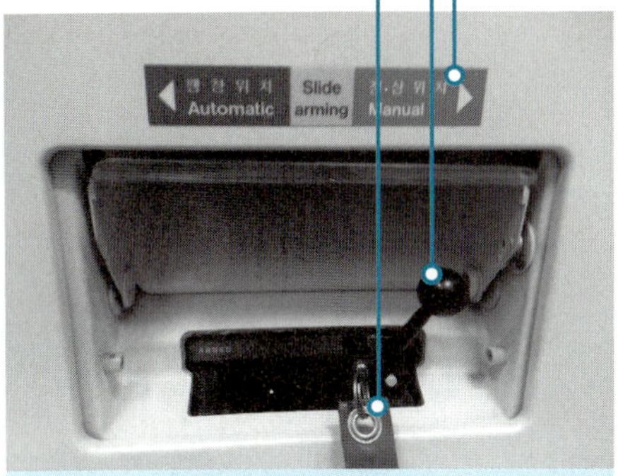

A330-200 항공기 정상위치

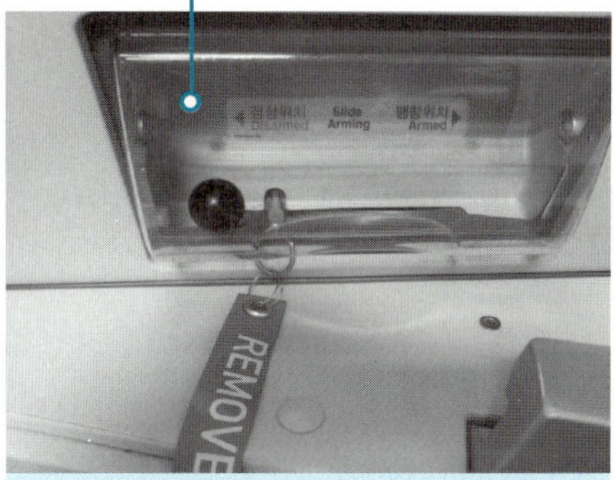

A330-200 항공기 정상위치

- A330 팽창위치(Automatic/Armed Position) : Safety Pin을 빼고 도어 슬라이드 손잡이를 팽창위치로 강하게 민다.

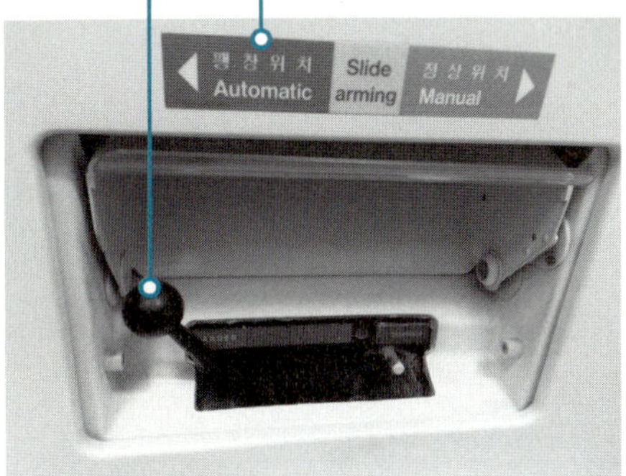

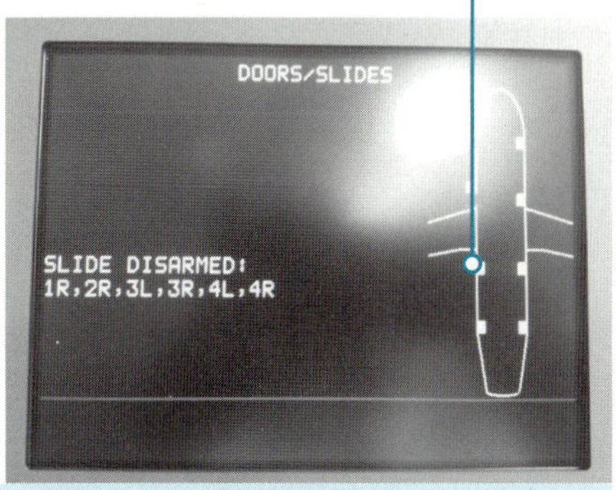

A330 항공기 NO3 DOOR 슬라이드 모드 변경사진

> 일부 A330 항공기 NO3 DOOR는 일반 도어와 달리 슬라이드 모드변경 레버가 직사각형 구조로 되어 있다. 변경절차/변경방법은 일반 도어와 동일하다.

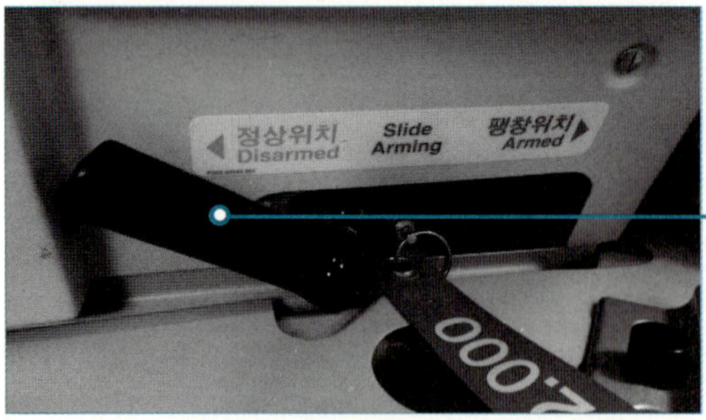

일부 A330 NO3 도어 슬라이드 모드변경 레버는 일반도어와 다르게 직사각형으로 되어 있다.

Safety Pin이란?

A330/B747-400/B747-8i/A380 항공기의 도어모드가 정상위치(Manual/Disarmed Position)에서 팽창위치(Automatic/Armed Position)로 넘어가지 않도록 정상위치 상태에서 고정핀을 삽입하여 움직이지 못하도록 하는 장치이다. 도어모드를 팽창위치로 옮기기 위해 Safety Pin을 뽑으려면 뒤쪽의 누름쇠를 누른 상태에서 잡아 당기면 뽑힌다.

정상위치에서 팽창위치로 변경시킬 때 세이프티 핀을 빼게 되는데 이때 뒤편 튀어나온 부분을 누르고 당기면 핀이 빠진다.

세이프티 핀의 잠금장치. 뒤편 튀어나온 부분을 누르면 앞쪽 튀어나온 부분이 본체(금속막대기) 안으로 들어가서 Safety Pin을 빼기 쉽게 된다.

Red Warning Flag (경고를 나타내는 표시 'Remove Before Flight' 라고 적혀 있다.

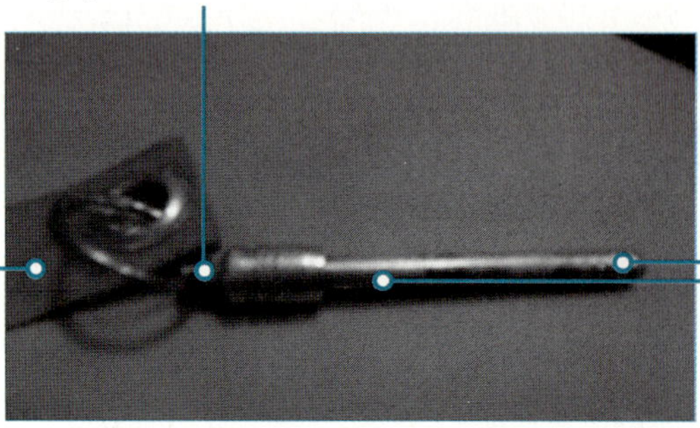

본체 금속막대기

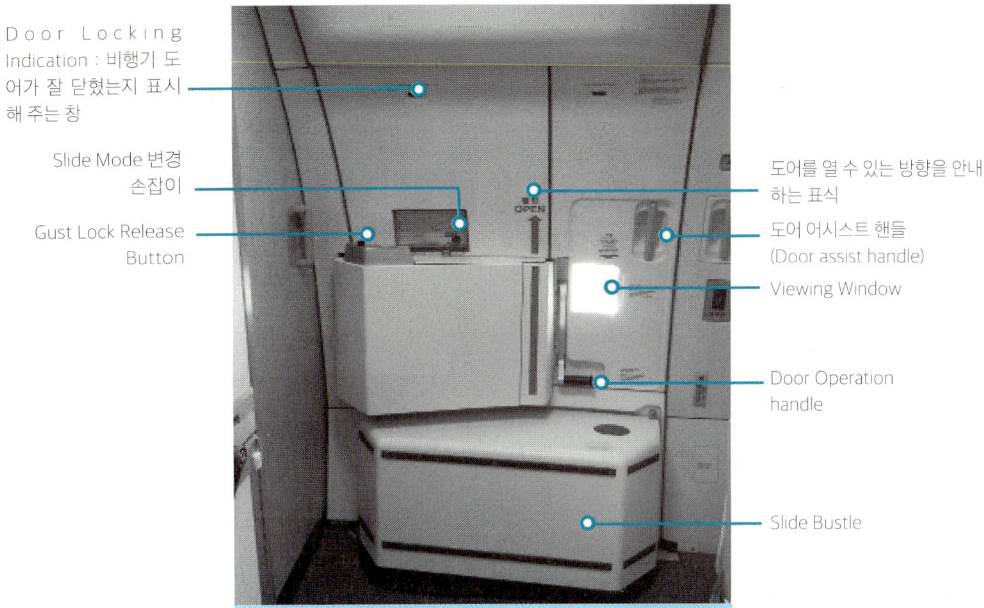

A330 도어 구조 설명

B777-200/300

- B777 팽창위치(Automatic/Armed Position) : 도어 슬라이드 손잡이를 왼쪽 팽창위치로 강하게 민다.

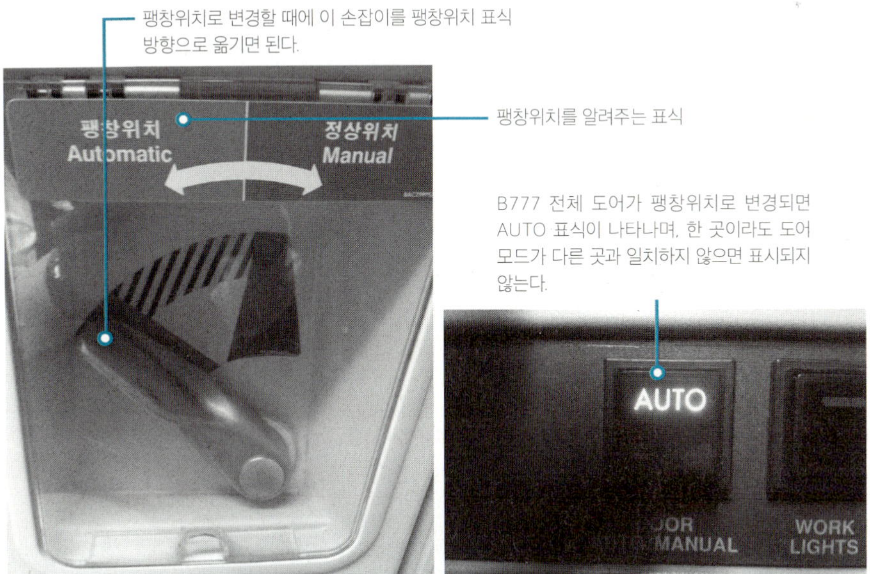

B777-200/300 항공기 정상위치/ 팽창위치

- B777 정상위치(Manual/Disarmed Position) : 도어 슬라이드 손잡이를 오른쪽 정상위치로 강하게 민다.

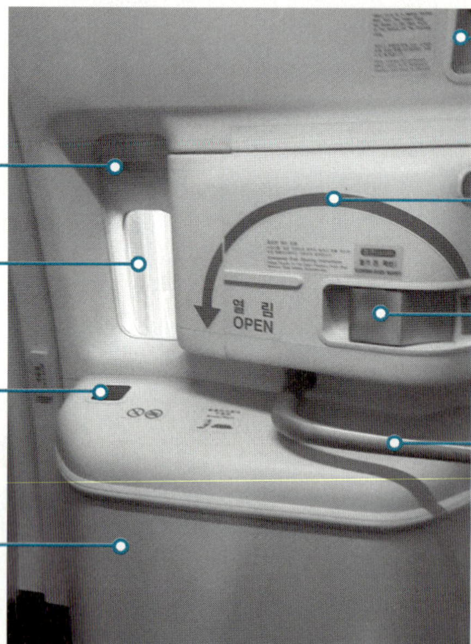

B777 항공기 도어 구조 설명

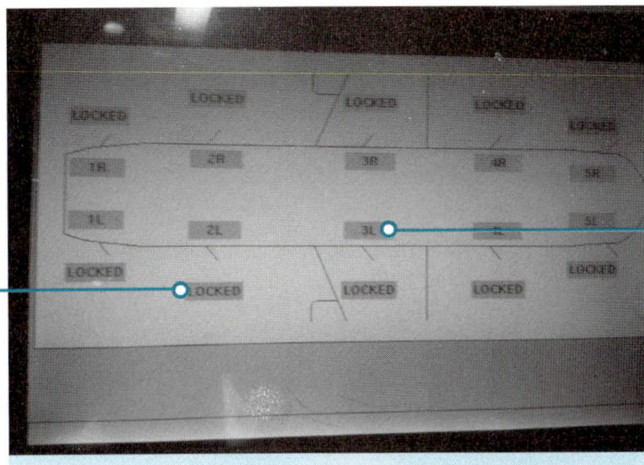

'LOCKED' 도어가 닫혔음을 나타낸다.

'3L' 항공기 왼편 3번째 도어를 나타냄

B777 항공기 도어 상태를 표시해주는 상태표시창

B747-400/ 8i

- B747 팽창위치(Automatic/Armed Position) : 슬라이드 박스 덮개를 열고 Safety pin을 뺀 후 도어 슬라이드 손잡이를 아래쪽 팽창위치로 강하게 내린다.
- B747 정상위치(Manual/Disarmed Position) : 슬라이드 박스 덮개를 열고 도어 슬라이드 손잡이를 위쪽 정상위치로 강하게 올린 후 Safety pin을 꽂는다.

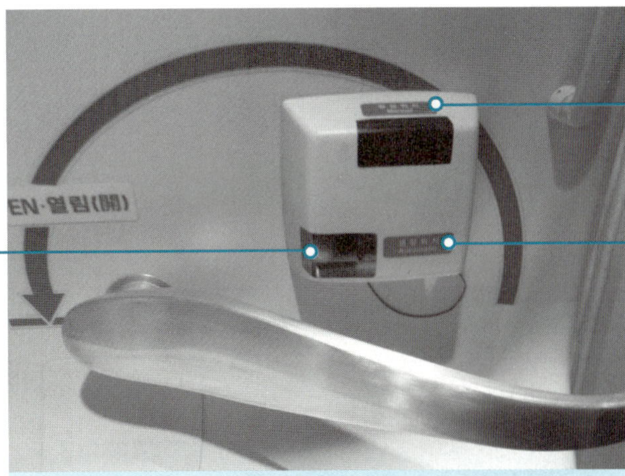

도어 슬라이드 모드 변경하는 핸들. 현재는 비행 중인 관계로 팽창위치에 있다.

도어 정상위치 표식. 정상위치로 바꿀 때 아래쪽의 노란색 핸들을 위로 올리면 된다.

도어 팽창위치를 알려주는 표식. 팽창위치로 바꿀 때 아래쪽의 노란색 핸들을 아래로 내리면 된다.

B747-400 항공기 팽창위치

• B747-400/8i 항공기 도어 정상위치

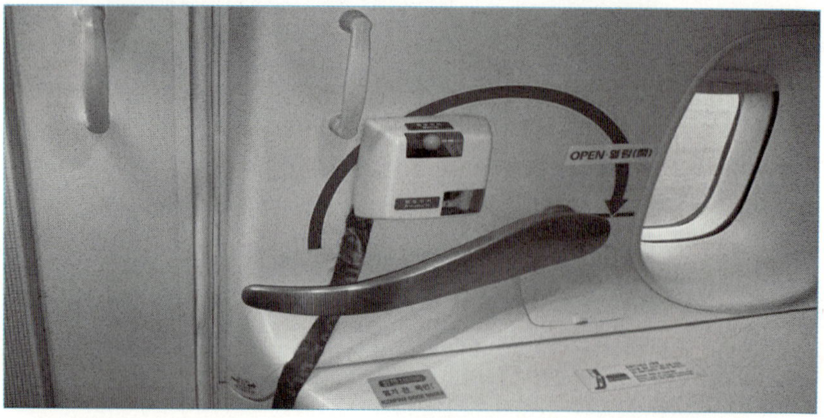

• B747-400 / 8i Door Slide 내부 모습(현재 정상위치임)

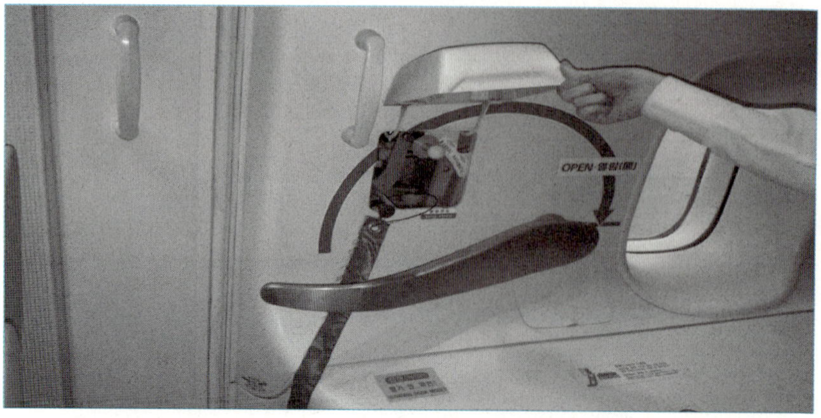

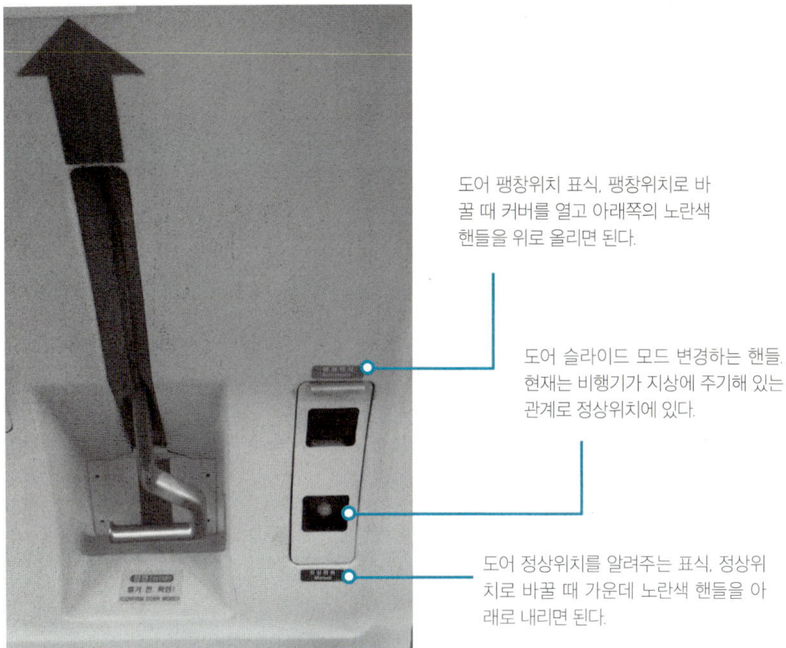

B747-400 UPPERDECK DOOR

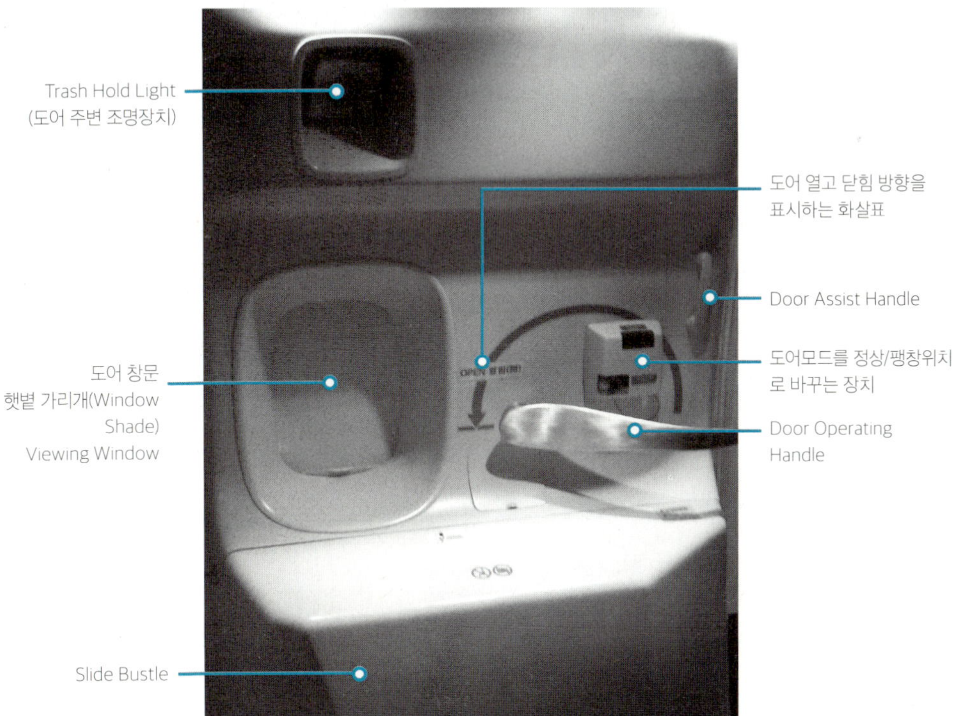

B747-400 항공기 도어 구조 설명

B787-9(Dream Liner: 드림라이너)

* 대한항공, 에어프레미아 항공사에서 사용

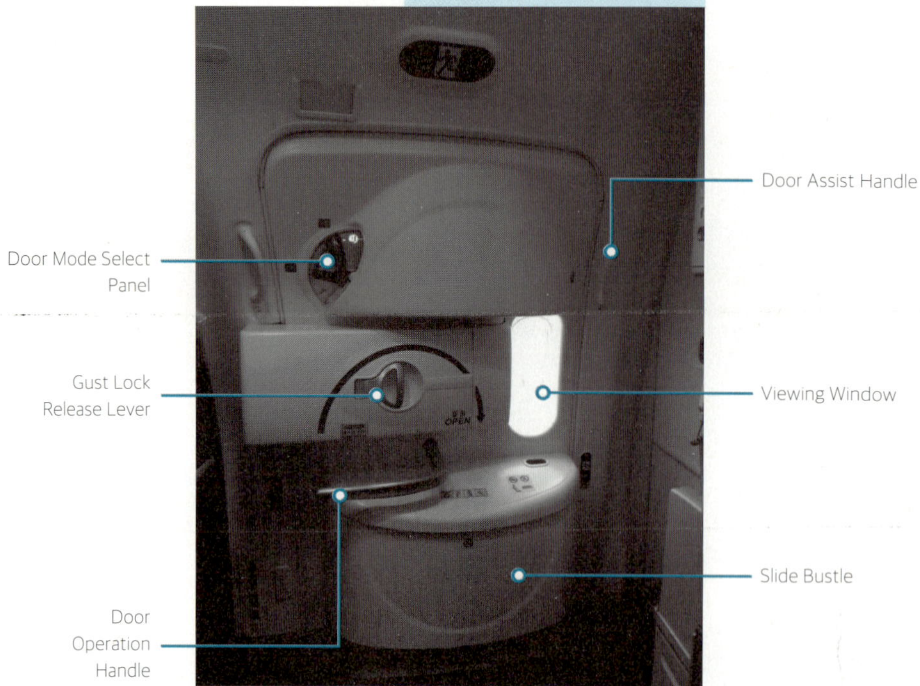

B787-9 드림라이너 항공기 도어구조 설명

- B787-9 팽창위치(Automatic Position)
  - ▶ Door Modc Sclcct Panel 커버를 열고 레비를 빨간색(아래)쪽으로 옮긴다.
- B787-9 정상위치(Disarmed/Manual Position)
  - ▶ Door Mode Select Panel 커버를 열고 레버를 녹색(위)쪽으로 옮긴다.
- B787-9 Door Mode Select Panel : 투명 플라스틱 커버로 덮혀있다.

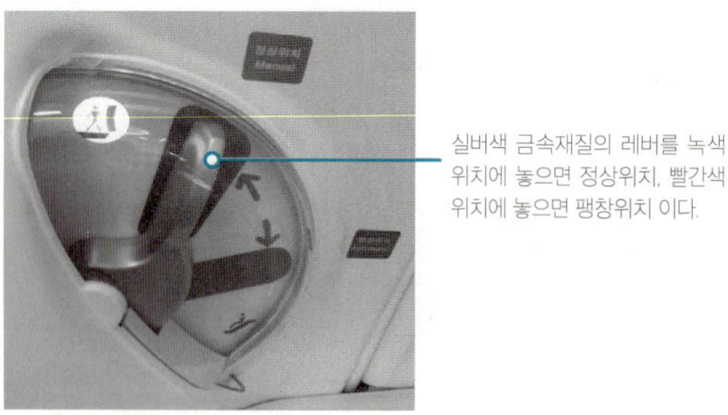

A380

- A380 팽창위치(Automatic/Armed Position) : 슬라이드 박스 덮개를 열고 Safety Pin을 뽑은 후 도어 슬라이드 손잡이를 왼쪽 팽창위치로 강하게 민다.
- A380 정상위치(Manual/Disarmed Position) : 슬라이드 박스 덮개를 열고 도어 슬라이드 손잡이를 오른쪽 팽창위치로 강하게 밀어 정상위치로 돌린 후 Safety Pin을 꽂는다.

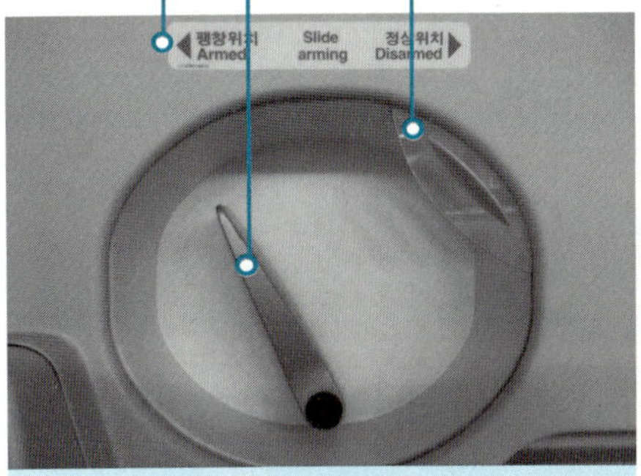

A380 항공기 팽창위치

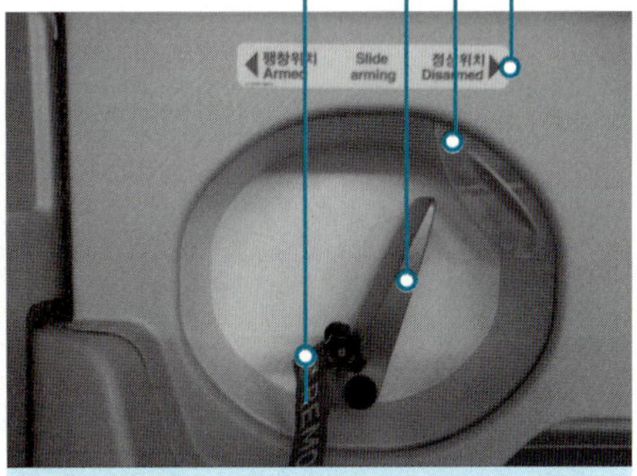

A380 항공기 정상위치

Safety Pin이란?

A330/B747/A380 항공기의 도어모드가 정상위치(Manual/Disarmed Position)에서 팽창위치(Automatic/Armed Position)로 넘어가지 않도록 정상위치 상태에서 고정핀을 삽입하여 움직이지 못하도록 하는 장치이다. 도어모드를 팽창위치로 옮기기 위해 Safety Pin을 뽑으려면 뒤쪽의 누름쇠를 누른 상태에서 잡아 당기면 뽑힌다.

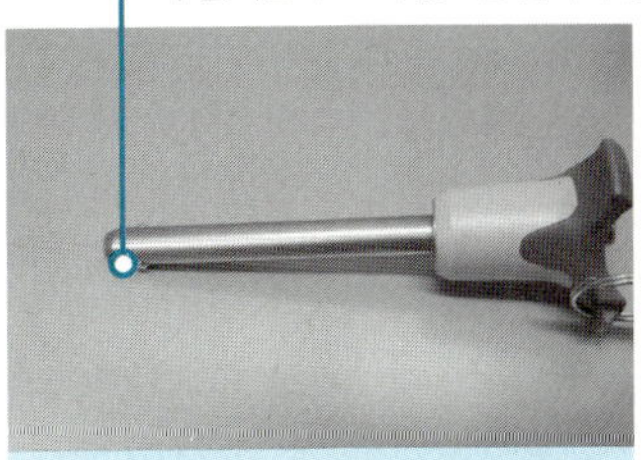

뒷쪽 누름쇠 누르기 전 모습

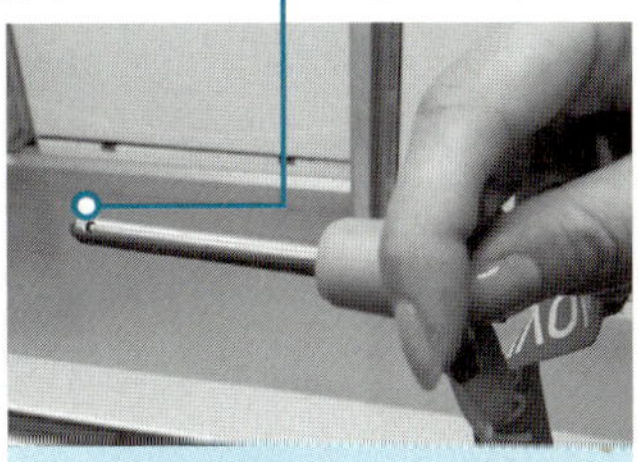

뒷쪽 누름쇠 누른 모습

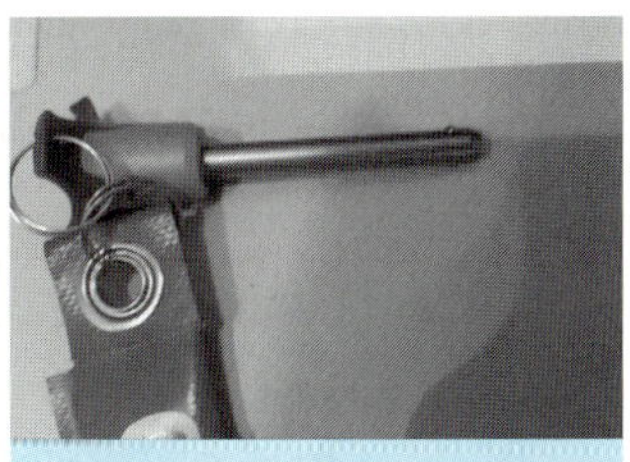
전체 모습

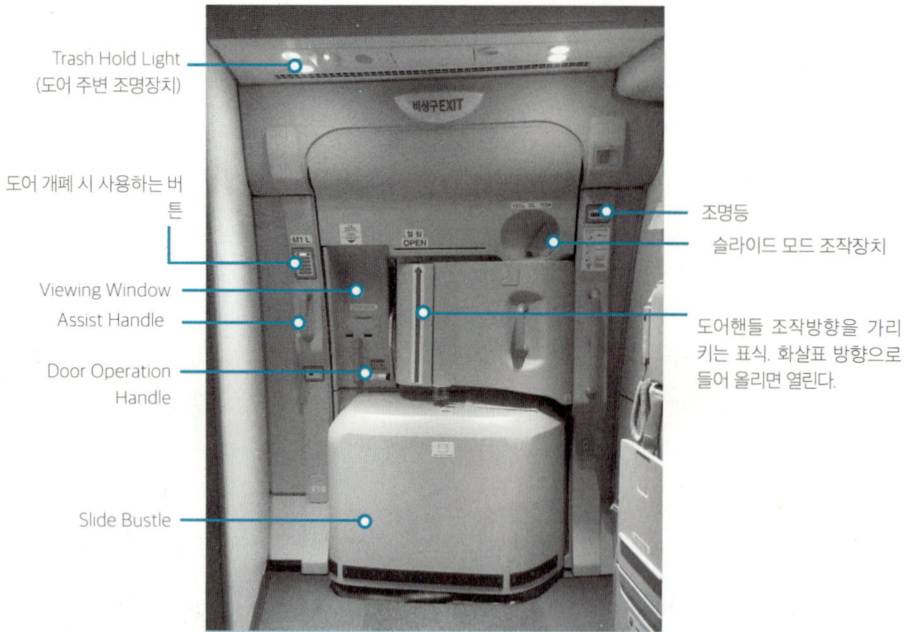

A380 항공기 도어 구조 설명

13. 승객 탑승 후 / PUSH BACK 중 하기 승객 발생 시 대응절차

탑승했던 승객에게 갑자기 피치 못할 사정이 생기거나 의료적 문제점이 발생되어 하기를 요청하는 승객이 종종 발생한다. 이런 경우 항공사에서는 다음의 조치를 시행하여 사전 계획된 항공기 테러를 방지하는 데 만전을 기한다. 탑승객 하기 시 객실사무장/캐빈매니저는 하기승객 정보를 지상직원에게 통보 및 기장에게 보고하고 운송직원 및 기장은 하기를 원하는 승객의 자발적/비자발적 여부를 판단한다.

❶ 자발적 하기 시(위험도 높음)

해당 승객 및 해당 승객의 수하물 하기(별도 보안조치 시행), 운송직원이 공항 종합상황실 경유 관계기관에 통보하여 관계기관의 판단에 따른 보안점검을 시행한다.

ⓐ 전 승객 하기 불요 시 : 하기한 승객의 좌석 및 전후 3열의 Seat Pocket, 구명복, Seat Cushion 하단 추가 점검 좌석 및 좌, 우 좌석 점검

ⓑ 전 승객 하기 필요 시 : 탑승한 승객이 하기한 경우 모든 승객은 휴대품을 소지하고 하기하여야 하며 승객 하기 후 보안점검 CHK List의 Alert 3, 2에 의거 기내 보안점검 실시

❷ 비자발적 하기 시

해당 승객 및 해당 승객의 수하물 하기(별도 보안절차 없음), 비자발적 하기란 다음의 기준에 해당하는 승객으로 별도의 보안조치 불요하다.

ⓐ 시스템 오류로 인한 좌석 중복된 탑승권 교부, 예약 초과로 인한 좌석부족, 항공기 허용 탑재 중량(ACL : Allowable Cabin Load) 부족으로 인해 승객의 의사와 관계없이 부득이 하기하여야 하는 경우

ⓑ 기상, 정비 등과 같은 운항 지연 사유에 따라 승객이 여행을 포기하고 하기를 요청하는 경우

ⓒ 입국거부승객, 강제퇴거승객, 호송대상승객 및 환자승객이 여행을 지속할 경우 운항 중 항공기 및 승객의 안전에 영향을 줄 것이 우려되어 의료진 또는 당사 직원(승무원 포함)의 판단하에 해당 승객(일행 포함)이 하기할 경우

ⓓ 승객 하기의 원인이 항공사 또는 관계기관에 있음이 명백한 경우(단, 관계기관에서 구체적 정보에 의해 보안위협승객을 하기 조치한 경우 또는 관계기관의 요청이 있는 경우에는 항공사와 협조하여 전 승객 하기 또는 기내 재검색을 실시할 수 있다)

승객하기로 인한 보안 재검색 필요 시 안내방송

안내 말씀 드리겠습니다. 탑승했던 일부 승객이 비행을 포기하고 내림에 따라 비행기의 보안검색을 다시 실시하겠습니다. 지금부터 모든 짐을 갖고 내려 주시기 바랍니다. 이는 손님 여러분의 안전을 위한 불가피한 조치입니다. 손님 여러분의 양해를 바라며 검색이 끝난 뒤 직원이 재탑승을 다시 안내해 드리겠습니다.

Ladies and Gentlemen, We regret to announce that this aircraft needs another Security check. because some passengers have decided not to travel with us today. Please take all of yours belongings with you when you deplane. Our ground staff will announce the re-boarding time after the security check is completed.
Thank you for your cooperation.

Sterile Cockpit이란?

비행중요단계(Critical phases flight)에서는 운항승무원의 업무에 방해를 줄 수 있는 객실승무원의 어떠한 행위도 금지한다.

- 항공기의 지상이동 및 비행고도 10,000ft(3,048m) 이하에서 운항하는 시점을 '비행 중요단계' 라고 규정하며 객실승무원은 이/착륙 시 Fasten seatbelt sign on/off 및 기내 표준신호를 이용하여 비행중요단계의 시작과 종료를 알 수 있다. 쉽게 말하면 지상이동 및 비행고도 10,000ft(3,048m) 이하에서 객실승무원에 의한 조종실 연락을 제한하는 것을 'Sterile Cockpit'이라 한다.
- 객실승무원은 비행단계 중 항공기 이륙 전 지상이동(TAXING), 이륙(TAKE OFF), 착륙(LANDING), 착륙 후 지상이동(TAXING) 및 이륙 후/착륙 전 10,000ft(3,048m) 고도 이하에서 일체의 조종실 업무 방해 행위를 하지 말아야 한다.
- 하지만 객실승무원은 보고의 실시 및 지연이 비행안전과 직결되는지 여부를 파악하기 어렵기 때문에 안전에 관련된 사항 또는 위급상황 발생 시 아래의 긴급신호를 이용하여 운항승무원에게 연락을 취할 수 있다. 기장은 안전을 고려하여 객실승무원과 통화 여부를 결정할 수 있으며, 즉각 응답이 어려운 경우 가능한 빠른 시간 내에 객실승무원에게 연락한다.

Chapter 04

비행 중 안전, 보안 실무

본장을 학습하면 여러분은...

- 객실 안전 규정에 따라 승객에게 상시 벨트 착용여부를 확인하고 안내할 수 있다.
- 객실 안전 규정에 따라 승객의 기내 흡연 여부를 확인하고 제지할 수 있다.
- 객실 안전 규정에 따라 밀폐공간 내부상태를 확인하여 조치할 수 있다.
- 객실 안전 규정에 따라 항공기 운항 중 행동이 의심스러운 승객의 동태 및 이상물건에 대하여 신속히 보고할 수 있다.
- 객실 안전 규정에 따라 난기류(Turbulence) 발생 시 승객에게 안내방송을 하고, 필요조치를 취할 수 있다.

인용출처 : NCS 홈페이지-항공객실서비스

1 비행 중 상시 좌석벨트 착용 안내

항공기 이륙 후 기장에 의해 'Fasten Seat Belt Sign'이 'Off' 되더라도 기내에 있는 모든 승객은 화장실 이용을 제외하고 좌석에 앉아 있을 때나 누워 있더라도 항상 좌석벨트를 착용하고 있어야 한다. 왜냐하면 항공기가 진행하는 동안 조종석 앞에 있는 레이더를 통해 구름과 난기류를 사전에 감지하여 기장이 회피기동을 하거나 객실사무장/캐빈매니저, 객실승무원에게 미리 알려줄 수 있으나 맑은 하늘이지만 레이더에 나타나지 않는 에어포켓, 즉 CAT(Clear Air Turbulence, 청천난류)를 만나면 꼼짝없이 수백피트 아래로 심하면 수천피트 아래로 항공기가 곤두박질 칠 수 있기 때문이다. 승객과 승무원이 부상을 당하는 이유는 바로 전혀 예측할 수 없는 CAT에 의해 피해를 입는 것이다. 이때 좌석벨트를 착용하지 않으면 기내 천장에 머리를 부딪히거나 떨어지면서 구조물에 부딪혀 심한 중상을 입게 된다. 따라서 항공기가 이륙하여 정상고도에 이르러 이동해도 좋다는 허가인 'Fasten seat belt' 사인이 꺼진 후 방송담당 승무원은 즉각 '비행 중 상시 좌석벨트 착용안내방송'을 반드시 실시하게 된다.

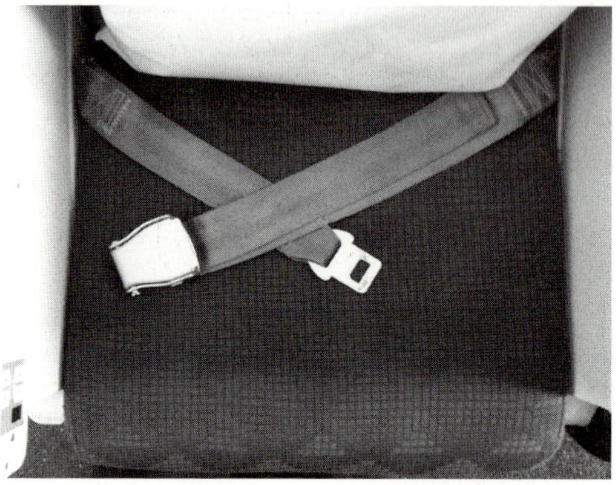

2 기내 밀폐공간 내부상태(화장실, 벙커, 코트룸) 점검

B777 항공기 화장실 내부 적재공간

크리넥스, 롤페이퍼, 핸드페이퍼 타월을 보관하고 물잠금장치가 있으며 오른쪽 문 바깥쪽은 거울로 되어 있다.

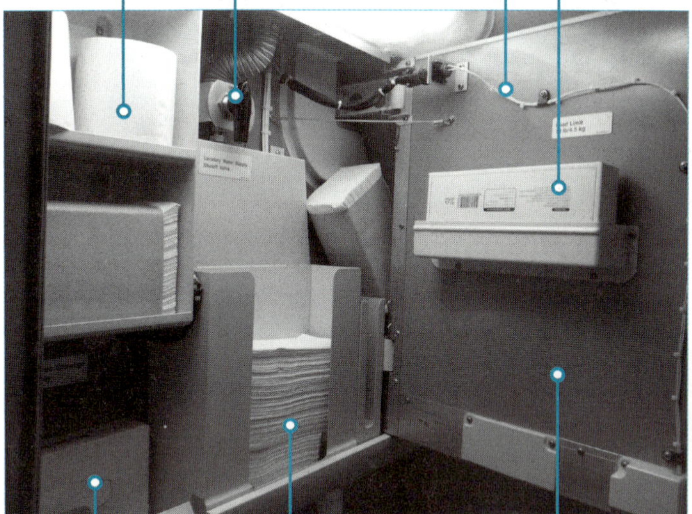

보안스티커 - 한 장씩 떼어 붙이게 되어 있으며 뜯어낸 자국이 있으면 재보안점검 실시한다.

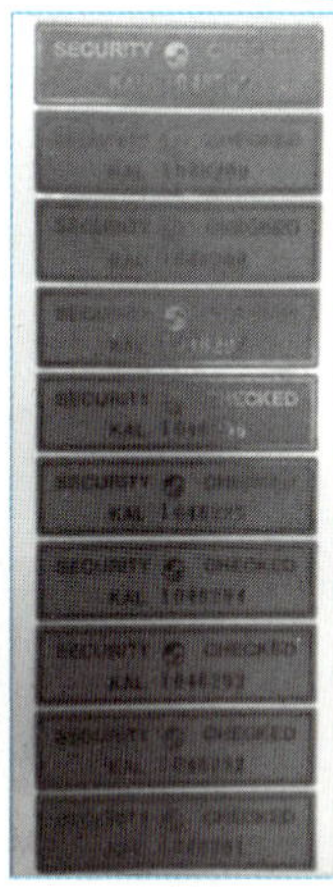

비행 중 항공기 내 설치되어 있는 화장실, 승무원 휴게실, 승객 의복을 위한 코트룸은 수시로 점검하여 의심스러운 물건이 남아있지 않도록 최선을 다하여야 한다. 비행 중 객실승무원은 화장실을 매 30분마다 화장실 설비 및 내부공간을 점검하여 환자 발생, 의심스러운 승객의 유무를 파악하여야 하며 특히 화장실 내 Hand Paper Towel, 크리넥스 티슈, 롤페이퍼 등 비품을 보관하는 내부 적재공간을 반드시 한 번씩 열어보아 의심스러운 물건이 비치되어 있지 않도록 해야 한다.

비행 중 점검사항은 화장실 설비, 보안스티커 훼손상태, 이상 액체물질 적재상태이다.

승무원 BUNK 보안 위한 키패드

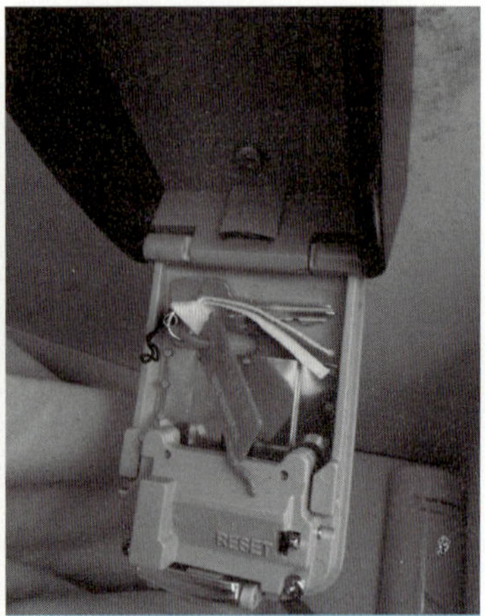

키패드 열린 모습

B777 항공기 운항승무원용 BUNK

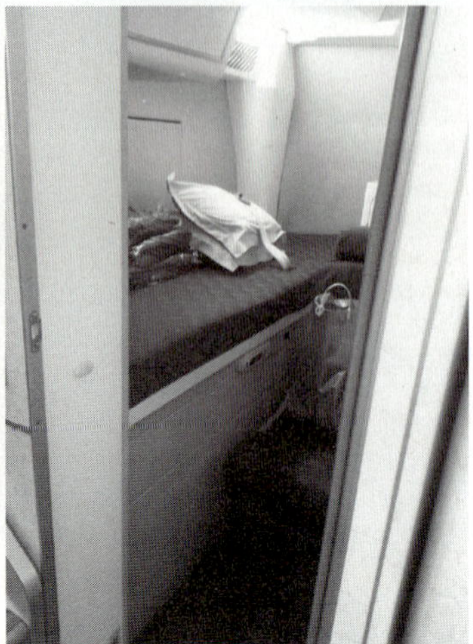
BUNK 내부모습

승무원 휴게실(Bunk)은 승무원만이 사용하는 공간이므로 승객이 점유하지 않도록 평상시 출입절차를 숙지하여 철저한 보안을 유지하여야 한다. 최근에는 승무원 휴게실마다 시건장치가 부착되어 승무원만의 비밀번호를 입력해야만 출입이 가능하도록 보안장치가 강화되었다. 또한 승무원 휴게실 안에는 사람이 들어갈 수 있는 비교적 넓은 공간이 적지 않게 있으므로 비행 전/중/후 반드시 Compartment

마다 개봉 검사하여 의심스러운 물건, 사람이 남아있지 않도록 해야 한다. 점검사항은 승무원 휴게실 내 안전장비, 보안스티커 훼손상태, 인가되지 않은 승객의 출입 및 잔류 여부이다.

B737 항공기 코트룸

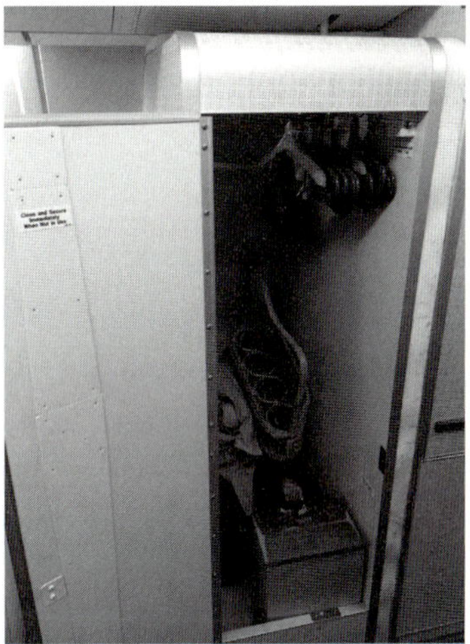
A330 항공기 코트룸

코트룸(coat room)은 비행 중 승객의 요청이 없는 한 승무원의 손길이 제일 닿지 않는 공간이기도 하다. 코트룸 안에는 승객의 의복 및 응급처치에 필요한 약품상자 그리고 서비스용품이 혼재되어 있을 경우가 있으므로 반드시 분리하여 보관하고 비행 중 점검 시에는 항상 코트룸에 설치되어 있는 조명을 점등하여 내부 구석까지 확실히 점검할 수 있도록 해야 한다.

3 비행 중 의심스러운 승객과 이상물건

객실승무원은 승객이 위험물을 반입할 가능성이 있기 때문에 비행 중 의심스러운 승객이나 물질을 발견했을 경우에 승객에게 내용물 확인을 요청하고 즉시 객실사무장/캐빈매니저를 통해 기장에게 연락하여 공항관계기관의 협조를 구해야 하며, 특별한 요청이 없는 한 옮기거나 분해하지 않도록 한다.

비행 중 의심스러운 승객과 물건은 다음과 같다.

- 한쪽으로 쏠려 있거나 봉합되지 않아 내용물이 흘러나올 수 있는 물건
- 무엇인가 누출된 것 같은 현상을 보이는 물건
- 외관상 이상스럽고 의심스러운 냄새를 풍기는 물건
- 시계초침 소리가 들리거나 배터리가 연결되어 있는 물건
- 물건을 들고 화장실을 자주 들락거리는 승객이나 오랜 시간 동안 화장실에서 나오지 않는 승객
- 매우 불안해 하며 좌우를 살피며 승무원의 시선을 피하는 승객
- 기내에서 식은땀을 흘리거나 눈동자가 풀려있는 승객
- 비행 중 휴대폰/시계와 연결된 물체를 은밀히 분해하거나 조립하는 등의 비정상적인 행위를 반복하는 승객
- 액체나 고체성 물질을 아주 조심스럽게 운반하는 승객
- 권총이나 칼, 폭발물처럼 보이는 무기류를 소지하고 있는 승객

> 좌석안내 시 의심스러운 승객과 비행 중 의심스러운 승객은 항목에서 차이가 있을 수 있다.

비행 중 기내에서 행동이 수상한 승객 발견 시 인터폰을 통하여 기장에게 보고하고 감시활동을 강화하며 만일 조종실 진입/파괴시도나 하이재킹 등 위협상황이 발생 시 인터폰으로 보고할 수 없는 경우 설치된 비상벨을 이용한다. 객실승무원은 비행하는 항공기의 안전을 해치고 승객 및 승무원의 인명이나 재산에 위해를 가하며 기내 질서를 문란시키거나 규율을 위반하는 승객은 그 행위를 저지시키기 위한 필요한 조치를 취할 수 있다.

4 터뷸런스(기체요동, Turbulence)

TURBULENCE란?

항공기가 제트기류나 구름 등을 만나서 흔들리는 현상을 말하며, 승객과 승무원의 기내 부상 요인 중 제일 큰 부분을 차지한다. CAT와 일반 Turbulence의 차이점은 다음과 같다.

❶ Tubulence와 CAT의 차이

- CAT(Clear Air Turbulence) : 항로상에 구름이나 바람도 없는 쾌청한 날씨에 공기 밀도 차이에 의해서 항공기가 놀이기구인 롤러코스터처럼 심하게 미끄러지듯 비행 중 저고도로 순식간에 낙하하는 현상을 말한다. 비행기를 조종 중인 운항승무원과 객실승무원 그리고 승객이 전혀 인지를 못하는 상황이므로 대부분의 심각한 부상은 CAT에 기인한다.
- Turbulence : 항공기가 비행 중 구름이나 제트기류를 만날 때 흔들리는 일반적인 현상을 말한다.

요동치는 난기류 구름 모습

난기류에 파손된 항공기

❷ Turbulence 강도와 객실승무원의 행동지침

	Light	Moderate	Severe
기내현상	음료수 컵 찰랑 좌석벨트 약간 압박	기내 보행 곤란 좌석벨트 압박	기내 보행 불가능 좌석벨트 강하게 조임
행동지침			
신호	Fasten Seatbelt Sign 1회 / 2회		
기내서비스	조심스럽게 지속	중단 카트 상단 물건 고정	즉시 중단 카트 Brake
좌석벨트	승객 착용 여부 확인	즉시 Jumpseat 착석, 가는 동안 육안 확인	가장 가까운 자리 착석 무리하게 확인 않음.
기내방송	객실사무장(또는 객실승무원) 실시, 필요 시 기장 추가 방송		
기내조명	객실 조명 Off 시, Dim으로 조절 영화 상영 또는 승객 수면 시 Galley 커튼 Open		

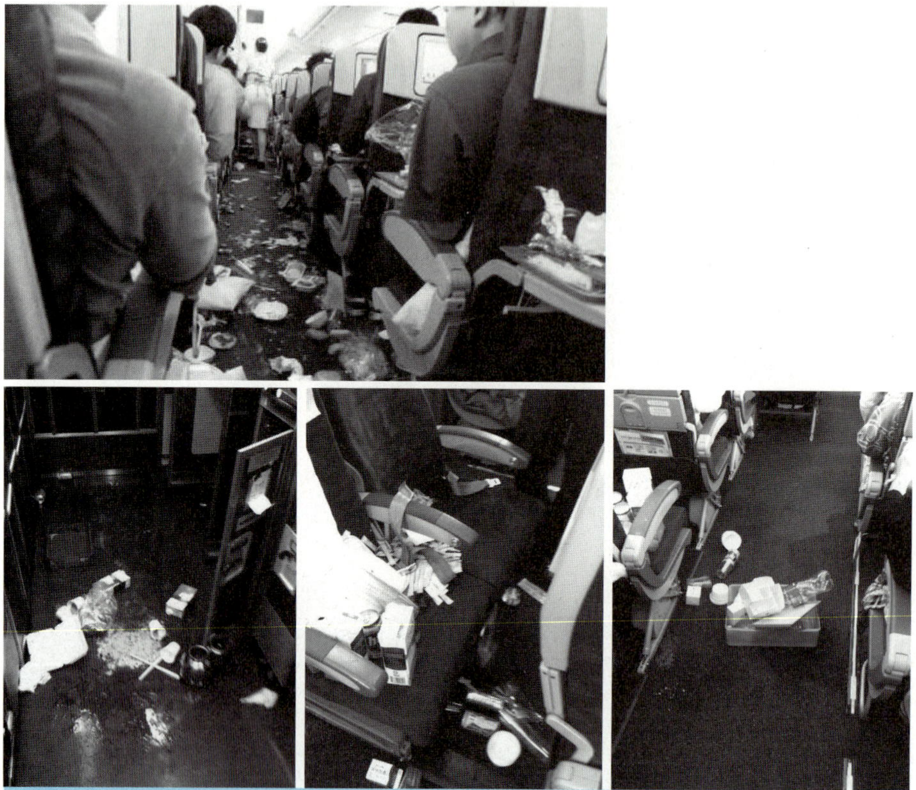

2015년 저자가 탑승한 한중노선에서 실제 일어났던 터뷸런스 후 모습(항공기 A330-300)

❸ Turbulence 조우 시 객실승무원의 행동지침

Fasten Seatbelt Sign 1회 점등(딩!)

- 조심스럽게 서비스를 계속한다.
- 뜨거운 음료를 서비스할 때 주변에 흐르지 않도록 주의를 기울인다.
- 승객의 좌석벨트 상태를 확인하고 착용하도록 안내한다.
- 화장실 내 승객의 유무를 확인한다.

Fasten Seatbelt Sign 2회 점등(딩! 딩!)

- 서비스를 중단하며 가장 가까운 좌석이나 Jump Seat에 착석한다.
- 서비스 Cart를 카트보관소(Comparment)에 보관하거나 복도 좌우측에 대각선으로 위치시키고 Cart Brake 페달을 밟는다.
- 뜨거운 물, 커피, 녹차 등은 바닥에 내려 놓는다.
- 승객의 좌석벨트 착용상태를 무리하게 점검하지 않는다.

비행 중 터뷸런스 조우 시 실시 방송문

- Tubulence 1차(터뷸런스 1차)

손님 여러분, 비행기가 흔들리고 있습니다.
좌석벨트를 매주시기 바랍니다.

Ladies and gentlmen/
We are experiencing turbulence./
Please return to your seat/ and fasten your seatbelt./

- Tubulence 2차(터뷸런스 2차)

손님 여러분.
비행기가 계속해서 흔들리고 있습니다.
좌석벨트를 매셨는지 다시 한 번 확인해 주시고 화장실 이용을 삼가시기 바랍니다.

Ladies and gentlemen/
We are continuing to experience turbulence./
For your safety/ Please remain seated with your seatbelt fastened./

- 서비스 일시중단(터뷸런스 3차 /서비스 일시중단)

지금 비행기가 심하게 흔들리고 있어 잠시
기내서비스를 중단하겠습니다.
기류가 안정되는 대로 서비스를 다시 시작하겠으니
양해해 주시기 바랍니다.

Ladies and gentlemen/
We must also suspend cabin service until conditions improve./
Thank you for your understanding/

- Tubulence 후 서비스 재개시

손님 여러분.
기류 변화로 인해 비행기가 (다소, 많이) 흔들렸습니다.
하지만 지금은 기류의 영향권에서 벗어나 정상 운항하고 있으며
안전에는 문제가 없으니 안심하시기 바랍니다.
곧 식사 및 음료 서비스가 계속 되겠습니다.

Ladies and gentlemen/
thank you for your patience./
We will now be resumming our meal/beverage service./
Please enjoy the rest of the flight./

- CAT 또는 Severe Tubulence 조우 후

손님 여러분.
조금 전 예기치 못한 기류 변화로 인해 비행기가 심하게 흔들렸습니다.
이 점 널리 양해해 주시기 바라며 도움이 필요하신 분이 계시면
저희 승무원에게 말씀해 주십시오.

Ladies and gentlemen/
The turbulence we just experienced was /quite rare /and unexpected/ and we are now out of this area./
Please keep your seatbelt fastened at all times/ and if you need any assistance,/ please ask our cabin crew/
Thank you/

5 감 압(Decompression)

1. "감압이란?"

비행 중 기체의 손상, 여압장치의 고장, 항공기 출입문의 잠김 상태 불량, 외부의 충격 등의 이유로 객실의 공기가 비행기 바깥쪽으로 빠져나가 기내 압력이 낮아지는 현상을 말한다.

아시아나 항공사에서 감압훈련을 받고있는 러시아 객실 승무원

고도기압 기온의 상관 관계

- 고도 ↑, 기압 ↓ 기온 ↓
- 높은 곳에서 낮은 곳으로
- 고도 18,000ft(5,500m)에서 기압은 $\frac{1}{2}$으로 감소

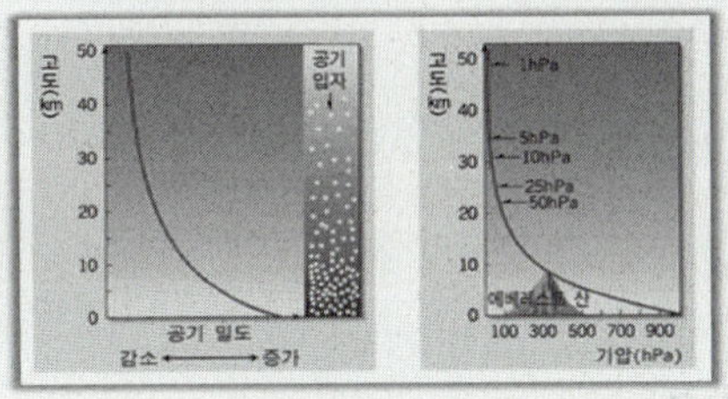

2. 완만한 감압 과 급격한 감압의 차이

(1) 완만한 감압

- 비행 중 기내압력이 서서히 빠져나가는 현상으로 Door 나 Window 주변의 손상으로 일어나거나 여압장치의 이상으로 발생 한다.
- 증상 : 귀가 멍멍하고 휘~익 하는 바람 소리가 난다

(2) 급격한 감압

- 기내 순항 중인 항공기의 외벽손상, 폭발물의 폭발, 총기류 발사로 발생 한다

• 증상

❶ 항공기 내 상당한 굉음을 동반한다.

❷ 객실 온도가 빠른 도로 하강한다.

❸ 객실에 아주 차가운 바람이 유입된다.

❹ 기내 상당한 안개 현상이 일어난다.

❺ 파편이 날아다닌다.

(급격한 감압을 겪은 비행기)

급격한 감압	완만한 감압
• 근처 빈 좌석 내지 팔걸이로 몸 고정 • 산소 마스크 즉시 착용 • Shooting 실시(산소마스크 착용 상태) - 마스크를 당겨 쓰세요! 벨트 매세요! - Put on The Mask! Fasten Your Seat Belt! • 승객 상태 확인	• 강하가 예상될 경우 운항승무원은 객실승무원에 조기 통보 • 통보 접수 즉시 화장실 내 승객 유무 • 확인 및 좌석으로 돌아가도록 안내 실시

(3) 감압 발생 시 공통현상

❶ 산소마스크 DROP

❷ 자동감압방송

❸ NO SMOKING SIGN과 FASTEN SEATBELT SIGN이 들어옴

(4) 감압 현상 발생 시 조치

❶ 즉시 근처의 산소마스크를 착용한다.

❷ 빈 좌석에 착석하거나 팔걸이 좌석 등받이를 이용하여 신체를 고정시킨다.

❸ 산소마스크를 착용 하도록 소리친다.

❹ 좌석 벨트를 매도록 소리친다.

객실 산소공급 시스템

Tank 산소공급 시스템

- 해당 기종 : B747, A380
- 작동 원리
  - 14,000ft 도달하면 자동으로 Drop
  - 산소마스크가 내려오면 산소 공급
  - 객실고도 10,000ft도달하면 산소 공급량 감소(15분 가량 공급)
- 주의사항
  - Panel이 미 작동 시 뾰족한 물건으로 Hole을 눌러 Drop
  - 화장실에 2개의 산소마스크 장착

감압현상 시 조치

운항 승무원

- 산소마스크 착용
- 항공기 고도 10,000ft까지 하강
- No Smoking 및 Fasten Seatbelt Sign On 확인

(5) 감압 현상 후 객실 점검

❶ 기장으로부터 이동해도 좋다는 연락이 오면 객실을 점검한다

❷ 위험한 지역의 승객들을 안전한 곳으로 옮긴다.

감압현상 후 후유증

저 산소증

- 일종의 산소 부족 현상으로서 감압현상 시 흔히 일어나는 현상
- 증상
  - 호흡이 빨라지고 두통과 어지러움이 나타남.
  - 깊은 잠에 빠지거나 자려고 하며 판단력 및 시력 저하
  - 신체적 균형감각 상실
- 응급처치
  - 즉각적으로 산소 공급
  - 승객 안정
  - 활력 징후 관찰

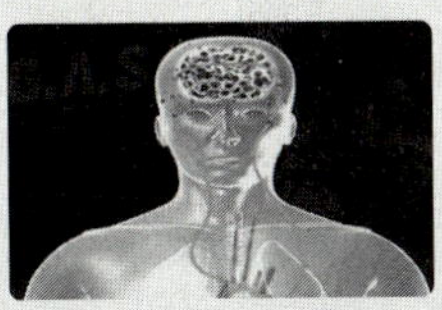

감압증

- 갑작스러운 압력 감소로 인해 체내에 있는 Gas가 기포로 바뀌면서 혈액의 흐름을 방해하거나 조직에 장해를 주는 현상
- 증상
  - 관절 및 주위에 압박/통증 발생
  - 가슴이 타는 듯한 통증
  - 피부발지, 발열, 발한 증상
- 응급처치
  - 기본증상은 항공기 하강 후 소멸
  - 움직이지 않도록 고정
  - Shock에 대비

❸ 저 산소증 승객에게 산소통의 산소를 제공한다.
❹ 객실을 순회하며 승객을 안정시킨다.
❺ 감압증을 겪는 승객의 치료를 돕는다.
❻ 부상승객의 치료를 돕는다
❼ 기내화재나 위험요소를 파악한다.
❽ 혹시 남아있을 승객 위해 화장실을 점검한다.
❾ 사용한 산소마스크는 좌석 앞 주머니 속에 넣도록 한다.

(6) TUC(Time of Useful Consciousness) -유효 의식시간

- 감압이 시작된 시점부터 신체의 산소 부족으로 인하여 효과적인 행동을 할 수 없게 되기까지의 소요시간을 말한다.
- 의식가능 시간에 가장 많은 영향을 미치는 것은 고도이며 고도별 의식가능 시간은 아래와 같다.

구분	의식가능시간	의식가능시간
항공기 고도	급격한 감압	완만한 감압
15000 피트	15~20분	30분
25000 피트	2분30초	5분
30000 피트	30초~1분	1~2분
40000 피트	18초	18초

6 기내화재(CABIN FIRE)

비행기는 좁고 밀폐된 공간이며 하늘을 날고 있어 상식적으로 화재로부터 대피하기가 상당히 어려움이 있다. 비행 중 기내에서 화재가 발생하면 동시에 유독가스와 연기/매연이 순식간 기내를 차지하게 되며 매우 심각한 상황에 이르게 될 수도 있다. 따라서 화재의 진화보다는 예방에 치중하여야 하고 발생 시에는 즉각 초동진화가 될 수 있도록 노력하여야 한다.

항공기 화재의 기본 개념

화재 3 요소

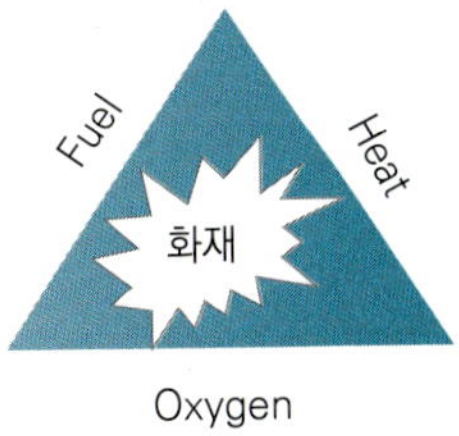

화재 유형

H2O/Halon	Halon	Halon

항공기 환경

- 제한된 공간
- 발생 시 유독가스 발생
- 제한된 시야
- 화재 근원 파악의 애로점
- 비상 착륙 시 대체 공항까지의 거리

비행 중

- 조치는 완벽한 Teamwork
- 동시 다발적으로 이루어져야 한다.

1. 화재 시 객실 승무원의 조치

(1) 비행 중

❶ 도움을 요청하며 기내 인터폰을 통해 비상신호를 발신한다.

❷ 운항 승무원에게 화재의 위치, 특성, 색깔, 냄새, 승무원 조치사항을 알린다.

❸ 연기 화재의 진원지를 찾는다.

❹ 화재의 성격을 파악하고 거기에 맞는 소화기를 결정 한다.

❺ 필요 시 Circuit Breaker를 이용하여 전원을 차단한다.

❻ 승객을 진정시킨다.

(2) 기내화재 시 운항 승무원의 조치

❶ 산소마스크를 즉시 착용한다.

❷ 객실의 연기를 제거한다.

❸ 비상착륙을 감안하여 항공기의 균형을 유지하며 하강을 시작한다.

❹ 비상착륙이 가능한 가장 가까운 공항에 착륙한다.

비상긴급신호(Emergency Alert Signals)

Handset 'PRIO CAPT' Button를 누른다
(Captain은 Handset을 Reset 시켰다가 곧 ALL Call을 사용하여 모든 객실승무원과 통화를 하여야 한다.)

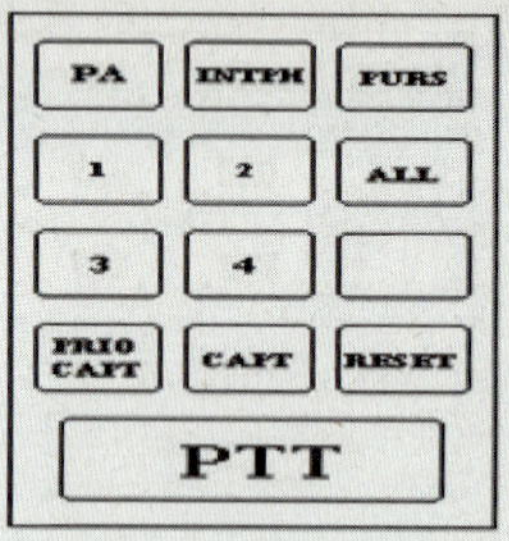

A330

Handset의 번호 '2'를 3회 누른다.
(Captain. Handset을 Reset 시켰다가 곧 ALL Call를 사용하여 모든 객실승무원과 통화를하여야 한다.)

B737

2. 객실 내 화재의 종류

(1) 화장실 화재

화장실 경보음이 울리거나 연기 또는 화재의 징후를 감지한 경우 노크를 통해 화장실 내 승객 유무를 확인한다.

❶ 화장실 내 승객이 있는 경우

- 안에 있는 승객과 대화를 시도하고
- 흡연의 경우 담배를 끄도록 지시하고 화장실 문을 열어 놓는다
- 담배불이 완전히 소화되었는가를 육안으로 반드시 확인한다.
- 기장 및 다른 객실 승무원과 정보를 공유한다.

❷ 화장실내 승객이 없는 경우

- 화장실 문에 손등을 대고 열의 유무를 감지한다.

- 뜨거운 경우 화재를 인정하고 비상긴급신호를 통해 모든 승무원에게 알린다.
- 문을 닫은 후 소화장비를 이용하여 화재를 진압한다.
- 화재 진원지에 할론 소화기를 집중분사하여 잔열을 철저히 제거한다.

(2) Oven 화재

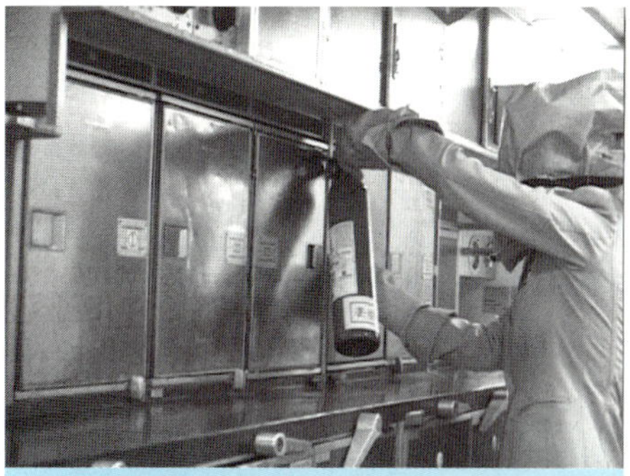
항공기 오븐화재(OVEN FIRE) 진압 연습장면

❶ 오븐을 닫아 놓는다.
❷ 전원을 차단한다.
❸ 도움을 요청한 후 할론 소화기를 이용하여 진화한다.
❹ 오븐 화재를 방지하기 위해 사용하지 않는 오븐을 서비스 용품이나 개인용품 보관용으로 사용해서 절대안되며 특히 오븐안에 종이, 섬유류, 비닐등 가연성 물질이 보관되지 않고 화재 발생되지 않도록 갤리담당은 정확히 파악 해야한다.

3. 비행 중 화재 예방을 위한 객실 승무원 상시 안전활동

❶ 객실 승무원의 화재인지 및 화재진압 준비실시
❷ 객실 상시 점검(매 15분 마다 객실을 순회하여 화재 발생을 초기에 방지한다.)
❸ 갤리 상시 점검(갤리의 전원 및 합선을 방지한다)
❹ 금연규정준수(특히 화장실 내 승객의 흡연을 철저히 방지한다.)
❺ 화장실 상시 점검

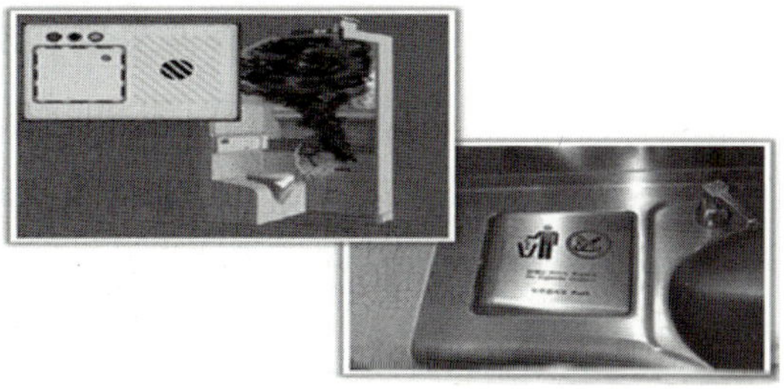

4. 기내연기 및 화재대응 시 승무원 조치사항

❶ 화재발견 승무원은 비상긴급신호를 이용하여 전 승무원에게 상황을 전파한다.

❷ 최초 도움 요청받은 객실 승무원은 조종실에 상황을 알려주며 계속 연락이 가능하도록 통신체계를 유지한다.

❸ 화재의 진원지를 파악하고 화재진압 장비를 가져온다

❹ 소화기를 준비한 승무원은 PBE와 석면장갑을 착용하고 즉시 화재를 진압하며 해당 지역의 전기를 차단한다.

❺ 필요 시 화재 진압승무원을 교대하며 화재가 재발 되지 않도록 소화기의 소화액을 화재의 근원에 충분히 도포한다.

❻ 또한 주변 승객을 화재로부터 대피시키고 연기가 많이 발생할 경우 승객의 머리를 숙이도록 유도하며 승객의 코와 입을 가릴 수 있도록 젖은 수건을 제공한다.

기내화재로 인해 전소된 항공기

6 항공보안법의 이해 - "Role Play"

항공보안이란?

국제민간항공기구는 국제민간항공조약 부속서 제17조에서 항공보안의 개념을 다음과 같이 정의하고 있다. "항공보안이란 국제민간항공을 범죄로부터 보호하기 위하여 인력과 물자, 대책을 종합한 것(A Combination of measures and human and material resources intended to safeguard international civil against acts of unlawful interference : ICAO Annex 17, Chapter01. Definition)"으로 정의한다. 따라서 항공보안은 불법적인 기내업무 방해행위나 위협으로부터 민간항공의 안전을 보호하기 위하여 사람과 관련되거나 의심스러운 물건이나 환경을 조성하는 것들과 여러 요소가 결합된 부분들을 사전에 차단 또는 제압하는 것이다. 항공기 내에서의 범죄 및 기타 행위에 관한 협약에서는 항공보안의 목적이 민간항공을 대상으로 하는 항공기 납치, 항공기 폭파, 항행(항공기나 차량의 움직임을 계획, 분석, 그리고 조절하는 과정) 안전시설 및 공항시설의 파괴 등을 자행하는 테러 등의 불법방해행위로부터 민간항공의 운항을 보호하고 승객, 승무원, 지상 운영 요원과 일반 국민을 보호하는 것이다.

항공보안이 범죄로부터 민간항공을 보호하는 것으로 정의된다면 항공보안의 개념을 구체화하기 위해서는 항공범죄에 관한 개념을 구체화하는 것이 필요하다. 우선 항공범죄의 종류를 열거하면 다음과 같다.

- 항공기 납치행위
- 항공기 납치기도행위
- 운항 중인 항공기의 폭파행위
- 공항 등 항공운송시설물 폭파행위

- 항공기 내의 범죄행위
- 기타 항공운송의 안정성을 저해하는 불법행위(운항 중인 항공기 내 또는 안전운항을 저해하는 농성행위, 항공기 점거행위)

1. 항공보안법 제23조 이해하기

최근 항공기 내 난동사건으로 인해 눈살을 찌푸리는 경우가 많았고 국토교통부의 자료에 의하면 2011년에서 2018년 사이 항공기 내 불법행위가 4배 이상 증가한 것으로 나타났으며, 해마다 다량의 기내난동사건이 발생한다고 되어있다. 기내에서 난동, 소란을 일으킨 승객에게는 '항공보안법'에 의해 처벌이 이루어지게 된다. 이제부터 항공보안법에 대해 알아보도록 하자.

국내 항공안전 관련 법적 근거

국제법
- ICAO 협약 부속서 제17조
- Tokyo Convention
- IATA Security Manual

국내법
- 항공안전법
- 항공보안법

제1조(목적) 이 법은 「국제민간항공협약」 등 국제협약에 따라 공항시설, 항행안전시설 및 항공기 내에서의 불법행위를 방지하고 민간항공의 보안을 확보하기 위한 기준·절차 및 의무사항 등을 규정함을 목적으로 한다.

항공보안법 제23조(승객의 협조의무)

① 항공기 내에 있는 승객은 항공기와 승객의 안전한 운항과 여행을 위하여 다음 각 호의 어느 하나에 해당하는 행위를 하여서는 아니 된다.

1. 폭언, 고성방가 등 소란행위
2. 흡연(흡연구역에서의 흡연은 제외한다)
3. 술을 마시거나 약물을 복용하고 다른 사람에게 위해를 주는 행위

4. 다른 사람에게 성적(性的) 수치심을 일으키는 행위
5. 항공안전법 제73조를 위반하여 전자기기를 사용하는 행위
6. 기장의 승낙 없이 조종실 출입을 기도하는 행위
7. 기장 등의 업무를 위계 또는 위력으로써 방해하는 행위

② 승객은 항공기 내에서 다른 사람을 폭행하거나 항공기의 보안이나 운항을 저해하는 폭행·협박·위계행위(危計行爲) 또는 출입문·탈출구·기기의 조작을 하여서는 아니 된다.

③ 승객은 항공기가 착륙한 후 항공기에서 내리지 아니하고 항공기를 점거하거나 항공기 내에서 농성하여서는 아니 된다.

④ 항공기 내의 승객은 항공기의 보안이나 운항을 저해하는 행위를 금지하는 기장 등의 정당한 직무상 지시에 따라야 한다.

⑤ 항공운송사업자는 금연 등 항공기와 승객의 안전한 운항과 여행을 위한 규제로 인하여 승객이 받는 불편을 줄일 수 있는 방안을 마련하여야 한다.

⑥ 기장 등은 승객이 항공기 내에서 제1항 제1호부터 제5호까지의 어느 하나에 해당하는 행위를 하거나 할 우려가 있는 경우 이를 중지하게 하거나 하지 말 것을 경고하여 사전에 방지하도록 노력하여야 한다.

⑦ 항공운송사업자는 다음 각 호의 어느 하나에 해당하는 사람에 대하여 탑승을 거절할 수 있다.

1. 제15조 또는 제17조에 따른 보안검색을 거부하는 사람
2. 음주로 인하여 소란행위를 하거나 할 우려가 있는 사람
3. 항공보안에 관한 업무를 담당하는 국내외 국가기관 또는 국제기구 등으로부터 항공기 안전운항을 해칠 우려가 있어 탑승을 거절할 것을 요청받거나 통보받은 사람
4. 그 밖에 항공기 안전운항을 해칠 우려가 있어 국토교통부령으로 정하는 사람

⑧ 누구든지 공항에서 보안검색 업무를 수행 중인 항공보안검색요원 또는 보호구역에의 출입을 통제하는 사람에 대하여 업무를 방해하는 행위 또는 폭행 등 신체에 위해를 주는 행위를 하여서는 아니 된다.

⑨ 항공운송사업자는 항공기가 이륙하기 전에 승객에게 국토교통부장관이 정하는 바에 따라 승객의 협조의무를 영상물 상영 또는 방송 등을 통하여 안내하여야 한다.

2018년 2월부터 시행되는 항공보안법 개정 시행령

2018. 2월 국토교통부에서 항공보안법 시행령을 개정하여 기내 폭행이나 출입문을 임의로 조작하는 등 항공기 안전운항을 저해하는 수준에 대한 처벌수위를 기존보다 대폭 상향 조정 하였다.(해당 시행령은 2018년 2월10일부터 시행되었다.)

개정안의 주요 내용은 다음과 같다.

1. 불법행위자에 대한 경찰 인도 의무화(제25조 제1항, 제51조 제1항 제5호의 2)

(현행) 인도의 절차만 기술 → (개정) 인도 의무화 및 위반 시 1천만원 이하 과태료

현행 법률은 항공기 안전운항을 위해 기장 등 승무원에게 사법경찰관의 권한을 부여하고, 기내에서 죄를 범한 범인을 경찰관서로의 인도 절차만 규정하고 있는바, 현행 절차규정을 의무규정으로 명시하여 기내 범죄자에 대한 법적 이행을 강화할 필요성이 있음

* 사법경찰관리의 직무를 수행할 자와 그 직무범위에 관한 법률 제7조 제2항에 따라, 항공기 내에서 항공보안법에 따른 죄를 범한 범인에 대하여 기장 등은 해당공항 관할 경찰에 반드시 인도하도록 의무화하고, 이를 위반한 기장 등이 속한 항공운송사업자에게는 1천만원 이하의 과태료를 부과하도록 하여 법률의 실효성을 확보하였다.

2. '기장의 업무 방해 행위'에 대한 벌칙기준 상향(제49조 제1항 신설)

- 기장 등 업무를 방해한 경우 : 최고 징역 5년·벌금 5천만원(현재) → 징역 10년·벌금 1억원(개정)
- 조종실 출입 기도, 기장 지시 불이행 : 징역 1년·벌금 1천만원(현재) → 징역 3년·벌금 3천만원(개정)

3. 항공기 내 소란행위 및 음주, 약물 후 위해행위에 대한 벌칙기준 상향 (제50조 제2항 신설)

- 항공기 운항 중 '폭언 소란 및 음주 위해행위' : 징역 3년·벌금 3천만원
- 항공기 계류 중 '폭언 소란 및 음주 위해행위' : 벌금 2천만원

• 기내 흡연, 성적 수치심 유발, 규정 위반 전자기기 사용 : 1천만원(운항 중), 5백만원(계류 중)

4. 승객의 협조의무 위반 시 처벌요건 중 '기장의 사전경고에도 불구하고'를 삭제 (제50조제2항, 제3항)

* **(항공보안법 제23조)** 기내 소란행위, 흡연, 음주 후 위해행위, 성희롱, 전자기기 사용

승객의 협조의무 위반은 항공기 안전운항을 저해하는 불법행위임에도 현행 규정은 '사전경고'의 문구를 두어 처벌의 구성요건으로 오해할 소지가 있고, 이에 범죄 구성요건으로 적합하지 않은 '사전경고'를 삭제하여 법률 적용의 실효성을 확보하고자 하며, 이는 불법행위에 대한 일반인의 인식 제고를 반영한 것이며 승객에게는 기내 불법행위 금지사항을 명시한 '기내방송'과 '안내책자'를 통하여 '사전경고'에 갈음하는 안내를 실시하고 있다.

* '항공운송사업자의 항공기 내 보안요원 운영지침' 개정·시행(2015.6.30.)

2016년 1월 19일 시행된 항공보안법과 더불어 승객의 안전에 위협을 줄 수 있는 행위 등 항공보안관련 사건·사고에 보다 신속하고 효율적인 대응이 가능할 것으로 예상되며, 국토교통부 관계자는 "이번 항공보안법 개정은 대한항공 회항사건(2014.12.5.)을 계기로 불법행위자에 대한 벌칙수준을 합리적인 수준으로 상향하는 내용으로, 항공기 내 안전확보 및 불법행위 방지에 대한 국민들의 높은 요구를 반영한 것이고, '이집트공항 러시아 여객기 폭발(2015.10.31.)', '프랑스 파리 동시다발 테러(2015.11.13.)' 등 최근의 사건들을 볼 때 특히 국제테러에 취약한 항공분야 테러방지를 위해 크게 도움이 될 것"이라고 설명하면서, "이번 개정을 통해 기내 불법행위에 대해 처벌이 크게 강화되고, 범인의 인도를 의무화함으로써 사법처리 절차도 엄격하게 적용됨에 따라 그간의 불법행위가 대폭 감소될 것으로 기대된다."고 말했다.

2. 음주, 난동, 만취, 폭력, 성희롱, 흡연, 집단행동, 기내 시설물 무단사용 : 기내 업무방해행위

최근 3년 사이 비행기에서 담배를 피우거나 소란을 일으켜 인천공항에서 적발된

항공보안법 위반 범죄가 급증한 것으로 나타났다.

2017년 9월 국회 국토교통위원회가 경찰청으로부터 제출받은 자료에 따르면 인천공항에서 발생한 전체 범죄는 2013년 373건에서 지난해 387건으로 소폭 늘었다. 올 7월까지는 205건이 발생했다. 이 중 항공보안법 위반 범죄는 2013년 14건에서 지난해 44건으로 3배로 급증했다. 올 7월 현재 63건으로 이미 지난해 발생 건수를 넘어섰다.

인천공항 내 범죄 발생 현황

구분	총계	죄종별(건)			
		흡연	추행 등	폭행(상해)	소란
2013년	14	12	0	1	1
2014년	44	31	3	2	8
2015년 1~7월	63	55	3	2	3
합 계	121	98	6	5	12

구분	총계	죄종별(건)				
		절도	점유이탈	폭행	항공보안법	기타
2013년	373	145	23	34	14	157
2014년	387	110	45	45	44	143
2015년 1~7월	205	43	30	19	63	50
합 계	965	298	98	98	121	350

항공보안법 위반은 기내 흡연이 많았고, 주로 화장실에서 몰래 담배를 피우다가 적발됐다.

2013~2018년 7월 사이 항공보안법 위반 121건 중 흡연이 98건으로 전체의 81%에 달했다. 2013년 12건에서 지난해 31건, 올 7월 현재 85건으로 급증세를 보였으며 항공보안법에서는 운항 중인 기내에서 담배를 피우면 500만원 이하 벌금을 물리도록 규정하고 있다. 또한 술에 취해 승객에게 시비를 걸거나 소리를 지르고 욕설을 하는 '소란' 행위도 2013~2018년 7월 사이 24건 발생했으며 여승무원의 허리를 감싸안거나 옆 좌석에 앉은 승객을 보며 음란행위를 하는 등의 성추행 행위 등이 6건, 비즈니스석으로 자리를 옮겨달라고 행패를 부리다 이를 제지하는 객실사무장/캐빈매니저나 여승무원을 때리는 등 폭행이 5건 있었다.

2013~2018년 7월 사이 인천공항 내 발생한 범죄 965건 중 가장 많이 차지하는 죄종은 절도로, 모두 298건에 달했다. 그다음이 항공보안법 위반이고, 남이 놔둔 물건을 들고 가 사용한 범죄인 점유이탈물횡령과 폭행(각 98건)이 뒤를 이었다. 따라서 최근 3년간 인천공항/비행 중인 항공기 내에서 항공보안법 위반 범죄가 급증하

고 있으며, 국내 항공기 이용객이 꾸준히 증가하는 데 비례해 상응하는 치안대책을 마련해야 한다.

기내 업무방해행위란 승무원의 정당한 직무집행을 방해하거나 승무원과 탑승객의 안전한 운항이나 여행을 위협하는 다음 일체의 행위를 말한다.

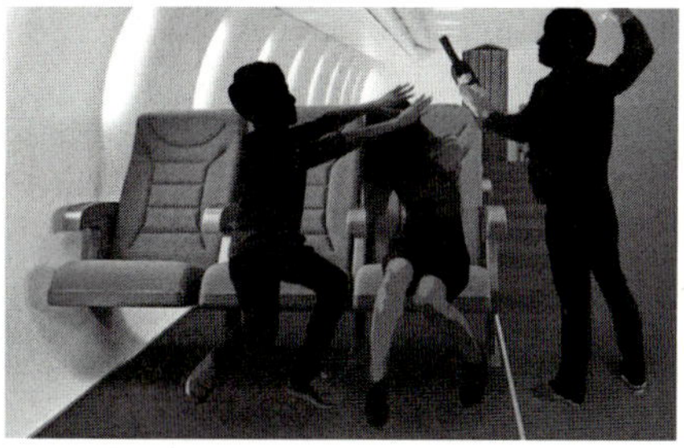

- 승무원 및 타 승객에 대한 폭행, 폭언, 협박, 위협행위를 포함한 소란행위
- 음주(만취) 및 약물중독으로 벌어진 소란행위
- 기내 흡연, 금지된 전자기기의 사용
- 승무원, 승객에 대한 성추행, 성희롱
- 기장의 승낙 없이 조종실 출입을 기도하는 행위
- 착륙 후 항공기에서 농성을 하거나 점거하는 행위
- 운항 중인 항공기의 도어핸들 조작, 화장실 내 연기감지기 훼손, 조종실 문을 발로 차는 행위

3. 기내 불법행위 발생 시 대응 절차

일반적으로 국내 FSC, LCC에서 2016년까지 기내불법행위 발생 시 아래와 같은 기내대응절차를 표준동작 으로 시행하여 왔으나 기내불법행위가 다양해지고 점차 난폭해짐에 따라 LEVEL 2인 '구두경고' '경고장 제시'를 기내상황에 따라 생략할 수 있고 바로 강력대응으로 제압할 수 있도록 항공사 대응매뉴얼을 개정하였으며 가능하면 테이져를 발포하는 대신 전기충격기 사용 권장, 신형포박기 사용하는 것으로 수정하여 시행하고 있다.

* (2013) 203건 → (2014 354건 → (2015년 10월) 369건 → 이러한 증가추세는 부분적으로 최근 보다 엄격한 법집행에 따른 것임. 특히, 최근 2015년 12월 '전직 권투선수 기내 소란 행위' 등 승객의 기내 난동행위의 정도가 항공기 안전운항에 심각한 저해 요인으로 작용하고 있고, 음주행위와 병행하여 나타나고 있으며, 타 범죄행위(폭력, 성희롱 등)로 확대되어 나타나는 경향이 있음을 감안하여 둘 때 폭언, 고성방가 등 기내 소란행위와 음주·약물복용 후 위해행위는 보다 강력한 처벌이 필요하여 현행 '5백만원 이하 벌금'에서 '1천만원 이하 벌금'으로 처벌수준을 상향하여 기내 불법행위를 방지하여야 한다.

기내 업무방해행위 대응 절차

기내 업무방해행위 유형

유형 1. 공격적이나 설득 가능 : Complied

유형 2. 공격적이며 대화 어려움 : Does Not Comply

유형 3. 범법적 성격 농후 : Criminal

기내 업무방해행위 대응 절차

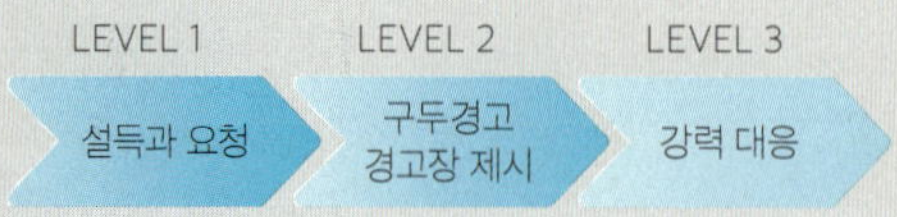

• LEVEL 1 : 설득과 요청

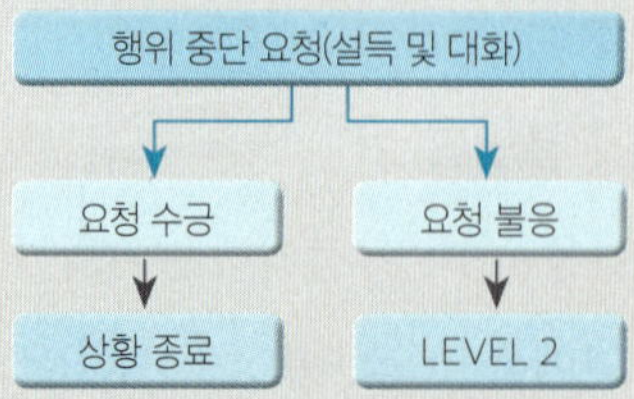

• LEVEL 2 : 구두경고 또는 경고장 제시

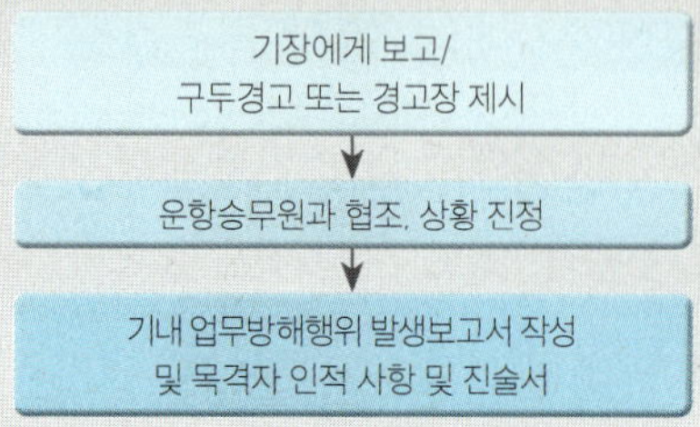

• LEVEL 3 : 강력 대응

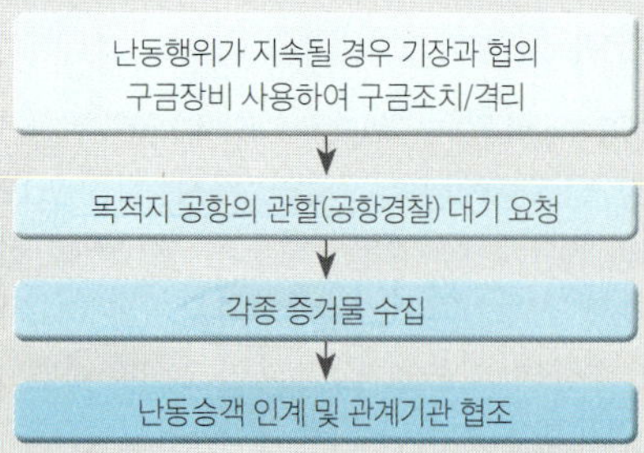

4. 기내 불법행위 발생 시 적극적인 경찰 인계(도착지 공항) 절차

❶ 기장은 기내 불법행위 발생 시 즉시 도착지 경찰에게 인계한다.

(불법행위자 경찰 인계의무 위반 시 기장이 속한 항공사에 1천만원 이하의 벌금. 2016. 1. 19. 부터 시행)

기내 불법행위 유형		경찰 인계 절차
중대한 불법행위	• 승무원 폭행 • 성적 수치심 유발 행위(성희롱 등) • 기내 흡연(전자담배, 유사흡연기구 포함) • 조종실 진입 기도행위 • 기내 출입문·탈출구 및 기기조작 행위	경찰 인계
경미한 불법행위	• 승무원 협박 및 업무방해 • 승무원 또는 승객 대상 폭언 등 소란행위 • 음주 후 위해행위 • 승객 간 폭행 • 허용되지 않은 전자기기 사용	경찰 인계

❷ 불법행위 발생 시 경찰 인계 절차

- 사무장, 캐빈매니저 : 기내 불법행위 발생 시 즉시 기장에게 보고 및 관련증거를 확보한다.
- 기장 : 불법행위 발생 시 반드시 목적지 경찰에게 인계한다.
  - 불법행위 인계 절차 : 통제센터를 통해 도착지 공항 경찰 출동 요청

❸ 불법행위 발생 시 녹화 등 증빙 확보 적극 실시

ⓐ 실시시기 : 기내 불법행위 발생 초기

ⓑ 실시방법 : 스마트 폰 이용 녹화 실시

- 녹화를 우선적으로 하되, 급박한 사정으로 불가한 경우 녹음 실시
- 승객에게 "녹화(녹음)를 시작하도록 하겠습니다."라고 안내 후 실시

ⓒ 사료선달 : 녹화(또는 녹음) 파일 경찰 인계

• 기내 흡연 제지를 위한 안내방송

안내 말씀 드리겠습니다.
기내에서의 흡연, 특히 화장실 안에서 담배를 피우시는 것은 비행기 안전을 직접 위협할 수 있으며 항공안전 및 보안에 관한 법률에 따라 엄격히 금지되 있습니다.
손님 여러분의 안전하고 쾌적한 여행을 위한 기내 금연 규정에 적극 협조해 주시기 바랍니다. 감사합니다.

Ladies and gentlemen/
For safety reasons,/ aviation law strictly prohibits smoking on the airplane,/ including in the lavatories./
Thank you for your cooperation./

• 기내농성 승객 하기 요청 방송문

안내 말씀 드리겠습니다.
항공보안법에 따라 비행기 안에서의 농성은 엄격히 금지되어 있습니다.
아직 하기하지 않은 손님께서는 조속히 내려 주시고 불편사항에 대해서는 공항 내 운영되고 있는 항공기 이용피해 구제 접수처의 안내를 받으시기 바랍니다.

Ladies and gentlemen/
In accordance with aviation security laws,/
it is strictly forbidden/ to make any unofficial demands in the cabin./
We request all passengers to deplane now./
Your complaint issue will be kindly addressed/ at the passenger service desk in the terminal./
Thank you for your cooperation./

• 기내 소란행위 자제 방송문

안내 말씀 드리겠습니다.
비행 중 한 곳에 모여 큰소리로 이야기를 나누시면 다른 손님들에게 큰 불편을 초래할 수 있습니다. 객실승무원의 안내에 따라 좌석으로 돌아가 주시기 바랍니다.

Ladies and gentlemen/
As a courtesy to other passengers on board,/ we ask you to refrain from making loud noises or gathering in large groups./
Please return to your seat as directed by cabin crew/ Thank you for your cooperation./

• 기내 난동승객 : 법적 대응 후 방송문

손님 여러분.
저는 여러분을 모시고 가는 사무장입니다.
조금전 기내 안전을 위협하는 행위가 계속되어 해당 손님을 불가피하게 억류하게 되었습니다. 이는 관련법규에 근거한 조치이니 널리 양해해 주시기 바랍니다. 원만한 사태해결을 위해 협조해 주신 손님들께 다시 한 번 감사드립니다.

Ladies and gentlemen/
This is purser speaking/
There was an unexpected cabin disturbance/ caused by one of passenger,/
/and it is now under control./
Thank you for your understanding/

5. 기내 업무방해행위 처벌 규정

2018년 시행, 항공기 계류 중/ 비행 중 항공보안법 처벌규정	
항공기 지상 계류 중	
폭언, 고성방가 등 소란행위	2천만원 이하 벌금
술을 마시거나 약물을 복용하고 다른 사람에게 위해를 주는 행위를 한 사람	상동
흡연을 한 사람	5백만원 이하 벌금
다른 사람에게 성적(性的) 수치심을 일으키는 행위를 한 사람	상동
지상 계류 중 금지된 전자기기를 사용한 사람	상동
항공기를 점거하거나 항공기 내에서 농성한 사람	3년 이하의 징역 또는 3천만원 이하의 벌금
항공기 운항 중	
위계 또는 위력으로써 운항중인 항공기의 항로를 변경	1년이상 10년이하 징역
폭행·협박 또는 위계로써 기장등의 정당한 직무집행을 방해	10년 이하의 징역 또는 1억원 이하의 벌금
항공기의 보안이나 운항을 저해하는 폭행·협박·위계행위 또는 출입문·탈출구·기기의 조작을 한 사람	10년 이하의 징역
항공기 내에서 다른 사람을 폭행한 사람	5년 이하의 징역
조종실 출입을 기도한 사람	3년 이하의 징역 또는 3천만원 이하의 벌금
기장등의 지시에 따르지 아니한 사람	상동

폭언, 고성방가 등 소란행위를 한 사람	상동
술을 마시거나 약물을 복용하고 다른 사람에게 위해를 주는 행위	상동
흡연을 한 사람	1천만원 이하 벌금
다른 사람에게 성적(性的) 수치심을 일으키는 행위	상동
운항 중 금지된 전자기기를 사용한 사람	상동

6. 항공보안법 제23조 위반 실제사례모음- "Role Play"

"이번 항목은 이론 강의 후 학생들이 역할연기(Role Play)로 사용할 수 있는 단원입니다."

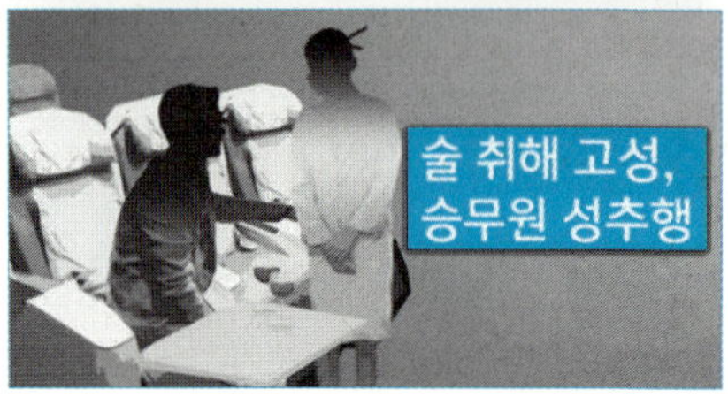

진행방법

- 4명(승객1,승무원3) 1조 편성, 기내업무방해행위 15개 사례 중 1개씩 골라 역할연기 가능
- 평가 : 각자 맡은 역할에 충실한 조 선택, 정해진 점수 부여

내국인의 해외여행객 수는 연휴의 증가와 휴가를 한꺼번에 사용하는 최근 추세 때문에 앞으로도 더욱 증가할 것으로 예측되며, 늘어나는 여행객의 수만큼 항공기를 이용하는 승객들의 항공기 내 에티켓이 심각한 문제로 대두되고 있다. 개개인의 무질서한 행위는 물론 어린아이를 동반하는 가족단위 여행객의 경우 같은 항공기를 타고 가는 다른 승객들에게 불편과 불만족을 전가하는 경우가 증가되고 있기 때문이다. 국토교통부는 2010~2018년 6월까지 비행 중 발생한 사고의 통계를 발표하였다. 전체 475건 가운데 흡연이 285건(60%)으로 가장 많고, 소란행위 90건(18.9%), 폭행·협박행위 45

건(9.5%), 성적 수치심 유발행위와 음주·약물사건이 각각 25건(5.3%)을 차지했고 비행 중 소란 등 다양한 유형의 비매너 사건이 점점 증가하는 추세에서 더 이상 위와 같은 불법행위는 남의 이야기가 아니다. 피해자는 바로 우리가 될 수가 있으며 해외여행 이용 시 공공의식을 가지고 나보다 남을 배려하는 자세가 필요한 시점이다. 이제 실제 비행 중 항공보안법 위반 사건을 살펴 보면서 법의 실제 적용사례를 보도록 하자.

항공보안법 제23조 위반 실제사례

2011년 11월 3일 오후 7시 20분 제주발 부산행 항공기 화장실에서 담배를 피운 혐의의 승객이 이를 제지하는 승무원에게 욕설과 함께 머리로 승무원의 얼굴부위와 입술을 들이받아 전치 3주의 상처를 입힌 혐의로 기소됨.

항공보안법 제23조 제1항 위반. 벌금 300만원

2011년 12월 7일 부산발 제주행 기내에서 50세 남성이 비행기 바닥에 누워 잠을 자기 시작했고 승무원이 지정된 좌석에 앉을 것을 권유하였다. 하지만 해당 남성승객은 승무원에게 '왜 깨우냐, 니가 뭔데'라며 욕설을 퍼부었고 주먹으로 승무원의 얼굴을 때리고 손으로 여성의 가슴부위를 가격하였으며 다른 승무원이 '경찰을 부르겠다'라고 경고했지만 오히려 '내가 어떻게 변할지 모르니 조심해라'하며 승무원을 위협하고 입에 담기 힘든 욕설로 위협한 혐의로 기소됨.

항공보안법 제23조 제1항 위반. 징역 1년 집행유예 3년 선고

2010~2016년 현재 항공기 내에서 휴대전화 등 전자기기를 사용하는 것은 비행기 기기의 공진현상과 오작동을 일으키기 때문에 법으로 금지되어 있으며 이를 위반하면 항공보안법 위반으로 처벌을 받게 됨. 이러한 사례는 너무 많아 기재 불가

항공보안법 제23조 제1항 위반. 500만원 이하의 벌금

2012년 3월 5일 오전 8시 김포공항발 부산행 기내에서 만취상태로 탑승한 김모씨가 승무원에게 폭언, 욕설 및 신체적인 위협을 가해 항공기 지연 및 승무원 업무방해행위로 기소됨.

항공보안법 제23조 제1항 위반. 1심에서 법정 최고형 구형

2012년 2월 20일 오후 5시 김포공항발 제주행 비행기에 폭발물을 설치했다는 장난전화를 건데 이어 같은 날 저녁과 다음 날 오전 KTX 열차에 폭발물을 설치했다고 장난전화를 함으로써 국가정보원 요원과 공항경찰대 기동대원 등이 수색작업을 벌이고 승객들이 해당 항공기의 탑승을 포기하는 등의 큰 불편을 초래하여 기소됨.

항공보안법 제23조 위반 1심에서 징역 2년 선고

2013년 일본 저비용 항공사의 항공기가 인천국제공항발 오사카행 비행기에서 승객 한 명이 이륙 직전 하기하였음에도 불구하고 기내 보안검색을 실시하지 않고 출발함.

조종사 및 객실승무원 일본 지방법원 재판회부

2013년 4월 15일 인천공항에서 출발하여 미국 로스앤젤레스로 향하는 기내에서 라면의 질에 대한 불만을 제기하던 한국 포스코 상무는 잡지책으로 객실승무원의 눈두덩을 폭행하였다.

항공보안법 제23조 제1항 위반. 해당 상무 사과문 게재, 사직 및 고액벌금 부과

2014년 3월 인천국제공항에 주기되어 있던 항공기에 폭탄을 적재하였다는 허위제보를 하고 공항 시설물에도 폭발물을 설치했다는 장난전화를 한 미성년자가 체포되어 기소됨.

항공보안법 제45조/제48조 공항운영방해죄/운항방해정보제공죄 위반

2014년 8월 9일 싱가포르발 인천행 항공기 내에서 싱가포르 승객이 승무원이 통로를 오갈 때마다 치마 속 부위를 카메라로 촬영하다 적발됨. 해당 승객은 경찰에서 부인하였지만 계속되는 추궁에 결국 자백함.

항공보안법 제23조 위반. 한국 입국 불가 및 추방

2014년 9월 8일 인천국제공항발 터키 이스탄불행 항공기에서 과다음주를 한 터키 승객이 승무원의 제지에도 불구하고 계속적인 주류 요구 및 폭언, 폭행을 하였고 급기야 항공기 갤리에 들어가 주류를 요구하다 기내 보안장비인 테이저 건을 맞고 기내 체포됨.

항공보안법 제23조 제1항 위반. 터키 자국에서 귀국 직후 긴급체포

2015년 1월 7일 인천국제공항발 샌프란시스코행 비행기 내에서 연예인 승객이 과다한 술을 마시고 기내에서 기장 사전 경고에도 불구하고 승무원 A씨의 왼쪽 팔을 잡고 휴대전화 번호와 호텔이 어딘지를 물었으며 다른 승무원에게 제지당한 뒤에도 한 차례 더 지나가던 A씨의 허리를 감싸안는 등 강제추행을 하고 다른 여승무원의 허리를 껴안는 등 소란을 부리며 주위 승객을 밀쳐내는 등의 폭력을 행사한 혐의로 기소됨.

항공보안법 제23조 제1항 위반. 징역1년 집행유예 2년 성폭력 치료 프로그램 이수

2015년 4월 17일 중국 다롄에서 선전으로 가던 여객기 안에서 앞 좌석 등받이를 너무 눕혔다며 20대 여성 2명과 50대 여성 2명이 시비가 붙었고, 상공 7,000m에서 벌어진 싸움 덕분에 결국 비행기는 장쑤성 난퉁공항에 비상착륙한 혐의로 기소됨.

중국공안법 위반, 즉시 기소되어 중국법정 1심 최고형 부과

2015년 12월 7일 오후 4시 35분 상하이(上海)를 출발해 미국 뉴욕으로 향할 예정이던 유나이티드 항공 UA 087편 여객기에서 한 남성이 난동을 부려 당국에 체포됐다. 이 남성은 애초 비상 탈출구를 열라고 요구했고 제멋대로 자리를 바꿔 앉았으며 승무원이 이를 제지하자 고래고래 소리를 지른 것으로 전해졌다. 또한 기장의 요청에 따라 출동한 공항 보안관들이 그를 끌어 내리려 하자 그는 도리어 경찰을 공격해 3명의 경찰관이 다친 것으로 전해졌다.

중국 국적자로 추정되는 이 남성의 이름은 '루용(盧勇)'으로, 미국 펜실베이니아주립대학에서 부교수로 재직 중이며 지난 8월 중국 쓰촨(四川) 성 청두(成都)의 서남재경대학에 단기교수로 채용되었다.

중국 공안당국에 의해 공무집행방해, 기내 난동으로 체포되어 재판 대기 중이고 대학에서 즉각 해임

2015년 12월 17일 전직 권투선수 A씨는 12일 오후 7시 20분께 제주행 B사 항공기에서 소주가 담긴 물병을 몰래 갖고 탑승한 후 옆 좌석 승객에게 술을 권하고, 이를 제지하는 승무원들에게 약 30분 동안 폭행과 협박을 하는 등의 난동을 부렸다.

이에 승무원들이 남성 승객들과 합세해 수갑으로 피의자를 제압한 후 김포공항 경찰대에 인계했다.

2015년 12월 24일 재판 대기 중이며 상당한 금액의 벌금/징역형이 예상

2016년 12월 20일 베트남 호치민 공항에서 인천공항으로 오는 국내항공사 B737-800 비행기에서 국내 굴지의 화장품, 뷰티업종 생산회사인 두 * 물산의 대표이사 아들, 임 * *(남, 34세)가 술에 취해 폭력을 휘두르고 승객 얼굴에 침을 뱉는 등.... 기내 난동을 피워 미국의 유명한 가수인 리처드 막스(Richard Max, 1963년생) 및 기내 정비사에게 제압당한 사건이 발생하였다.

항공보안법 제23조 1항 위반 구속영장 청구되었고 징역형이 부과될 예정임. 또한 해당 항공사의 블랙리스트에 올라 영원히 탑승금지 승객이 되었다. 난동을 제압한 기내 정비사에게는 공로표창이 수여되었다.

기내 비상신호, 긴급신호의 통합

2021년 까지 대부분의 항공사에서 기내 비상신호와 긴급신호를 분리해서 사용하였으나 2021년부터 대한항공 및 일부 항공사에서 비상신호, 긴급신호를 통합하여 "비상긴급신호(Emergency Alert Signals)"로 명칭하여 사용하고 있고 추후 전체 항공사로 옮겨질 예정이다.

기종별 비상긴급신호(Emergency Alert Signals)를 객실 인터폰에서 발신방법 하는 방법은 아래와 같다.

기종	발신방법
A380	• 인터폰(Handset)의 "EMER"을 1초이상 누른다
B747/B777/B787-9/A220	• 인터폰(Handset)의 "*" BUTTON을 2회 누른다
A330	• 인터폰(Handset)의 "PRIO CAPT" BUTTON을 누른다
B737	• 인터폰(Handset)의 "2" BUTTON을 3회 누른다

B737

비상긴급신호(Emergency Alert Signals) : “2” BUTTON 3회 누름

B747/B777/B787-9/A220

비상긴급신호(Emergency Alert Signals) : “*” BUTTON을 2회 누름

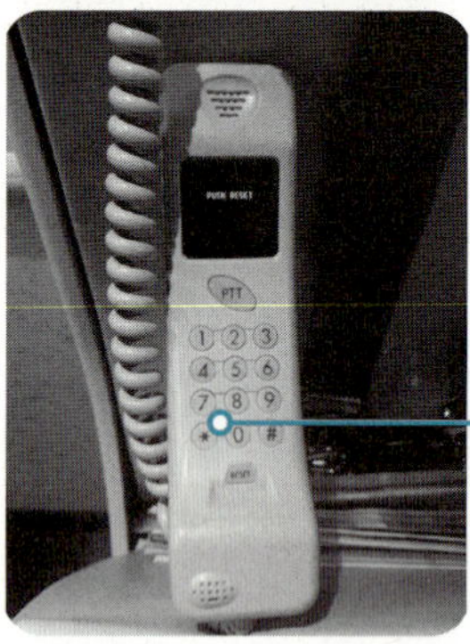

A330

비상긴급신호(Emergency Alert Signals) : "PRIO CAPT" BUTTON 누름

A380

비상긴급신호(Emergency Alert Signals) : "EMER"을 1초 이상 누름

Chapter 05

착륙 후 안전, 보안 실무

본장을
학습하면
여러분은...

- 객실 안전 규정에 따라 이동승객을 제지하고, 착석상태 유지를 안내할 수 있다.
- 객실 안전 규정에 따라 승객의 유실물을 점검하고, 조치할 수 있다.
- 객실 안전 규정에 따라 기내설비 이상 유무를 점검하고, 보고할 수 있다.

인용출처 : NCS 홈페이지-항공객실서비스

1 이동승객 제지 및 착석상태 유지

항공기 착륙 후 모든 승객은 항공기가 게이트(Gate)에 접안하여 완전히 정지 시까지 좌석에 착석한 상태로 있어야 한다. 따라서 객실승무원은 미리 하기하기 위해 서두르거나 일어서는 승객이 있으면 위험하므로 일어나지 않도록 하고 일어서는 승객은 철저히 규제하여 착석상태를 유지하도록 해야 한다.

도착 후 착석상태 유지 안내방송

손님 여러분.
이곳 00공항의 활주로와 주기장 사이의 거리가 멀어 터미널까지 도착이 지연되고 있습니다. 좌석벨트 표시등이 꺼질 때까지 자리에 앉아 기다려 주시기 바랍니다.

Ladies and gentlemen/
Due to the long distance between the terminal/ and runway at 00 international airport,/ it will take a few more minutes./ Please/ remain seated/ until the captain has turned off the seatbelt signs./
Thank you for your understanding./

2 항공기 정지 후 승무원 업무

1. 세이프티 체크(Safety check : 슬라이드 모드 변경) 및 도어 오픈

- 항공기가 Parking Area에 완전히 정지한 후 객실사무장/캐빈매니저의 세이프티 체크 방송에 맞추어 전 승무원은 슬라이드 모드(slide mode)를 정상위치로 변경하고 상호 확인한 후에 객실사무장/캐빈매니저에게 보고한다.

A330 항공기 정상위치

- 세이프티 체크(Safety Check) 후, 기내 조명 시스템이 설치된 스테이션의 담당승무원은 기내조명을 최대 밝은 조명(full bright)으로 조절한다.
- 모든 객실승무원은 승객 하기를 위해 도어를 열기 전 슬라이드 모드의 정상위치 여부, 장애물 유무를 확인한다. 객실사무장/캐빈매니저는 좌석벨트 표시등(Fasten seatbelt sign)이 꺼졌는지 확인한 후에 항공기 외부 지상 직원에게 도어 오픈을 허가하는 수신호를 하여 지상 직원이 출입문을 열도록 한다.(단, B737 기종은 외부 직원의 수신호를 접한 후 내부에서 도어를 연다)

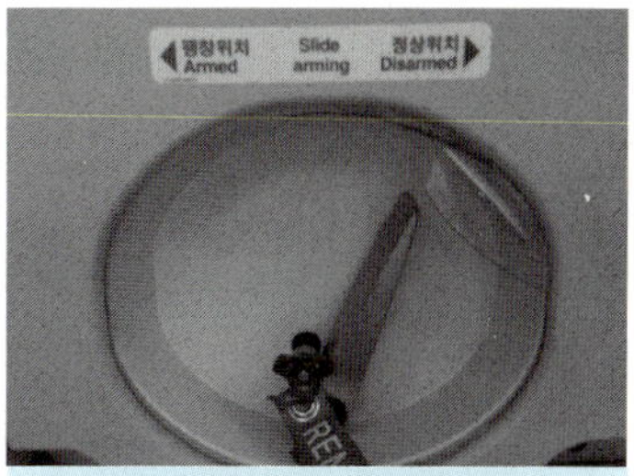

A380 항공기 정상위치

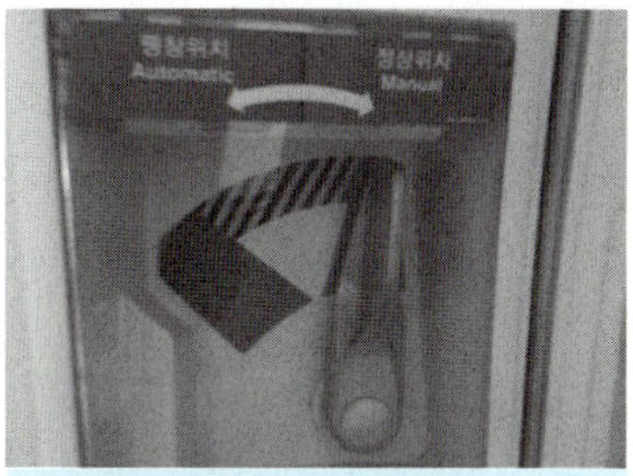

B777 항공기 정상위치

외부에서 도어 열어도 좋음.

항공기 내부에서 보내는 도어 오픈 정상 신호

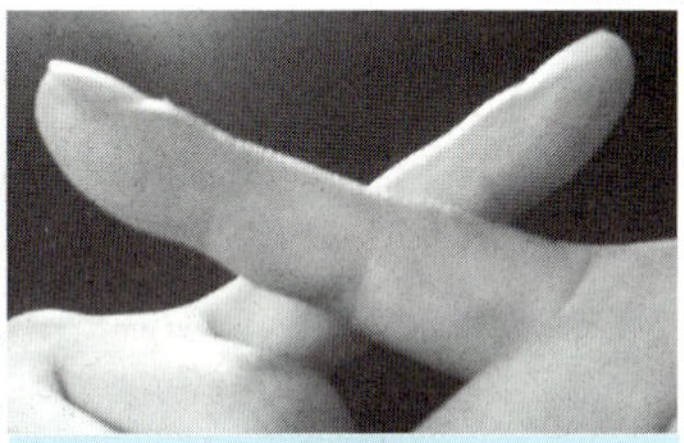
외부에서 도어 열지 마시오.

항공기 내부에서 보내는 도어 오픈 비정상 신호

- 출입문을 연 후에 객실사무장/캐빈매니저는 운송 담당 직원에게 운송관련 서류(ship pouch)를 인계하고, 특별 승객, 운송 제한 승객 등 승객 하기 업무 수행에 관한 필요사항을 구두나 문서로 전달한다.

항공기 도어가 열린 모습

항공기 Ship Pouch

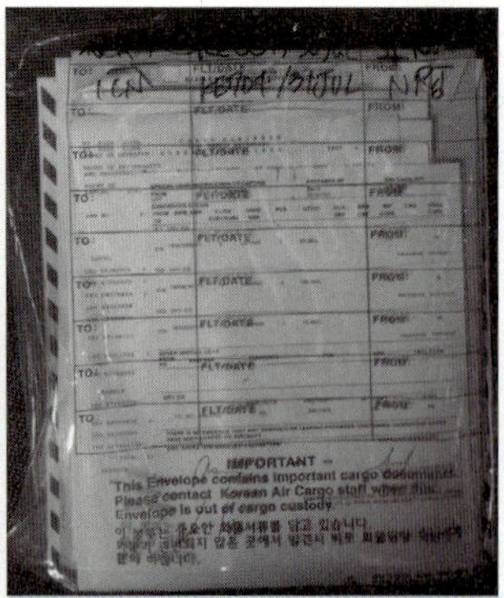

항공기 화물서류

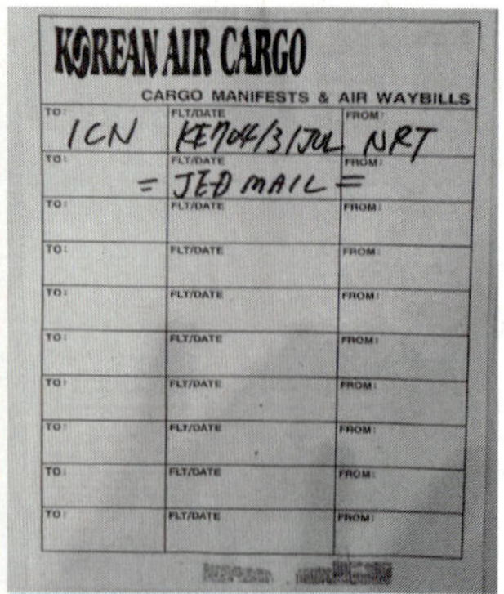

항공기 서류봉투

CIQ
Customs(세관)
Immigration
(출입국관리)
Quarantine(검역)

- CIQ(세관/출입국/검역소) 관계 직원에게 입항서류를 제출하고, 공항 특성상 검역 또는 세관의 하기 허가가 필요한지 확인한다.
- 승객 하기는 현지공항 당국의 하기 허가를 얻은 후 실시되어야 하며, 모든 절차가 끝난 후에 객실사무장/캐빈매니저는 승객 하기 방송을 실시한다.

2. 승객 하기

- 승객 하기 때 승무원은 해당 클래스별, 각자의 담당구역별로 승무원 좌석 주변에서 승객에게 하기 인사를 하고 승객 하기가 순조롭게 진행되도록 협조한다.

- 비동반소아(UM), 장애인 승객, 유아 동반 승객, 노약자 승객, 짐이 많은 승객 및 제한 승객 등 승무원의 도움을 필요로 하는 승객에게 휴대수하물 정리를 도와주고 하기에 협조한다.
- 그외 무사증 통과자(TWOV) 및 강제 추방자(deportee)의 인수인계 및 환승승객의 재확인도 함께 실시한다.
- 일반적인 승객 하기 순서는 응급환자 → VIP, CIP → 일등석 승객 → 비즈니스 승객 → 비동반소아(UM) → 일반석 승객 → 장애인 승객(Wheelchair) → 스트레처 환자승객(Stretcher) 순으로 하기한다.

3 승객 유실물(Left Behind Item) 점검과 처리절차

객실승무원은 승객 하기 완료 후 유실물 점검을 최우선적으로 실시하고 특히 상위클래스는 지상조업 개시 전 유실물 점검을 하여 발견되는 유실물은 승객에게 즉시 전달될 수 있도록 하며 유실물 점검 시 좌석 주변 및 Seat Pocket을 먼저 실시하고 이후 다음의 순서에 따라서 순차적으로 점검해야 한다.

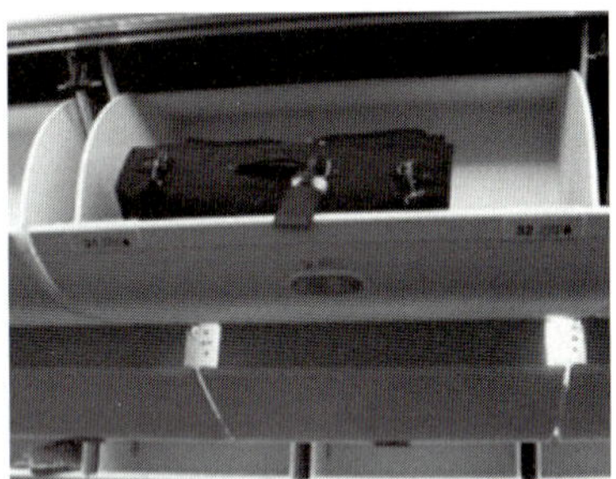

승객이 오버헤드빈에 두고 내린 가방

❶ 오버헤드빈(Overhead Bin)

❷ 코트룸(Coat Room)

❸ 화장실(Lavatory-잔류 승객 유무도 함께 체크한다)

승객 유실물 발견 시 객실사무장/캐빈매니저에게 유실물의 발견장소, 시각, 내용을 보고해야 하고 하기 중인 승객에게 기내방송을 통해 공지한다.

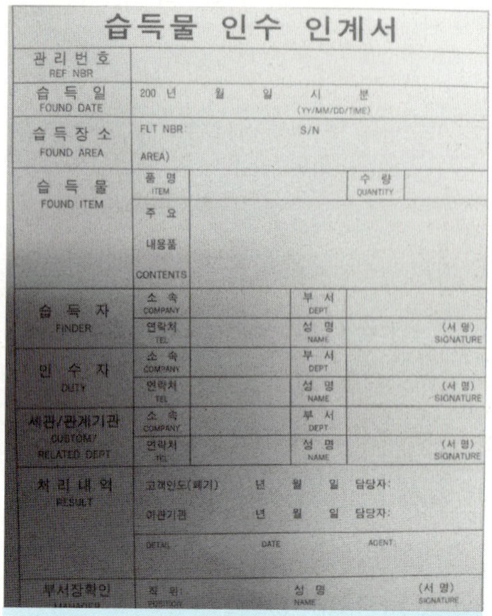

습득물 인수 인계서

관리번호 REF NBR				
습득일 FOUND DATE	200 년 월 일 시 분 (YY/MM/DD/TIME)			
습득장소 FOUND AREA	FLT NBR: S/N AREA)			
습득물 FOUND ITEM	품명 ITEM		수량 QUANTITY	
	주요 내용품 CONTENTS			
습득자 FINDER	소속 COMPANY		부서 DEPT	
	연락처 TEL		성명 NAME	(서명) SIGNATURE
인수자 DUTY	소속 COMPANY		부서 DEPT	
	연락처 TEL		성명 NAME	(서명) SIGNATURE
세관/관계기관 CUSTOM/RELATED DEPT	소속 COMPANY		부서 DEPT	
	연락처 TEL		성명 NAME	(서명) SIGNATURE
처리내역 RESULT	고객인도(폐기) 년 월 일 담당자:			
	이관기관 년 월 일 담당자:			
	DETAIL DATE AGENT			
부서장확인	직위: POSITION		성명 NAME	(서명) SIGNATURE

기내 습득물 인수인계서

소유주가 나타난 경우 해당 유실물의 소유주 확인을 하여 돌려주고 소유주가 나타나지 않을 경우 습득물 인수인계서 작성 후 원본 1부는 유실물과 함께 도착지 지상 직원에게 인계하고, 사본 1부는 사무장 인수인계 서류(Purser's Flight Report)와 함께 제출한다.

4 기내설비 이상 유무(Squawk) 점검

승객 하기 후 객실승무원은 별도 보고가 필요한 사항, 모든 기내설비 문제점, 기내 낙수현상, 기내 온도 이상을 취합하여 객실사무장/캐빈매니저에게 최종 보고한다. 기내설비 문제점이란 Airshow, 객실 내 통신장치, 조명, 좌석, 헤드빈, 갤리시설, 기내 코트룸, 오디오/비디오시설, 화장실 및 객실에 장착되어 있는 모든 시설을 말하며 객실사무장/캐빈매니저는 객실정비기록부 CL(Cabin Log)에 상기사항을 적어 다음 비행에 이상이 없도록 정비사에게 인계하여야 한다.

정비기록부 CL

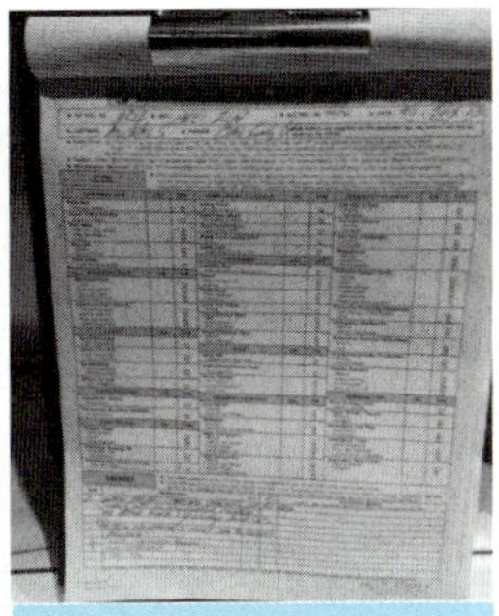
내용기록 페이지

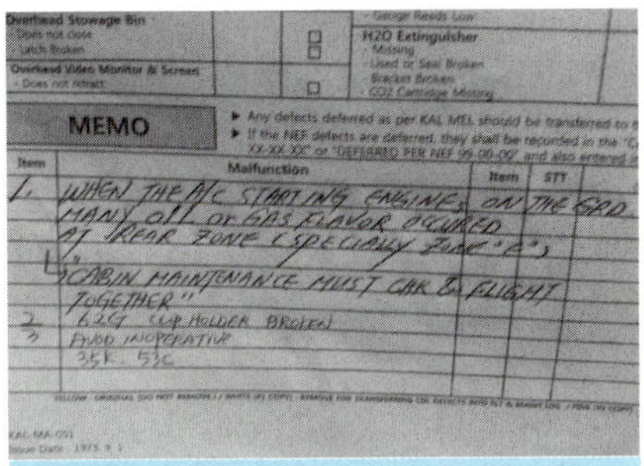

실제 저자가 기록한 정비일지

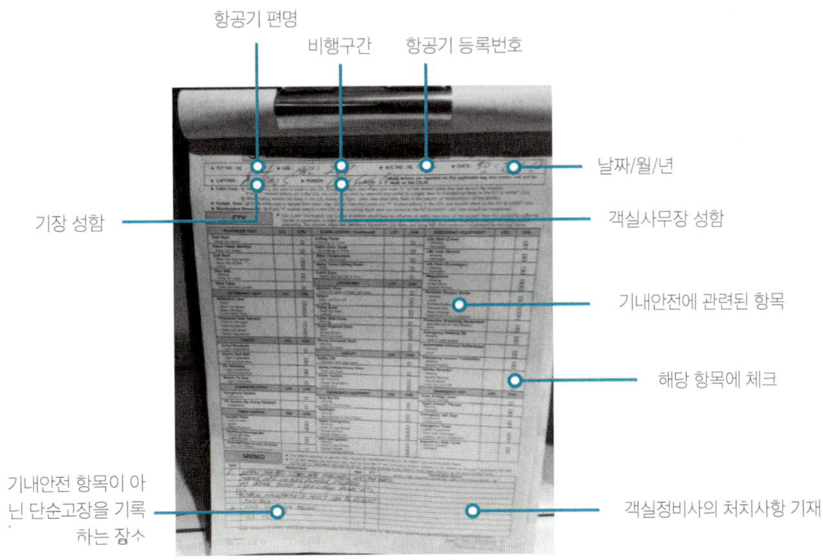

객실정비기록부는 총 3부로 되어 있으며 제일 위쪽 부분의 장이 노란색, 두 번째 장이 하얀색, 세 번째 장이 분홍색으로 되어 있으며 기재사항 기록 후 두 번째 페이지를 절취하여 운항승무원에게 전달하고 운항승무원은 운항일지에 기록 후 폐기한다. 노란색/ 분홍색 페이지는 정비본부에서 관리한다.

1. 객실정비기록부 CL(Cabin Log) 기재방법

- 모든 기록사항은 국내/국외 현지 정비사가 이해할 수 있도록 영어로 기재한다.(영어 기록사항은 아래 부분의 전문용어를 사용하여 기록하는 것을 권장한다)
- CL(Cabin Log) 위 부분은 객실안전(Cabin Safety)에 관한 사항을 기재하고 아래쪽 Memo란은 안전에 관한 사항 이외의 모든 설비 이상을 기록하며 객실승무원이 기록할 경우 1, 2, 3…의 순서로 기록하고 객실정비사가 기록할 경우에는 A, B, C…의 순서로 기록해야 한다.
- 객실승무원이 기록한 객실안전사항(Cabin Safety) 외 모든 정비사항에 대하여,(Memo란 왼쪽에 기재) 객실정비사는 설비의 수리사항 및 완료 상태에 대해 기록하여야 한다.(Memo란 오른쪽에 기재)

2. CL(Cabin Log)에 기내설비 결함 기록 시 사용하는 용어

구분	결함 내용	작성 방법
Air conditioning	찬 공기가 나옴	cold air draft
	소음이 발생함	makes noise
	세게 나옴	high air flow
	약하게 나옴	low air flow
	작동 불능	inoperative
	기름 냄새가 남	smell of oil
Air chiller	시원하지 않음	not chill enough
	작동 불능	inoperative

구분	결함 내용	작성 방법
Armrest	손상됨	damaged
	더러움	dirty
	움직이지 않음	not move
	잘 움직이지 않음	not move easily
	목표위치까지 움직이지 않음	not move fully to target position
	느슨함	loose
Armrest tray table	경사짐	tilted
	더러움	dirty
	움직이지 않음	not move
	잘 움직이지 않음	not move easily
	목표위치까지 펼쳐지지 않음	not move fully to target position
	느슨함	loose
	손상됨	damaged
	거슬리는 소리가 남	makes noise
Attendant call button	작동 불능	inoperative
Attendant call indicator	켜지지 않음	not illuminate
	꺼지지 않음	stays illuminated
	손상됨	damaged
	소리가 들리지 않음	audio inoperative
	상태 불량(결함사항 기술)	bad quality
	작동 불능	inoperative
	볼륨 조절이 안 됨	volume control malfunction
	채널 선택이 되지 않음	channel selection malfunction
Baby bassinet	손상됨	damaged
	느슨함	loose
	더러움	dirty
Baby bassinet attachment	느슨함	loose
	손상됨	damaged

구분	결함 내용	작성 방법
Baby nursing table	손상됨	damaged
	잘 움직이지 않음	not move easily
	목표위치까지 펼쳐지지 않음	not move fully to target position
	느슨함	loose
	소음이 발생함	makes noise
Backrest	손상됨	damaged
	더러움	dirty
	움직이지 않음	not move
	잘 움직이지 않음	not move easily
	목표위치까지 움직이지 않음	not move fully to target position
	느슨함	loose
Boarding music	볼륨이 너무 낮음	volume too low
	볼륨이 너무 높음	volume too high
	소음이 발생함	makes noise
	작동 불능	inoperative
	넘침	overflow
Coffee maker indicator	light가 켜지지 않음	not illuminate
Door(Lavatory, Crew rest area, coat room)	손상됨	damaged
	문이 열리고 닫히지 않음	not open/close easily
	소음이 발생함	makes noise
Footrest	더러움	dirty
	움직이지 않음	not move
	잘 움직이지 않음	not move easily
	목표위치까지 움직이지 않음	not move fully to target position
	느슨함	loose
	소음이 발생함	makes noise
Galley drain	막힘	clogged
Galley water faucet	새어 나옴	leaks
	작동 불능	inoperative
	물이 지속적으로 나옴	supplies water continuously

구분	결함 내용	작성 방법
Humidification	아주 건조함	too dry
	아주 습함	too wet
In arm monitor	손상됨	damaged
	더러움	dirty
	움직이지 않음	not move
	잘 움직이지 않음	not move easily
	목표위치까지 세워지지 않음	not move fully to target position
	느슨함	loose
	소음이 발생함	makes noise
Individual video monitor	화면상태 불량	screen malfunction
In seat audio	작동 불능	inoperative
	소리 조절이 안 됨	volume control malfuntion
	채널 오작동	channel selection malfunction
Light(Ceiling, threshold, galley, wall, lavatory)	꺼지지 않음	stays illuminated
	손상됨	damaged
	켜지지 않음	not illuminate
	깜빡거림	flickering
	저절로 꺼짐	goes off automatically
	저절로 켜짐	illuminates automatically
Microwave	냄새가 남	bad smell
	손상됨	damaged
	더러움	dirty
	문의 여닫음이 되지 않음	door inoperative
	작동 불능	inoperative
	소음이 발생함	makes noise
Monitor	상태 불량	bad quality
	작동 불능	inoperative
	화면이 흐림	out of focus

구분	결함 내용	작성 방법
Outlet/Socket	손상됨	damaged
	더러움	dirty
	작동 불능	inoperative
	느슨함	loose
Oven	냄새가 남	bad smell
	손상됨	damaged
	더러움	dirty
	문의 여닫음이 되지 않음	door inoperative
PA	소리가 너무 큼	volume too high
	소리가 너무 작음	volume too low
	작동 불능	inoperative
	소음 발생	makes unwanted noise
PRAM	소리가 너무 큼	volume too high
	소리가 너무 작음	volume too low
	소음이 발생함	makes noise
	작동 불능	inoperative
Projector	상태 불량	bad quality
	작동 불능	inoperative
	화면이 흐름	out of focus
Reading light	각도 조절이 필요함	adjustment necessary
	꺼지지 않음	stays illuminated
	켜지지 않음	not illuminate
Reading light	깜빡거림	flickering
	옆 좌석이 꺼짐	goes off at incorrect seat
	옆 좌석이 켜짐	illuminates at incorrect seat
	저절로 꺼짐	goes off automatically
	저절로 켜짐	illuminates automatically
	더러움	dirty
Refrigerator	시원하지 않음	not chill enough
	작동 불능	inoperative

구분	결함 내용	작성 방법
Seat	손상됨	damaged
	더러움	dirty
	젖음	wet
Seatbelt	손상됨	damaged
	더러움	dirty
	작동 불능	inoperative
Toilet bowl	흡입이 잘되지 않음	suction operates not sufficent
	넘침	overflow
	물이 나오지 않음	water not flow
	물이 계속해서 흘러나옴	water flows continuously
Tray table	기울어짐	tilted
	더러움	dirty
	쉽게 움직이지 않음	not move easily
	움직이지 않음	not move
	목표위치까지 펼쳐지지 않음	not move fully to target position
	느슨함	loose
	소음이 발생함	makes noise
	손상됨	damaged
Trash compactor	문의 여닫음이 되지 않음	door inoperative
	작동 불능	inoperative
	정상적으로 작동하지 않음	malfunction
	새어나옴(물, 기름)	leaks
Water boiler	물이 뜨겁지 않음	not hot enough
VCR	작동 불능	inoperative
	테이프를 뺄 수 없음	tape not ejected
	손상됨	damaged
Lavatory faucet	더운 물이 나오지 않음	not supply warm water
	작동 불능	inoperative
	새어 나옴	leaks
	물이 계속해서 흘러나옴	supplies water continuously
	너무 뜨거운 물이 나옴	supplies too hot water

Chapter

06

항공기로부터의 **비상탈출** 실무

본장을
학습하면
여러분은...

- 객실 안전 규정에 따라 비상시 탈출 요령에 대한 절차를 학습 후, 이미지 트레이닝(Image Training)을 할 수 있다.

인용출처 : NCS 홈페이지-항공객실서비스

1 비상착륙(Emergency Landing)과 비상착수(Emergency ditching)-"Role Play"

"이번 항목은 이론 강의 후 학생들이 역할연기(Role Play)로 사용할 수 있는 단원입니다."

진행방법

- p151, 비상탈출 전 승객브리핑-조당 6명(객실사무장1,부사무장1.일반승무원4)
- p152, 충격방지자세-조당 2명(일반승무원2)
- p155, 비상탈출구 작동 및 탈출-조당 2명(선임여승무원1,아일담당1)
- p157, 비상구 유도 명령어 샤우팅-조당 2명(선임여승무원1,아일담당1)
- 총4개 역할연기 가능
- 평가: 각자 맡은 역할에 충실한 조 선택, 정해진 점수 부여

항공기가 운항 중 또는 이/착륙 중 뜻하지 않은 비정상상황과 조우하게 되어 긴급히 육지에 착륙하는 것을 비상착륙(Emergency Landing)이라 하고, 육지에 착륙할 수 없는 상황에서 바다나 강, 대형호수에 착륙하는 것을 비상착수(Emergency ditching)라고 칭한다.

항공기 비상사태 중 비상착륙(수)에는 준비된 비상착륙(수)과 준비되지 않은 비상착륙(수)의 두 가지 종류가 있다.

준비된 비상착륙(수)은 조종실, 객실승무원, 탑승한 승객이 비상착륙(수)에 대한 준비를 실시할 시간이 있는 경우로 준비시간이 충분한 경우를 말한다.

비상착륙(수) 전 시간이 있다는 것은 승무원으로 하여금 비상사태에 대비하여 객실을 준비하고

승객에게 비상사태에 대한 안내방송으로 탈출을 위한 안전브리핑을 할 수 있다는 것을 의미하며, 준비되지 않은 비상착륙(수)인 경우 승무원에게 비상사태에 대비할 시간이 전혀 주어지지 않는, 즉 조종실 조차도 인지할 수 없는 비상사태의 경우를 말한다. 이러한 형태의 비상사태는 주로 이착륙 시 제일 많이 발생하고 사전예고가 전혀 없는 경우가 일반적이다. 이러한 두 종류의 비상사태 발생 시 승무원과 승객을 위해 다음과 같은 기본원칙에 의거해 비상사태 대응절차를 수립할 수 있으며 기본적인 비상사태 처리절차는 비상착륙 시, 비상착수 시 동일하다. 그러나 비상착수인 경우 안정성이 취약한 수면 위에서 탈출한 승객과 승무원의 생존에 대한 문제가 추가로 발생한다. 따라서 비상착륙(수) 시에는 아래와 같은 3대 전제를 먼저 구상하고 비상상황 방송 및 탈출절차에 임하여야 한다.

비상탈출 시 고려사항

충격으로부터 생존(Survive from the Impact)
항공기로부터 탈출(Escape from the Aircraft)
환경으로부터 생존(Survive from the Elements)

❶ 객실 준비 - 준비된 비상탈출

잔여시간에 따른 준비항목

충분한 시간이 있을 경우

- 승무원 간 의사소통 및 협의
- 승객브리핑
- 협조자 선정 및 브리핑
- 객실/Galley 점검
- 최종 점검

부족한 시간일 경우

매우 부족한 경우

- 승무원 간 의사소통 및 협의
- 객실/Galley 점검
  - 좌석 등받이, 좌석벨트, Tray-table 원위치
- 승객브리핑
  - 구명복/비상탈출구/충격방지자세
- 최종 점검

❷ 의사소통 및 협의 - 객실 준비

기장과 객실사무장/캐빈매니저

- 기장은 비상사태의 유형(착륙/착수), 잔여시간, 비상신호등을 객실사무장/캐빈매니저에게 브리핑한다.

객실사무장과 승무원

- 기장과 브리핑한 정보를 객실승무원에게 전달
- 비상사태 Checklist 준수 지시
- 비상사태 유형 및 준비 가능시간을 고려하여 객실준비 절차 수립
- 신속한 탈출준비를 위한 승무원 간 상호 협의
- Duty 재확인
- 필요 시, 비상착륙(착수) 안내방송 실시
- 객실조명은 Full Bright, Entertainment System Off

❸ 승객브리핑 - 객실 준비

- 객실사무장(캐빈매니저)이 단계별 기내 방송 실시
- Catering Item 보관
- 좌석 등받이, Tray table, 개인용 Monitor, Footrest 원위치
- 탈출차림 준비
- 모든 신발을 벗음(착수 시)
- 휴대품 보관상태 확인
- 충격방지자세 시범 및 연습
- 탈출구 위치 안내
- Safety Information Card 안내

❹ 협조자 선정 및 객실 점검 - 객실 준비

- 탈출구별로 3명의 협조자 선정
- 이동 불가 승객을 위한 협조자 선정
- 객실 점검 및 고정
- Galley 내 고정
- 최종 점검

협조자 모집 방송문

손님 여러분
여러분 중에 항공사 직원, 경찰, 소방관 또는 군인이 계시면 승무원에게 알려 주시기 바랍니다. 여러분의 도움이 필요합니다.

Ladies and gentlemen/
If there are any airline employees,/ law enforcement,/ fire rescue or military personnel on board,/ please identify yourself to the Cabin Crew./ We need your assistance.

2 30 Seconds Review(비상탈출 절차를 상상해 보는 것)

이, 착륙 안전점검이 끝난 후 전 승무원은 각자 기종별, 담당구역별로 지정된 승무원 전용좌석(Jump Seat)에 착석하여야 하며, 항공기 급정거나 충돌에 의한 부상을 방지하기 위해 반드시 승무원용 좌석벨트와 어깨안전띠(Shoulder Harness)를 착용해야 한다. 이, 착륙 시 승무원의 착석자세는

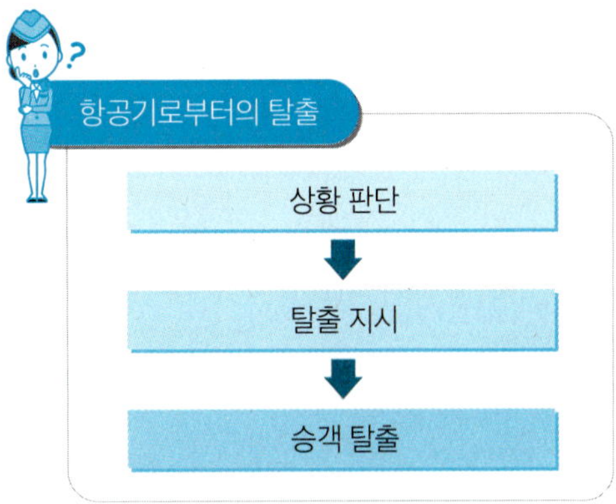

❶ 좌석벨트를 허리 아래쪽으로 고정하고
❷ 몸을 세워 승무원 좌석에 단단히 기대어 앉아야 하며
❸ 발바닥을 바닥에 붙힌 뒤
❹ 양손의 손바닥을 위로 향하게 하여 다리 밑에 깔고 앉아야 한다.

그리고 이착륙 동안 항공기 사고 발생 시 자신의 역할에 대한 연상을 해보는 것을 30초 리뷰(30 Seconds Review)라고 하며, 30 Seconds Review 시에는 아래 8가지 항목을 중심으로 생각해 보아야 한다.

- 비상장비의 위치와 작동법
- 비상구 위치와 작동법
- 비상탈출 순서
- 비상탈출 시 도움을 줄 수 있는 승객
- 충격방지자세의 명령
- 승객의 통제
- 판단 및 조정
- 탈출 지휘 및 대피

30 Seconds Review 시 비상시 탈출구 개방 순서를 숙지한다.

탈출구 작동 순서

- Door Mode 확인
- Door Open
- 승객 통제
- 외부 상황 판단
- Manual Inflation 당김
- 팽창 확인

30 Seconds Review 시 탈출을 위한 명령어를 숙지한다.

탈출 명령어			
탈출구 정상		탈출구 불량	
탈출구 정상	Good Exit	탈출구 불량! 화재 발생!	Bad Exit! Fire!
짐 버려	Leave Everything	건너편으로!	Cross Over!
이쪽으로	Come This Way	저쪽으로!	Go that Way!

30 Seconds Review 시 탈출구 상황 판단에 대해 숙지한다.

상황	가능한 탈출구	상황	가능한 탈출구
	모든 탈출구		화재 발생 반대쪽 탈출구

상황	가능한 탈출구	상황	가능한 탈출구
	앞쪽의 낮은 탈출구/Overwing Window Exit		뒤쪽의 낮은 탈출구/Overwing Window Exit
	수면 위의 탈출구		

3 비상탈출 전 승객 브리핑 - "Role Play"

비상탈출 전 기내 승객브리핑은 승무원 정복을 착용(비상착륙), 구명복을 착용하고(비상착수) 승객에게 비상탈출구 위치를 확인시키며 충격방지자세 내용에 대해 설명해야 하고, ① 준비시간이 충분한 경우, ② 준비시간이 부족한 경우로 나누어 설명한다.

❶ 준비시간이 충분한 경우

- 좌석 등받이 Tray table, 개인 모니터, Footrest를 원위치시킨다.
- 탈출차림을 점검한다.
- 신발을 벗는다.(비상착수)
- 휴대수하물을 정리하여 보관한다.
- 구명복을 착용한다.(비상착수)
- 좌석벨트를 착용한다.
- 승객에게 충격방지자세를 설명한다.
- 승객에게 비상탈출구 위치를 확인시킨다.
- Safety Information Card 내용을 숙지시킨다.
- 금연을 유지시킨다.

❷ 준비시간이 부족한 경우

- 구명복을 착용한다.(비상착수)

- 승객에게 비상탈출구 위치를 확인시킨다.
- 승객에게 충격방지자세를 설명한다.
- 비상탈출 시 도움이 필요한 승객들(UM, 장애인, 노인승객 등)에게 승객브리핑 내용을 개별적으로 브리핑하여야 한다.

항공기 충돌 시 안전한 자세

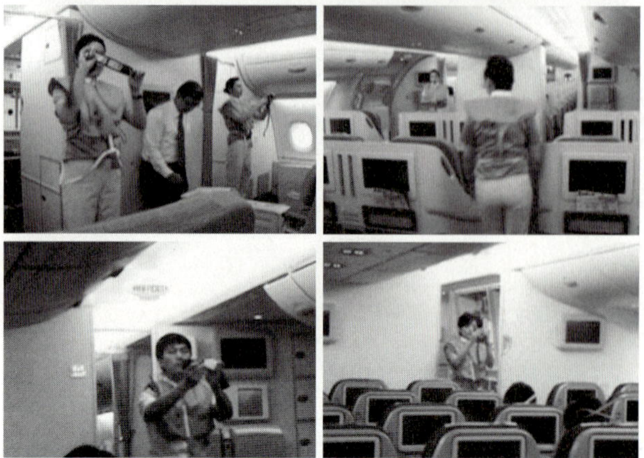

승객브리핑 중인 승무원

4 충격방지자세(Brace for Impact) - "Role Play"

1. 준비된 비상착륙 시

- 기장이 Fasten Seatbelt Sign을 4회 점멸시키고 'Brace for Impact'라는 방송을 실시하면 즉각 충격방지자세를 취한다.
- 기장의 방송 시점은 착륙 1분 전(1,000ft)에 지시한다.
- 전 객실승무원은 승객들이 충격방지자세를 취하도록 샤우팅(Shouting : 명령어를 크게 외치는 행위)을 3회 실시한다.

> Shouting 내용
> "충격방지자세 Brace!", "충격방지자세 Brace!", "충격방지자세 Brace!"

Shouting : "비상착륙(수) 전, 비상탈출 시 해당되는 명령어를 크게 반복하여 외치는 객실승무원의 행위

- 모든 객실승무원은 항공기가 완전히 정지할 때까지 충격방지자세를 유지해야 한다.

2. 준비되지 않은 비상착륙 시

- 객실승무원이 비상착륙을 준비하거나 예비할 시간이 전혀 없는 경우이므로 첫 번째 충격을 받는 즉시 모든 승무원은 완벽한 충격방지자세를 취하여야 한다.
- 항공기가 완전히 정지할 때까지 샤우팅(Shouting)을 반복하며 충격방지 자세를 유지한다.

> Shouting 내용
> "머리 숙여, 자세 낮춰! Head Down, Stay Low!"
> "머리 숙여, 자세 낮춰! Head Down, Stay Low!"

충격방지자세

Bulkhead | Non-Bulkhead | 어린이/아기를 안는 경우 | 어린이/아기가 좌석에 앉은 경우

충격방지자세

임산부의 충격방지자세

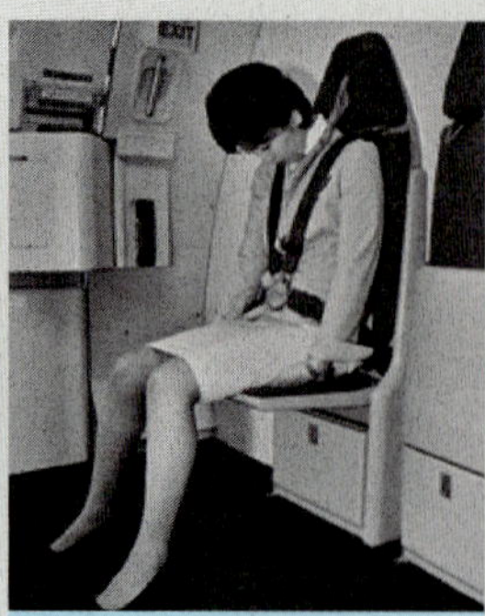
전향 Jump seat

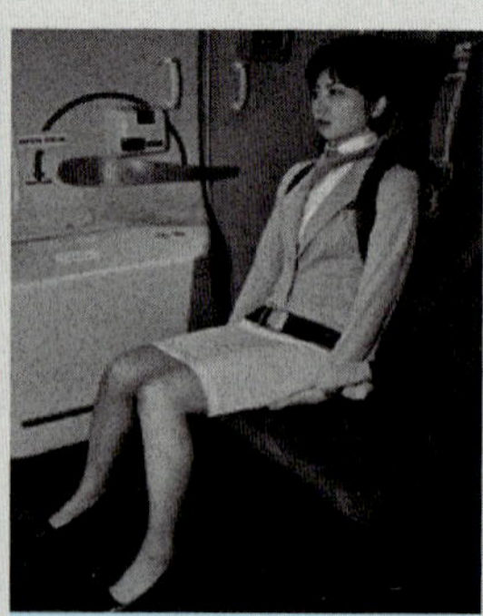
후향 Jump seat

객실승무원	충격방지자세
전향 Jump seat (항공기 전방을 보고 앉은 승무원)	• 발을 어깨 넓이로 벌려 약간 앞으로 내밀어 바닥을 디딘다. • 손바닥을 위로 하여 깔고 앉는다. • 머리를 앞으로 숙여 턱을 아래로 당긴다.
후향 Jump seat (항공기 후방을 보고 앉은 승무원)	• 발을 어깨 넓이로 벌려 약간 앞으로 내밀어 바닥을 디딘다. • 손바닥을 위로 하여 깔고 앉는다. • 머리를 좌석 등받이에 힘껏 기댄다.

충격방지자세(Bracing for Impact)

준비되지 않은 비상착륙 시

- 충격 즉시 완전한 충격방지자세 취함
- 항공기 정지 시까지 Shouting 반복
- 항공기 완전 정지 시까지 충격방지자세 유지

- 준비할 여유가 없는 급작스러운 상황이기 때문에 첫 번째 충격을 받는 즉시 객실승무원은 완전한 충격방지자세를 취한다.
- 항공기가 완전히 정지할 때까지 Shouting을 반복해서 외치며 충격방지자세(Brace)를 유지한다.
- 객실승무원은 준비되지 않은 비상사태 시 비상탈출을 결정하기 위해 비상신호를 이용하여 연락하거나 조종실 문을 두드림으로써 운항승무원과 객실의 손상 및 화재상황에 대해 연락을 시도한다.

- 기장의 탈출지시 방송 또는 탈출신호음이 울리면 조종실과 연락시도하던 것을 중지하고 즉시 Emergency Light를 켜고 항공기를 탈출한다.
- 객실승무원은 비정상적인 상황 아래에서 운항승무원에게 먼저 연락해보고 조종실로부터 응답이 없다면 아래와 같은 경우에 한하여 항공기가 정지되었을 때 비상탈출을 스스로 결정할 수 있다.
  - 항공기가 심각한 구조적 손상을 입었을 때
  - 위험한 화재의 발생이나 유독가스가 발생하여 승무원과 승객의 생명이 위험할 때
  - 승객들이 상당히 위험한 상태에 직면해 있는 경우
- 승객에 의한 비상탈출은 항공기 비상착륙(수) 후 승객들이 위험한 상황을 인지하여 스스로 비상구를 열고 탈출을 시도하는 것을 의미한다. 이러한 경우 객실승무원은 아래의 사항을 참조하여 정확한 상황인식, 기장 및 다른 객실승무원과의 소통을 통해 즉각적이고 적절한 조치를 취하는 것이 요구된다.
- 비상탈출이 예상되지 않은 경우 승무원의 지시에 의하지 않은 승객 탈출을 예방하기 위한 조치
  - 객실을 통제하고 승객들을 진정시킨다.

    명령어 : 진정하세요! 자리에 앉으세요! Everything is under Control! Stay seated!
- 비상탈출이 예상되는 경우 승무원이 탈출을 지시하기 전 승객 자력으로 탈출을 시도하는 경우 객실을 통제한다.
  - 육성 또는 객실방송을 통해 기다리라는 방송을 한다.

    명령어 : 기다리세요! Wait!

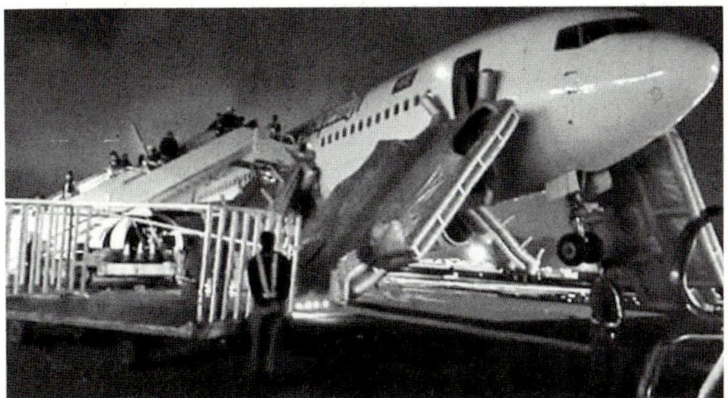

비상착륙하여 탈출한 항공기 모습

5 비상탈출구(Emergency Door) 작동 및 탈출 - "Role Play"

❶ 탈출구의 도어 모드가 팽창위치(Armed Position)인지 확인한다.

❷ 탈출구를 연다.

❸ 탈출구가 승객 및 승무원 탈출에 적절치 않을 때에는 "탈출구 불량" 명령어를 샤우팅(Shouting)하여 승객들을 다른 탈출구로 유도한다.

❹ 좌석 이탈 명령어를 지속 실시하여 승객 탈출을 지휘한다.

❺ 탈출 명령어 샤우팅(Shouting)(비상착륙시)

> Shouting 내용
> "벨트 풀어, 일어나, 나와, 짐버려 !
> "Release Seatbelt, Get Up, Get Out, Leave Everything!"

❻ 탈출 명령어 샤우팅(Shouting)(비상착수시)

> Shouting 내용
> "벨트 풀어, 구명조끼 입어, 일어나, 나와!"
> "Release Seatbelt, Get Your lifevest, Get up, Get out!"

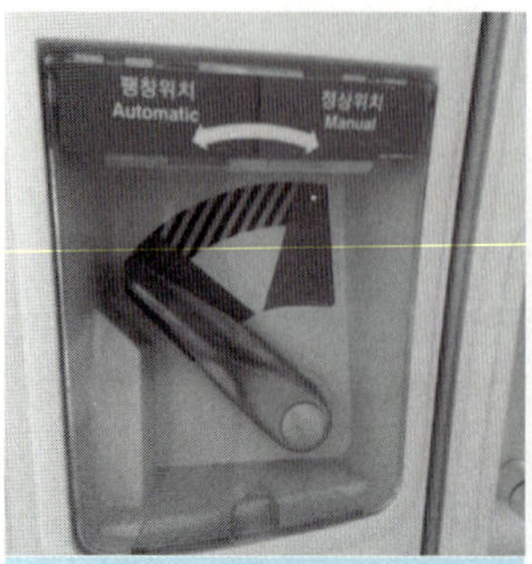

B777 항공기 팽창위치

A330 항공기 팽창위치

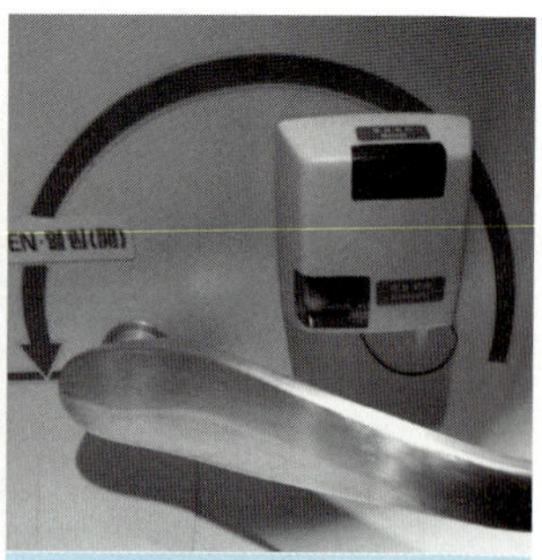
B747 항공기 팽창위치

6 항공기로부터의 탈출

1. 외부 상황 판단

승무원은 항공기로부터 탈출하기 직전 항공기의 구조적 손상, 객실 화재 여부, 탈출에 이용할 비상탈출구(Emergency Door)의 사용 가능성 및 슬라이드(Escape slide)의 필요성을 확인한다.

- 비상사태의 유형을 파악하여 비상착륙 후의 항공기 정지 자세에 따라 이용할 수 있는 탈출구(Emergency Door)를 선정한다.
- 만일 기체 외부에 화재가 발생한 경우에는 반대쪽 탈출구를 이용한다.
- 비상착수(Emergency Ditching) 시 수면 위에 위치한 비상탈출구만 이용하며, 슬라이드 팽창 여부도 결정해야 한다.

2. 비상구 개방(Emergency Door Open)

- 비행기가 멈추면 신속히 탈출에 이용할 비상구를 개방하고 비상탈출 미끄럼대를 펴서 탈출을 돕는다. 이때 슬라이드 모드가 팽창위치인가를 확인하고 비상구를 개방해야 하며, 자동으로 팽창이 안 되어 있을 시 수동 팽창 핸들(manual inflation handle)을 잡아당겨 슬라이드를 팽창시킨다.
- 승무원이 한 개 이상의 비상구를 담당하고 있을 경우에는 필요 시 협조자에

게 외부 상황을 확인하고 비상구를 개방하도록 지시한다.

- 탈출하기에 정상적인 비상구인지 다음의 사항들을 기준으로 판단할 수 있다.
  - 슬라이드의 완전한 팽창 여부
  - 안전한 각도
  - 화재 발생 여부

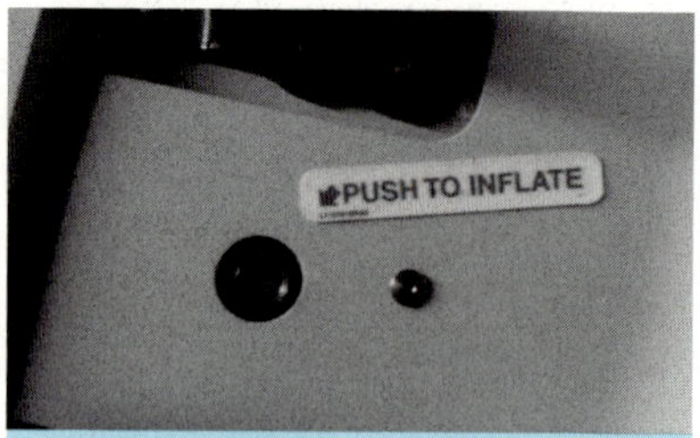

A380 항공기 수동 팽창 버튼

- 만일 탈출구나 슬라이드나 래프트(slide raft)의 사용이 불가능한 경우에는 승객들을 다른 탈출구로 안내한다.

* slide : 항공기에서 탈출 시 미끄럼틀로만 사용할 수 있다.
* slide raft : 항공기에서 탈출 시 미끄럼틀과 구명정으로 사용할 수 있다.

예 B747-400 항공기의 비상착수 시 3번 출구(No.3 door)는 슬라이드만 장착되어 있으므로, 비상착수 시 승객들을 슬라이드와 래프트(slide / raft)가 장착되어 있는 비상구로 유도해야 한다. 따라서 도어 모드를 수동으로 설정 후에 개방한다. U/D 비상구도 슬라이드만 장착되어 있기 때문에 비상착수 시 사용할 수 없으므로 아래층의 door를 이용하여 L1으로 탈출한다.

3. 비상구 유도 명령어 샤우팅(Shouting)

승무원은 외부 상황을 파악하고 비상탈출구를 작동시킨 후에 다음과 같이 유도 명령어를 샤우팅(Shouting)한다.

Shouting 내용

탈출구 정상

"탈출구 정상! 이쪽으로!"
"Good exit! Come this way!"

탈출구 불량

"탈출구 불량! 사용 불가! 화재 발생! 저쪽으로! 건너편으로!"
"Bad exit! Door jammed! Fire! Go that way! Cross over!"

4. 탈출 흐름 통제 명령어 샤우팅(Shouting)

승무원은 비상착륙 시 탈출구가 정상적으로 작동되면 다음과 같은 유도 명령어를 샤우팅(Shouting)한다.

Shouting 내용

- Escape Slide가 slide Type인 경우
  "앉아 내려가! 한 사람씩! 양팔 앞으로!, 멀리 피해"
  "Sit and slide! One at a time! Arms straight ahead!, move away"
- Escape Slide가 slide/raft Type인 경우
  "뛰어 내려가! 두 사람씩! 양팔 앞으로!, 멀리 피해"
  "Jump and slide! Two at a time! Arms straight ahead!, move away"

비상착수 시에 탈출구가 정상적으로 작동되면 다음과 같이 샤우팅(Shouting) 한다.

Shouting 내용

- Escape Slide가 slide Type인 경우
  "구명조끼 부풀려! 물로 뛰어들어! 헤엄쳐 가서 잡아!"
  "Inflate your life vest! Jump into the water! Swim to the slide and hold on!"
- Escape Slide가 slide/raft Type인 경우
  "구명조끼 부풀려! 안쪽으로! 기어서 안쪽으로! 앉아! 자세 낮춰!"
  "Inflate your life vest! Step into the raft! Crawl to the far side! Sit down! Stay Low"

승객 탈출을 지휘할 때, 승무원은 승객의 탈출을 방해하지 않는 위치에서 보조 핸들(assist handle)을 잡고 몸을 벽면에 붙이고 승객을 신속히 탈출시킨다.

보조 핸들(Door assist handles)

비상구 옆에 있는 핸들로서 문을 열거나 닫을 때 추락 등 사고 방지를 위해 부착된 손잡이. 객실승무원은 탈출 지휘 시 밀려나오는 승객에 부딪혀 추락할 수도 있으므로 반드시 한 손으로 도어 보조 핸들을 잡고 나머지 한 손으로 행동을 취하여야 한다.

A380 항공기 도어 보조 핸들

비상착륙(Emergency landing) 후 탈출 시 점검 항목

- 항공기에 잔류 승객이 없는지 확인한다.
- 구급상자(First Aid Kit), 확성기(Megaphone), 손전등(Flash Light) 등 반출 휴대장비를 가지고 탈출한다.
- 일단 항공기 외부로 나오면 되도록 항공기 내부로 다시 들어가지 않도록 해야 한다.
- 항공기로부터 화염, 폭발을 피해 안전거리까지 대피한 후에 승객을 모은다.
- 항공기 사고 주변에서 멀어지지 않아야 구출하기 쉽다.

7 비상착수(Emergency Ditching)

1. 비상착수 시 탈출

비상착수인 경우 비상착륙과 항공기 탈출준비절차 및 항공기 탈출절차는 동일하나 바다나 호수에 착수하는 관계로 비상착륙과 다른 점이 있다. 상이점은 아래와 같다.

- 미끄럼틀 중 Slide/Raft Type의 도어를 이용해야 한다.
- 구명복을 착용한다.
- 신발을 벗는다.
- 미끄럼틀(Slide Raft)을 항공기로부터 분리해야 한다.
- 탈출 후 헬프자세(Help Position)를 취해야 한다.

"헬프자세란 저체온증을 예방하기 위해 태아처럼 웅크린 자세를 유지하여 체온의 손실이 많은 겨드랑이, 목, 허벅지 안쪽의 체온을 유지하게 하는 자세이다."

무어링 라인(mooring line) : 바다 위 비상착수 시 항공기와 구명보트(Slide/Raft)를 연결해주는 끈. 승객 완전 탈출 후 Slide/Raft에 장착된 칼로 잘라내어야 한다.

- 비상착수 시에는 슬라이드나 래프트에 승객을 신속히 탈출시켜 옮겨 태우고 Mooring Line을 Slide/Raft에 탑재되어 있는 Knife(칼)로 절단하여 기체에서 래프트(Raft)를 분리한다. 슬라이드 래프트가 없는 경우에는 수영으로 안전한 거리까지 이동한 후 구조(help) 자세나 웅크린(huddle) 자세를 취한다.

승객용 구명복 착용 모습

어린이 성인용 구명복 착용

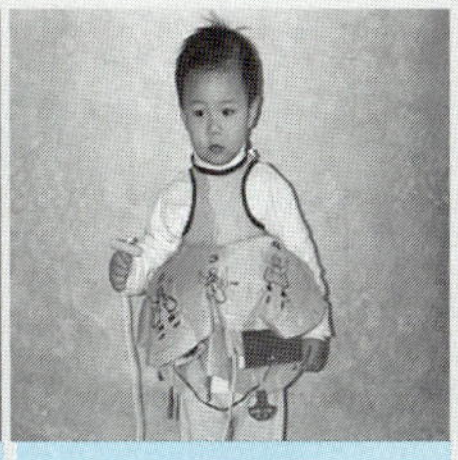
유아용 구명복 착용

HELP 자세

Huddle 자세

- 항공기가 불시착했을 때 탈출을 돕는 슬라이드 래프트, 구명정, 구명조끼, 조난된 위치를 알리는 전파 발신 장치, 발화 신호 장치, 부상한 승객을 치료할 수 있는 구급 간호 약품 세트 등이 기내에 설치 및 탑재되어 있다.

> * 허들(Huddle) 자세 : 저체온증을 예방하고 효과적인 구조활동을 위해 여러 명이 팔짱을 끼고 헬프자세를 취하는 것을 말한다.

비상착수 시 탈출구가 정상적으로 작동되면 다음과 같은 Shouting을 실시한다.

Shouting 내용

- 비상착수한 비행기의 도어 슬라이드가 구명정이 아닌 경우, Slide Only
  "구명조끼 부풀려! 물로 뛰어들어! 헤엄쳐 가서 잡아!"
  "Inflate your life vest! Jump into the water! Swim to the slide and hold on!"
- 비상착수한 비행기의 도어 슬라이드가 구명정 타입인 경우, Slide Raft Type
  "구명조끼 부풀려! 안쪽으로! 기어서 안쪽으로 앉아! 자세 낮춰!"
  "Inflate your life vest! Step into the raft! Crawl to the far side! Sit down! Stay low!"

객실승무원 비상 처리 절차

비상 탈출 명령

충격방지자세! Brace!
발목 잡아! 머리 숙여! 자세 낮춰!
Grab Ankles!, Heads Down!, Stay Low!

This is the Captain, Evacuate, Evacuate!

벨트 풀어! Release Seatbelts!
일어나! 나와! 짐 버려! Get Up! Get Out! Leave Everything!

탈출구 정상! Good Exit!
짐 버려! 이쪽으로!
Leave Everything! Come This Way!

탈출구 불량! 화재 발생! Bad Exit! Fire!
건너편으로! 저쪽으로!
Cross Over! Go That Way!

[비상 착륙]

양팔 앞으로! 뛰어! 내려가! 멀리 피해!
Arms Straight Ahead!
Jump and Slide! Move Away!

※ 비상 탈출 PRAM 반드시 지상 점검!

[비상 착수]

[Slide/Raft]

구명복 부풀려! 안쪽으로!
기어서 안쪽으로! 앉아! 자세 낮춰!
Inflate Your Life Vest! Step Into The Raft!
Crawl To the Far Side! Sit Down! Stay Low!

[Slide]

구명복 부풀려! 물로 뛰어들어!
헤엄쳐 가서 잡아!
Inflate Your Life Vest!
Jump Into the Water!
Swim to the Slide and Hold On!

저는 승무원입니다! 전방을 보세요! 손으로 저으세요! 하나! 둘! 하나! 둘!
I am a Crew! Look at the Fornt! Row the Raft! One! Two! One! Two!

2. 비상착수 후 탈출 시 점검 항목

- 항공기에 잔류 승객이 없는지 점검한다.
- 반출 휴대장비(First Aid Kit, Flash Light, Megaphone)를 가지고 탈출한다.
- 일단 탈출 시에는 다시 항공기로 재진입하지 않는다.
- 안전거리까지 대피한 후 승객과 구명정을 모은다.

3. 구명정이란?(Slide/Raft)

구명정을 이용하여 항공기로부터 탈출하는 승무원

구명정(Slide/Raft)은 비상착수 시 승객과 승무원이 항공기로부터 신속히 탈출하고 안전하게 구조될 때까지 수면 위에 안전하게 떠 있기 위해 사용되는 장비를 말하며 탈출용 미끄럼대를 비행기에서 분리하여 구명정으로 사용할 수 있다. 구명정에는 표류하게 되는 때를 대비하여 비상용 식량, 식수제조기, 약품, 통신장비 등 생존장비가 내장되어 있다.

구명정의 부속장비는 아래와 같다.

❶ 설치, 수리용 장비

- 캐노피(Canopy) : 바람이나 햇볕을 차단하는 장치
- 앵커(Anchor) : 구명정이 떠내려 가지 않도록 해수를 이용하여 고정하는 장치
- 클램프(Clamp) : 구명정에 구멍이 생겼을 때 수리하는 장치
- 핸드펌프(Hand Pump) : 구명정에서 공기가 샐 때 보충하는 장치
- 버킷(Bucket) : 구명정에 물이 찼을 때 퍼내는 장치
- 스펀지(Sponge) : 구명정에 물기가 있을 때 닦는 장치
- 히빙라인(Heaving Line) : 물에 빠진 승객에게 던져서 구조하는 기구
- 무어링 라인(Mooring LIne) : 항공기와 구명정을 이어주는 끈
- 칼(Kinfe) : 무어링 라인을 자르거나 생존에 필요한 칼

❷ 신호용 장비

- 스모크 플레어 키트(Smoke Flare Kit) : 연기 신호 장치 - 주간에 사용
- 시 다이 마크(Sea Dye Mark) : 구명정의 위치를 알리기 위하여 바닷물을 형광색으로 염색하는 분말
- 시그널 미러(Signal Mirror) : 항공기에 구명정의 위치를 알리는 거울
- 호각(Whistle) : 신호용 호각

❸ 생존용 장비

- 시워터 디솔팅 키트(Seawater Desalting Kit) : 해수를 담수로 바꾸는 장치
- FAK(First Aid Kit) : 응급구호 박스
- 약간의 식량(Ration) : 캔디, 비타민으로 구성
- 서바이벌 북(Survival Book) : 생존매뉴얼

- 매뉴얼(Manual) : 구명정 이용 설명서
- 컴퍼스(Compass) : 구명정의 위치를 알 수 있는 장치
- 성경(Holy Bible) : 신약성경만 탑재

비상착수시 항공기로부터 탈출하여 착수하는 모습

8 비상탈출 후 생존지침

1. 환경으로부터의 생존(1)

❶ 극도로 추운 경우

- 생존지침
  - 생명유지 위해 체온dmf 유지한다.
  - 가능한 경우 Slide/Raft에서는 Canopy를 설치한다.(햇빛, 비, 눈 피하기 위한)
  - 항공유나 동물의 기름을 사용해 불을 지필 수 있으며 연기로 구조 신호를 보낼 수 있다.
  - 혹한기에 옷을 말리는 경우 옷을 외부에 얼렸다가 얼음을 털어내는 방법이 효과적이다.
  - 눈이나 얼음은 먹지 않는다.(식도와 위장에 상처를 줄 수 있다)
  - 항공기 잔해나 Slide Raft를 이용하여 최대한 바람을 막도록 노력한다.
  - 체온 저하 승객에 대해 조치한다.

❷ 극도로 더운 경우

- 그늘에 있거나 가능할 경우 그늘을 만든다.
- 태양빛을 직접 쳐다보지 않는다.(시력 보호)
- Canopy를 설치한다.
- 사막에서는 모래를 최소한 15cm 파내고 몸을 밀착시킨다.(체온 유지)
- 활동을 제한한다.(수분 유지)
- 충분한 불빛이 있을 경우 낮에는 수면을 취하고 야간에 작업한다.
- 얇은 옷을 입는다.(몸을 태양빛에 노출시키지 않는다)
- 열사병을 예방한다.

생존을 위한 지대공 신호코드

파손되거나 침수된 항공기에서 탈출 후 생존자 수색을 위해 항공기로 공중조사 및 촬영을 할 때 항공기에서 이해할 수 있도록 생존자들이 모여서 지면에 표시를 하는 방법

생존자가 사용하는 지대공 시각신호 코드
Ground-air visual signal code for use by survivors

번호	의미(Message)	기호
1	원조가 필요함(Rquire assistance)	V
2	의료 원조가 필요함(Rquire medical assistance)	X
3	아니오 또는 부정(No or Negative)	N
4	예 또는 긍정(Yes or Affirmative)	Y
5	이 방향으로 진행하시오.(Proceeding in this direction)	↑

* 기호의 길이는 2.5미터(8피트) 이상이어야 하며 가능한 한 눈에 잘 보이도록 하여야 한다.(Symbols shall be at least 2.5 meters(8 feet) long and shall be made as conspicuous as possible.)

주1. 기호는 기다란 천, 낙하산, 나무조각, 바위 또는 이와 유사한 재료를 이용하거나 또는 지표면을 밟아 표시하거나 물감 등으로 착색하는 등 어떤 방법으로 든지 만들 수 있음.

(Note 1. Symbols may be formed by any means such as: strips of fabric, parachutc material, pieces of wood, stones or such like material; marking the surface by tramping, or staining with oil, etc.)

주2. 위의 신호에 대한 주의를 끌기 위하여 전파, 조명탄, 연기, 빛의 반사 등 다른 방법을 사용할 수 있음.

(Note 2. Attention to the above signals may be attracted by other means such as radio, flares, smoke, reflected light, etc.)

2. 환경으로부터의 생존(2)

❶ 추가적 수상 생존지침

- 생존자들이 물속에 있을 경우
  - 가까이 모여 체온을 집중하고 가능한 신체부분을 물 밖으로 내 놓는다.(체온 유지)
  - Help와 Huddle 자세를 취한다.
  - 물속에서의 활동을 제한한다.(에너지 소비 방지)
- 생존자들이 Raft 안에 있는 경우
  - 물속에 생존자 있을 경우 Heaving Line를 사용한다.
  - Heaving Line을 이용하여 Raft 간 서로 묶는다.(이탈 방지)
  - Canopy를 설치한다.
  - Slide/Raft의 적절한 팽창도의 유지를 위하여 공기압력 수시로 점검한다.

❷ 추가적 지상 생존지침

- 불을 피운다.(체온 유지)
- 불을 이용하여 몸을 보호하며 필요 시 구조신호로도 사용한다.
- 여러 개의 작은 모닥불이 효과적이다.(시각 효과)
- 식수를 위하여 물을 끓인다.(감염 방지)
- 생존교범에 적혀 있는 Survival Manual을 이용해서 극한 환경에서 불을 피우는 다양한 방법을 시도한다.

Chapter 07

운항승무원/지상직원과의 원활한 소통

(CRM: Crew Resource Management)

NOVOTEL
LOTNICZE
011

CRM은 인간의 실수로 발생하는 심각한 위해의 발생가능성을 최소한으로 낮추는 것을 전제로 삼고 전략적인 대응방안으로 자원, 설비, 정보 등의 이용 가능한 자원의 효과적인 활용을 포함하고 있다. 항공기 내에서는 기장이 모든 기내 발생 사태의 최종 결정권한이 있지만 기장이 적합한 결정을 내릴 수 있도록모든 적절한 정보를 제공하는 것은 객실승무원의 임무이다.

따라서 운항승무원과 객실승무원 간의 좋은 팀워크는 최상의 적절한 결정을 내리는 데 상당히 중요한 요소이며 운항/객실승무원 간의 협조체제 결여는 모든 비상사태에 대해 부적절한 판단 및 결정을 초래할 수 있다.

따라서 비행 전 객실승무원과 운항승무원과는 좋은 팀워크를 위해 상호 존중, 긍정적 분위기를 이용한 협조체제 구축에 노력하여야 하며, 특히 외국인 조종사가 탑승 시 정확한 의사소통 및 상황을 파악하는 부분에서 문화적인 차이로 인한 오해를 불러 일으킬 수 있으므로 이해를 하지 못하거나 불분명한 사안에 있어서는 확실한 확인 작업이 필요하고 쓸데없는 긴장감을 불러 일으키지 말아야 하며 외국어를 이해하지 못했을 때 절대 주저하지 말고 재의견 교환을 통해 정확한 사태 파악을 위한 노력을 비행 근무 모든 단계에 걸쳐 가지고 있어야 한다.

B747-400 기장과 저자의 소통

싱가포르행 비행기 안에서 외국인 기장과 함께

1 CRM의 기본 구성요소

의사소통	Communication
승무원 협동	Crew Coordination
업무관리	Planning and Workload Management
상황인식	Situation Awareness
의사결정	Decision Making 5가지 사항으로 나뉠 수 있다.

2 운항승무원과의 원만한 업무협조 방법

- 합동브리핑 시 운항승무원의 이름과 얼굴을 기억한다.
- 지상이동 시 규정을 준수하고 원활한 의사소통의 유지를 위해서 운항승무원의 업무를 이해하려고 노력한다.
- 지휘계통을 준수한다.
- 상대방의 업무를 이해하는 자세를 갖도록 한다.
- 운항승무원과의 문제가 발생하는 경우 근무 중에는 지휘계통을 준수하고, 근무가 종료된 후 공식적인 방법으로 보고한다.

3 지상직원과 소통(Communication Between Crew and Ground Staff)

항공사 객실승무원은 항공기 진입/출발/도착 시 지상직원과의 업무협조가 매우 긴밀하게 이루어져야 하나 간혹 업무 시 서로의 이해가 부족해 적지 않은 마찰과

불필요한 긴장 분위기가 조성되곤 한다. 따라서 지상직원과의 원활한 소통은 승객 및 항공기의 정시출발/도착을 위해 꼭 필요한 덕목이 아닐 수 없다. 다음의 사항을 잘 준수하여 원만한 커뮤니케이션을 이루도록 해야 한다.

지상직원과의 업무협조 시 필요한 객실승무원의 덕목

- 출발 전이나 도착 후 발생하는 업무 수행 중 필요한 경우 지상직원의 업무에 적극 협조한다.
- 상대방의 업무와 고충을 이해하도록 노력한다.
- 지상직원의 업무 진행 시 부당함이 발견되면 시정을 요구해야 하나 지상직원의 위상을 고려해 승객이 있는 경우 비난하거나 논쟁하지 않는다.
- 좌석 재배치, 휠체어 등과 같이 고객과 관련된 업무가 진행될 때는 신속하게 처리될 수 있도록 적극 협조한다.
- 지상직원과의 업무 시 예의를 갖추고 신중하게 대한다.
- 지상직원과 승무원의 업무분담이 다르지만 융통성 있고 협조적인 자세를 유지한다.
- 항공기 출발 전/도착 후 함께 업무를 진행하면서 가능한 한 많은 정보를 교환하고 공유하도록 한다.

FLIGTE SAFETY PRACTICE

Chapter

08

기내 상황별 안전 안내방송

본장을 학습하면 여러분은...

- 항공기 기종에 따른 기내방송장치에 대한 정보를 파악할 수 있다.
- 객실서비스 규정에 따라 기내방송의 우선순위 및 비정상적 상황 방송에 필요한 기본정보를 파악할 수 있다.
- 객실서비스 규정에 따라 지연, 대기, 기체요동 및 비상 상황에 관한 기본 방송문의 내용을 익힐 수 있다.
- 항공기 기종에 따른 기내방송장치에 대한 정보를 파악할 수 있다.

인용출처 : NCS 홈페이지-항공객실서비스

1 방송용 인터폰 시스템

(1) 기내방송(PA-Public Address) 우선순위

일반적으로 모든 항공사의 기내방송은 우선순위(Priority)가 지정되어 있다. 기내방송의 우선순위는 '조종실 방송 PA → 객실방송 PA → PRE RECODED ANNOUNCEMENT PA → VIDEO SYSTEM PA → BGM' 순으로 되어 있으며 우선순위의 의미는 하위 순위에서 기내방송을 하고 있더라도 상위 순위에서 기내방송을 실시하면 하위 순위의 방송은 자동적으로 중지되고 상위 순위의 방송이 실시되게 된다.

사진으로 이해하는 기내방송 우선순위

1. 조종실 방송 PA

2. 객실방송 PA

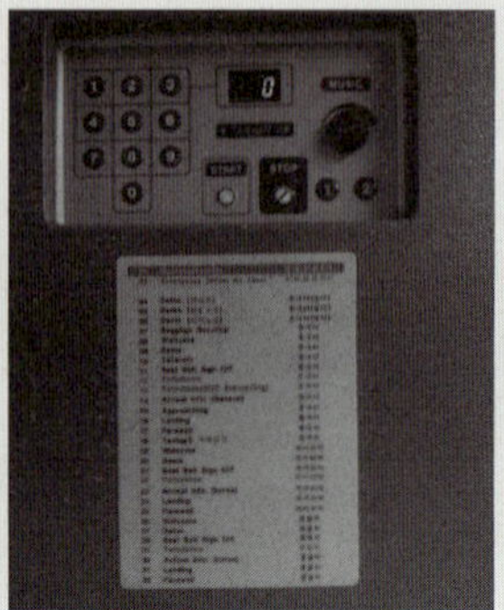

3. PRE RECODED ANNOUNCEMENT PA

4. VIDEO SYSTEM PA

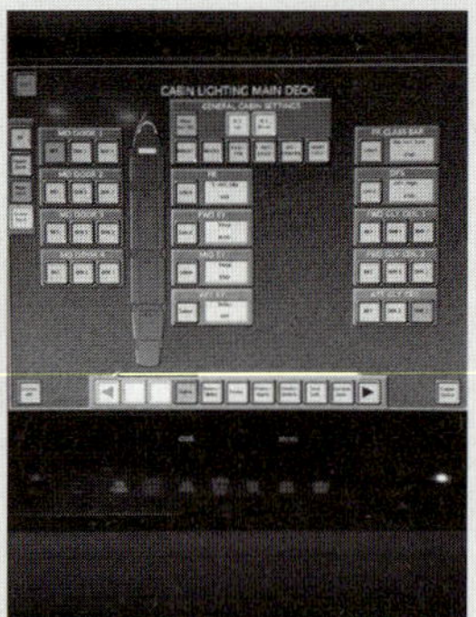

5. BGM

즉, 객실에서 방송을 통해 승객에게 안내를 하던 중이라도 조종실에서 방송을 실시하면 자동적으로 객실방송은 중지되고 조종실에서 실시하는 방송이 실시되게 된다.

(2) 기종별 방송용 인터폰 및 사용법

❶ B737 기종 방송용 핸드셋(Handset)

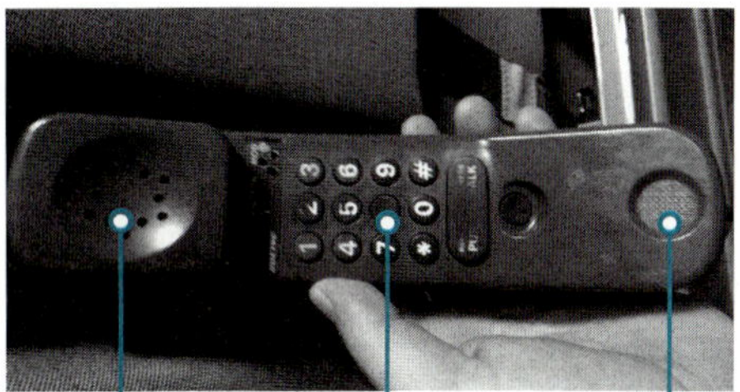

상대방의 음성을 듣는 수화기 　 숫자버튼 　 송화기

PTT 버튼: Push To Talk, 누르고 통화나 방송을 실시한다.

항공기에 설치되어 있는 핸드셋(Handset)은 기내에서 객실승무원 상호간에 의사소통과 승객에게 안내방송을 가능하게 해주는 시스템이며, 조종실 및 모든 객실승무원의 Jump seat 근처에 설치되어 있다.

B737 기종 핸드셋(Handset) 사용법

- 기내방송 시 : 8번을 누른다. (사진에는 방송을 너무 많이 사용하여 8번이 지워짐)
- 8번을 누르면 핸드셋(Handset)은 기내방송을 인식하므로 PTT 버튼을 누르고 안내방송을 실시한다.
- 기내방송 사용 후 : 방송이 끝나면 Reset 버튼을 누른다.
- 5번은 객실승무원끼리 통화를 할 때 사용하며, 2번은 조종실과 통화를 원할 때 눌러 사용한다.

*PTT 버튼: Push To Talk의 약자이며, 말하거나 기내방송 시 눌러서 사용한다.

❷ AIR BUS 330-200/300 기종 방송용 핸드셋(Handset)

A330-200/300 핸드셋(Handset) 및 기내방송장치 내/외부

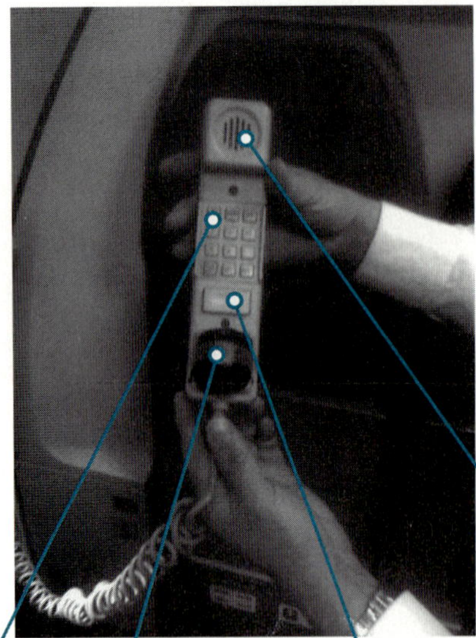

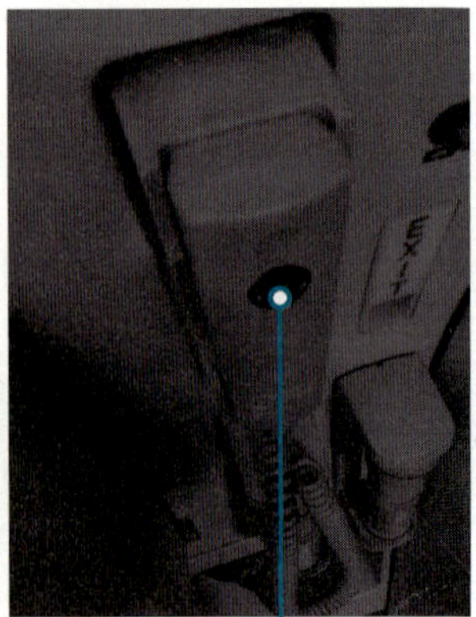

수화기

인터폰을 고정장치에서 빼낼 때 누르는 장치. 즉, 이 버튼을 누르면 인터폰이 고정장치에서 분리된다.

숫자버튼

송화기

기내방송 할 때 누르고 하는 버튼. 보잉사는 PTT버튼을 누르고 통화하나 AIRBUS 항공기는 이 버튼을 누르면 바로 기내방송으로 연결되니 주의를 요한다.

A330-200/300 기종 기내방송 시 핸드셋(Handset) 사용법

- 기내 승무원 좌석 옆에 장착된 핸드셋을 꺼내든다.
- 다른 버튼을 누를 필요 없이 사진의 직사각형 PTT 버튼을 누르고 기내방송을 실시한다.
- 방송 완료 후 정위치에 넣는다.
- 핸드셋(Handset)을 홀더에서 뽑을 때 떨어뜨리는 경우가 많이 발생하니 천천히 작동시킨다.
- PA로 사용 시 마이크 센서가 상당히 민감하니 적당거리를 두고 기내방송을 실시한다.

  *PTT버튼: Push To Talk의 약자. Airbus사에서 제작된 모든 항공기는 보잉사 항공기와 달리 기내방송 시 PTT 버튼을 눌러서 사용하고 승무원 간 또는 조종실과 통화할 때 PTT 버튼을 누르지 않는다. (저자도 에어버스 항공기에서 다른 승무원과 통화 시 PTT 버튼을 눌러 통화내용이 객실로 나가 승객에게 전달된 경험이 있다)

③ B777-200/300 기종 방송용 핸드셋(Handset)

B777 기내안내 방송 시 사용하며, 승무원끼리 통화할 때 사용하는 핸드셋

(Handset)

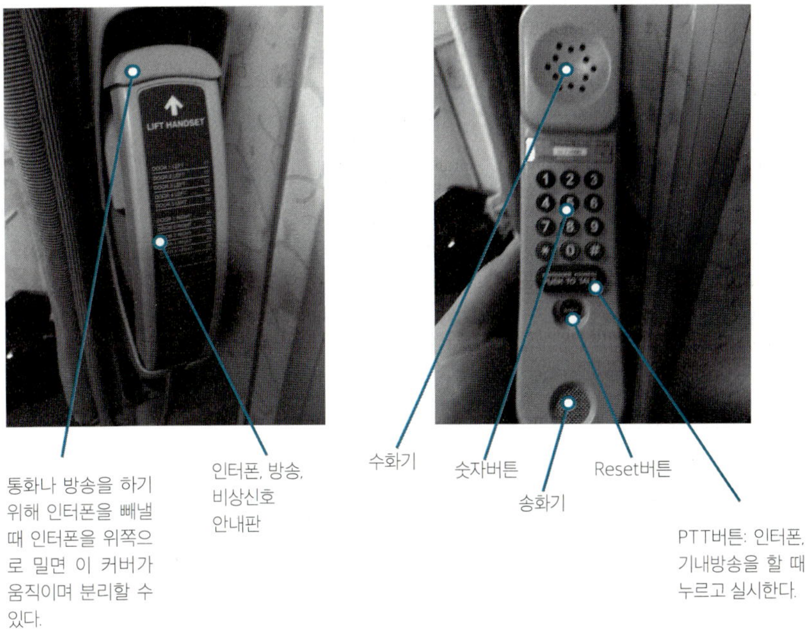

B777-200/300 기종 기내방송 시 핸드셋(Handset) 사용법

- 기내방송을 하기 위해서 핸드셋(Handset)을 케이스에서 꺼낸다.
- 핸드셋(Handset) 번호 중 46을 누르면 방송할 준비가 되며, 하단의 PTT 버튼을 누르고 기내방송을 실시한다.
- Reset 시키기 위해서는 Reset Button을 누르거나 원위치로 넣는다.

*PTT: Push To Talk의 약자

④ B747-400 기종 방송용 핸드셋(Handset)

인터폰-B777과 동일한 사양이다.

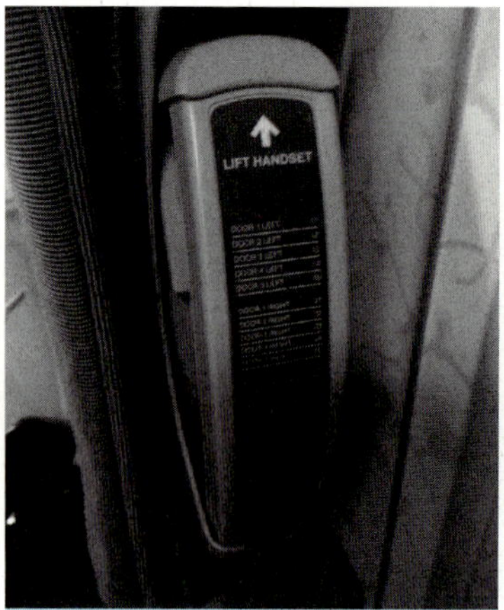

B747-400 핸드셋(Handset)

MID GALLEY에 설치되어 있는 핸드셋(Handset)

B747-400 기종 기내방송 시 핸드셋(Handset) 사용법

항공기 내에서 객실승무원 상호간에 의사소통과 승객에게 기내방송을 가능하게 해주는 시스템이다.

사용법:

- 핸드셋(Handset)을 케이스에서 꺼내든다.
- B777 기종과 마찬가지로 46번호를 누른 후 PTT 버튼을 누르고 방송한다.
- 사용 후 원위치로 넣으면 Reset되나 Reset Button을 사용해도 가능하다.

*PTT: Push To Talk의 약자

⑤ A 380 기종 방송용 핸드셋(Handset)

객실승무원용 핸드셋(Handset)/방송용 시스템

A380 객실승무원용 인터폰/PA

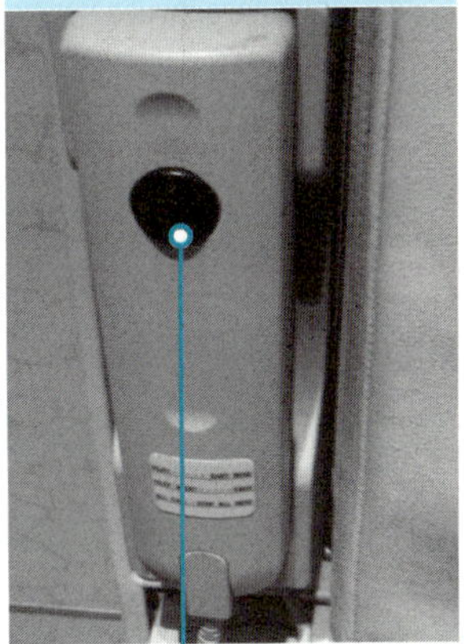

인터폰 내부모습

인터폰 내부전경

Jump Seat에 설치된 인터폰

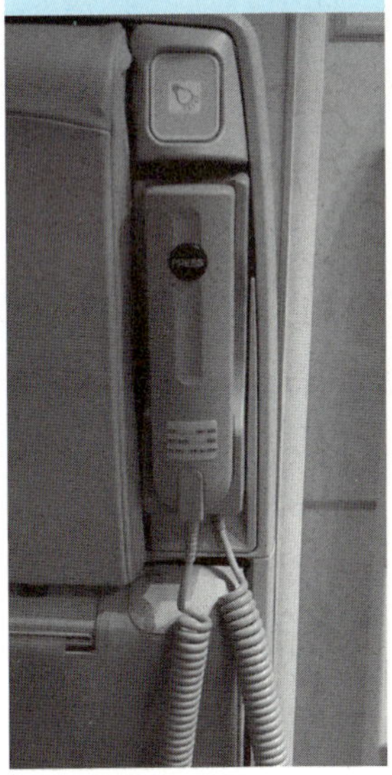

내부기능

원하는 장소 선택된 모습

기내에서 객실승무원 상호간의 의사소통과 기내 안내방송을 원활하게 해주는 기구이며, 핸드셋 설비는 조종실 및 객실의 각 객실승무원 위치에 있다.

A 380 기종 기내방송 시 핸드셋(Handset) 사용법

- 기내방송을 하기 위해서는 핸드셋(Handset) 케이스에서 인터폰을 꺼내든다.
- 번호 키 중 제일 왼편 상당 두번 째 열 PA 버튼을 누르고
- PTT 버튼을 누른 후 안내방송을 실시한다.
- Reset을 위해서는 Reset 버튼을 누르거나 핸드셋을 원위치시키면 된다.
  *PTT : Push To Talk의 약자
- 핸드셋의 목소리 감지 센서가 방송담당 승무원의 숨소리까지 반영할 정도로 지나치게 민감하니 방송 중 옆 좌석에서 잡담을 하거나, 성대를 가다듬기 위해 음,음,하는 소리, 기침을 하는 등의 부수적인 행동을 하지 않아야 한다.

올바른 비행기 마이크(핸드셋) 사용법

- 사전 연습 방송을 실시하여 볼륨이나 잡음발생 여부 등의 마이크 성능을 미리 파악하고 자신의 목소리와 적절한 조화가 될 수 있도록 한다.
- 마이크와 방송하는 승무원의 입술과의 거리는 일반적으로 2~3cm 정도가 무난하며 마이크 하단의 송화기에 입술이 정면으로 향하도록 해서 볼륨 및 방송의 정확도가 최적의 상태를 유지할 수 있도록 해야 한다.

2 기내방송 녹음장치-PRAM 이해하기

PRAM(Pre-Recorded Announcement Module)이란 각 항공기마다 장착되어 있는 자동안내방송 시스템을 말하며, 객실에서 지상/비행 중에 필요한 모든 기내방송문이 여러나라 언어로 수록되어 있다. 작동법은 기종별 상이하나 아래의 기종을 통해 기본적인 작동방법을 설명하자면

❶ 언어별 목록에서 시행하고자 하는 방송문의 번호를 찾아

❷ 키패드에 해당 방송에 대한 번호를 입력시키고

❸ 시작버튼을 누르면

❹ 수초 후에 해당 방송문이 원하는 국적의 언어로 기내에 방송되게 되는 아주 편리한 기내 자동안내방송 시스템이다.

항공기 기종별로 차이가 있으나 Pre-Recorded Announcement Module에는 평균 약 200개의 기내방송문이 동남아, 중국, 일본, 아랍어, 독일어, 이탈리아, 포르투칼어로 수록되어 있다.

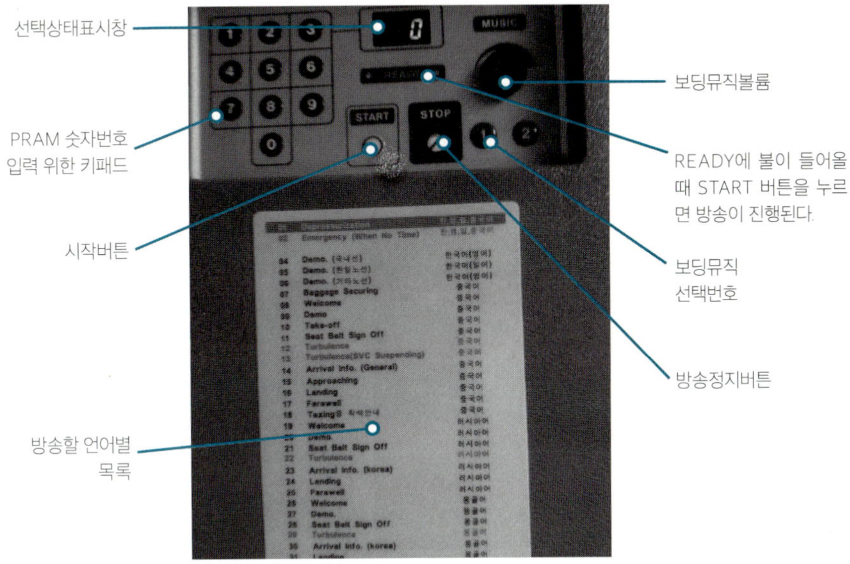

승객탑승 시 사용하는 안전안내 방송문(Welcome ANN)

손님 여러분, 안녕하십니까.
스카이팀 회원사인 저희 **항공은 여러분의 탑승을 진심으로 환영합니다.
이 비행기는 (_____를 거쳐)(도시명)까지 가는 **항공 _____편입니다.
목적지(/중간도착지)인 (도시명)까지 예정된 비행시간은 이륙 후 __시간 __분입니다.
오늘 (이름) 기장을 비롯한 저희 승무원들은 여러분을 정성껏 모시겠습니다
출발을 위해 좌석벨트를 매주시고 등받이와 테이블을 제자리로 해 주십시오.
그리고 휴대전화 등 전자기기는 무선통신기능이 꺼진 상태에서 사용하실 수 있으며, 노트북 등 큰 전자기기는 좌석 아래 또는 기내 선반에 보관해 주시기 바랍니다.
비행 중 여러분의 안전을 담당하는 안전요원인 객실 승무원의 지시에 협조해 주시기 바라며, 계속해서 여러분의 안전한 비행을 위해, 잠시 화면(/객실 승무원)을 주목해 주시기 바랍니다.

Good morning(/afternoon/evening), ladies and gentlemen,/
Captain (Family Name)/ and the entire crew would like to welcome aboard *** Air,/ a member of SkyTeam. This is flight ___, bound for (via ___).
Our flight time to (목적지/중간도착지)/ today will be _____ hour(s) and _____minute(s)./
During the flight,/ our cabin crew will be happy to assist you in any way we can./ In

preparation for departure,/ please fasten your seatbelt/ and return your seat and tray table to the upright position./ You are permitted to use your electronic devices during the flight,/ as long as they are set to 'Flight Mode'./
However,/ larger devices such as laptop computers/ must be stowed/ under your seat/ or in the overhead bins during take-off and landing./
Please fully cooperate with cabin crew/ who act as safety officers during the flight./
And for your safety,/ please direct your attention to the video screens (/cabin crew)/ for safety information./ Thank you/

이륙 전 항공기 지연 시 사용하는 안전안내 방송문

손님여러분, 우리 비행기는 출발 준비가 끝났습니다만, 목적지
**공항의 기상상태가 좋지 않아 출발이 늦어지고 있습니다.
약 **분 후에 출발하겠습니다. 이 점 양해해 주시기 바랍니다.

Ladies and gentlemen,/
our departure is delayed/due to unfavorable weather conditions at ** airport./
We expect to depart in about ** minutes./
We ask for your patience. Thank you./

Safety demo 안전안내 방송문

지금부터 비행기 내 비상구 위치와 비상장비 사용법에 대해 안내해 드리겠습니다. 잠시 주목해 주시기 바랍니다.
Ladies and gentlemen,/
We will now show you/ the safety features/ of this aircraft./
Please/ direct your attention for a few minutes/ to the cabin crew/ for safety information./

이 비행기의 비상구는 모두 __※__ 로/ 좌우에 각각 있습니다.
There are __※__ emergencyexits/ onbothsidesoftheaircraft./

만일의 경우에 대비해/ 착석하신 좌석에서 가장 가까운 비상구 위치를 확인하시기 바랍니다.
Please take a moment/ to locate the nearest exit from your seat./

비상시 비행기의 전원이 꺼질 경우 통로의 유도등이 자동으로 켜지며, 이 유도등은 비상구까지 여러분을 안내할 것입니다.
If there is a loss of electrical power,/ Emergency Track Lights/ near the floor/ will be turned on to guide you to an exit./

좌석벨트 사인이 켜지면 반드시 좌석벨트를 매 주십시오.
When the seat belt sign is on,/ please fasten your seat belt./
좌석벨트는 버클을 끼워 허리 아래로 내려서 조여 주시고, 풀 때는 벨트 덮개를 들어올리면 됩니다.
To fasten the seat belt,/ insert the link into the main buckle/ and tighten the strap across your hips securely./
To release the seat belt,/ raise the flap of the buckle./

산소마스크는 머리 위 선반 속에 있으며 산소 공급이 필요한 비상시에 저절로 내려옵니다.
Your oxygen mask is/ in the overhead compartment/ and it will drop automatically when needed./

마스크가 내려오면 앞으로 잡아당겨 코와 입에 대시고 끈으로 머리에 고정해 주십시오.
When the mask appears,/ pull the mask toward you/ and cover your nose and mouth, then adjust the elastic head band./

도움이 필요한 동반자가 있을 때는 먼저 착용하신 후 도와 주시기 바랍니다.
Please put your mask on first/ and then help somebody who may need your assistance./

여러분의 좌석([상위CLASS]또는 팔걸이) 아래에 있는 구명복은 비행기가 바다에 내렸을 경우 사용하시게 됩니다.
Your life vest is/ located under your seat([상위CLASS]or beside your seat)/ for use in an emergency landing on the water./

착용하실 때는 머리 위에서부터 입으시고, 버클을 끼운 다음 끈을 몸에 맞도록 조여 주십시오.
To put the vest on/ slip it over your head,/ then adjust the straps/ around your waist./

구명복은 기내에서 부풀지 않도록 조심해 주시고, 부풀릴 때는 탈출 직전 비상구 앞에서 붉은색 손잡이를 당기시면 됩니다.
Please do not inflate the vest/ inside the aircraft./
To inflate the vest/ pull the red tab(s) down in front of an exit door/ just before leaving the aircraft./

만일 충분히 부풀지 않을 때는/ 고무관을 힘껏 불어 주십시오.
You can also inflate it/ by blowing into the tube(s)./

[red tab(s)와 tube(s)의 경우, 구 사양 구명복은 복수로, 신 사양 구명복은 단수로 방송한다.

[B737 제외]
또한, 비상구마다 장착된 탈출 미끄럼대를 구명 보트로 사용하실 수 있습니다.
Each door is equipped with an escape slide/ that may be detached/ and used as a life raft.

보다 자세한 사항은 앞 좌석 주머니 안에 있는 안내문을 참고하시기 바랍니다.
For further information/ please refer to the safety information card/ in your seat pocket./

아울러 안내문에 설명된 바와 같이/ 모든 비상구 좌석에 앉으신 분께서는
비상시 저희 승무원과 함께 다른 승객의 탈출을 돕도록 돼 있습니다.
여러분의 적극적인 협조를 부탁 드립니다.
If you are seated in an exit seat,/ you must be able to assist other passengers/ in an emergency./ Your cooperation will be appreciated./

또한, 화장실을 비롯한 모든 곳에서 담배를 피우시는 것은 항공법으로 엄격히 금지돼 있으니, 유의하시기 바라며, 비행기가 뜨고 내릴 때는, 안전운항에 영향을 주는 전자기기의 사용을 삼가시기 바랍니다.
Please refrain from smoking/ at any time in the cabin or in the lavatories./
Also,/ the use of portable electronic devices is/ not allowed during take-off/ or landing./

비행 중 사용하는 안전안내 방송문

비행 중 좌석벨트 항상 착용안내 방송예문

손님 여러분, 방금 좌석벨트 표시등이 꺼졌습니다.
그러나 비행기가 갑자기 흔들리는 경우를 대비하여 자리에서는 항상 좌석벨트를 매시기 바랍니다. 그리고 머리 위 선반을 여실 때는 안에 있는 물건이 떨어지지 않도록 조심해 주십시오.
감사합니다.
Ladies and gentlemen/
the captain has turned off the seatbelt sign./
We recommended/ that you keep your seatbelt fastened at all times./
Please be careful/ when opening the overhead bins/ as the contents may have shifted during the entire flight./
Thank you./

비행 중 기체요동 방송예문(1)

손님 여러분, 비행기가 흔들리고 있습니다.
좌석벨트를 매 주시기 바랍니다.
Ladies and gentlemen/
please fasten your seatbelt/ due to turbulence./

비행 중 기체요동 방송예문(2)

손님 여러분 ,비행기가 계속해서 흔들리고 있습니다.
좌석벨트를 매셨는지 다시 한번 확인해 주시기 바랍니다.
Ladies and gentlemen/
we are continuing to experience turbulence./
Please remain seated with your seatbelt fastened./

착륙 전 사용하는 안전안내 방송문

손님 여러분,
우리 비행기는 잠시 후에 (공항명)에 도착하겠습니다.
착륙 준비를 위해, 꺼내 놓은 짐들은 앞 좌석 아래나 머리 위 선반 속에 다시 보관해 주시고, 창문 덮개는 열어 두시기 바랍니다.
Ladies and gentlemen,/ we are approaching _______ airport./
Please stow your carry-on items in the overhead bins/ or under the seat in front of you,/ and open your window shades./
Thank you./

손님 여러분, 우리 비행기는 곧 착륙하겠습니다.
좌석 등받이와 (발 받침대), 테이블을 제자리로 해 주시고, 좌석벨트를 매 주십시오.
노트북 등 큰 전자기기는 좌석 하단 또는 기내 머리 위 선반에 보관해 주시기 바랍니다. 감사합니다.
Ladies and gentlemen,/ we will be landing shortly./
Please fasten your seatbelt,/ return your seat/ and tray table to the upright position./
Also/ please place large electronic devices/ such as laptop computers/ under the seat/ or in the overhead bins. Thank you./

착륙 후 사용하는 안전안내 방송문(Farewell)

손님 여러분. 우리 비행기는 000 공항에 도착했습니다.
000에 오신 것을 환영합니다.
지금 이 곳은 0월 0일 오전(오후) 00시 00분입니다.
여러분의 안전을 위해 비행기가 완전히 멈춘 후 좌석벨트 표시등이 꺼질 때까지 좌석에서 기다려 주십시오.
머리 위 선반을 여실 때는 안에 있는 물건이 떨어질 수 있으니 조심해 주시고, 내리실 때는 안에 있는 물건이 떨어질 수 있으니 조심해 주시기 바랍니다.
오늘도 저희 0000 항공을 이용해 주셔서 대단히 감사합니다.
저희 승무원들은 앞으로도 손님 여러분께서 안전하고 편안하게 여행하실 수 있도록 항상 최선을 다하겠습니다.
감사합니다. 안녕히 가십시오

Laides and gentlemen/ We have landed at/ 000 international airport./
The local time is/ now 00:00 a,m/p,m/
For your safety/ please remain seated/ until the captain has turned off the seatbelt sign./ Also/ please be careful/ when opening the overhead bins/ as the contents may fall out./
Please/ remember to take all of your belongings with you/ when you leave the airplane./
Thank you for choosing 0000 air/ and we hope to see you soon/ on your next flight./

승객 하기 전 사용하는 안전안내 방송문

안내 말씀 드리겠습니다.
이곳 공항당국으로부터 입국장이 복잡하기 때문에 일부 승객은 비행기 내에서 잠시 기다려 달라는 요청을 받았습니다.
00열 이후 앉아계신 승객 여러분께서는 저희 승무원이 안내해 드릴 때까지 잠시 자리에서 기다려 주시기 바랍니다.
여러분의 협조에 감사드립니다.
Ladies and gentlemen/
The airport authorities have advised us/ that some of our passeger should remain onboard./
For passengers sitting from row number 00/ and higher,/ please remain seated/ until you receive further notice./
Your cooperation will be appreciated/

손님 여러분 오랫동안 기다리셨습니다.
지금부터 내려 주시기 바랍니다.
Thank you for your patience,/ ladies and gentlemen/
You may now deplane./

비상시 사용하는 안전안내 방송문(탈출 샤우팅은 "비상사태 발생 시 대응하기" 본문내용 참조)

(기내 화재 발생 시)

손님 여러분.
지금 비행기 내에 작은 화재가 발생하여 저희 객실승무원들이 진압하고 있습니다.
저희 객실승무원들은 이런 경우에 대비하여 매우 잘 훈련되어 있습니다.
손님 여러분께서는 절대 동요하지 마시고 침착하게 객실승무원의 지시에 따라 행동해 주시기 바랍니다.
Ladies and gentlemen/
a minor fire has broked out in the cabin./ but it is now under control./
Please do not be alarmed./
We ask you to follow the instructions of our cabin crew,/ well trained for this type of situation./
Thank you for your cooperation./

(폭발물 위협 발생 시)

안내 말씀 드리겠습니다.
잠시 후 이곳 공항 관계기관에 의해 비행기 보안점검이 실시되겠습니다.

Ⓐ 손님 여러분께서는 항공보안요원의 점검이 진행되는 동안 자리에서 기다려 주시기 바랍니다.
Ⓑ 손님 여러분께서는 지금부터 비행기에서 내리셔서 항공보안요원의 점검이 진행되는 동안 지정된 대기장소에서 기다려 주시기 바랍니다. 그리고 갖고계신 짐은 모두 가지고 내려 주십시오.
Ladies and gentlemen/
We have been advised by the airport authorities/ that intensive security check fo the aircraft is required./
Ⓐ We kindly ask you to remain seated/ until the security check is completed./
Ⓑ We kindly ask you to deplane/ and wait in the terminal until the security check is completed./ Please keep your personal belongings with you/ when you deplane./
We regret this inconvenience/ and will keep you well informed./
Thank you/

(비상사태 발생 시 : 시간이 없을 때, 준비되지 않은 비상사태)

긴급사태가 발생했습니다.
지금부터 긴급착륙(착수)하겠습니다.
좌석벨트를 매십시오.
양팔을 엇갈리게 하여 앞 좌석 상단에 갖다 대십시오. 머리는 팔에 대십시오.
Attention!!
This is an emergency landing(ditching)/
Fasten your seatbelt/
Cross your arms and put them on top of your front seat./
Lean forward/ and put your head into your arms./

(비상사태 발생 시 : 시간이 있을 때, 준비된 비상사태)

손님 여러분, 주목해 주십시오.
긴급사태가 발생했습니다.
이 비행기는 약 **후에 비상착륙/ 착수하겠습니다.
저희 객실승무원들은 이러한 상황에 대비하여 충분한 훈련을 받았습니다.
침착해 주시고 지금부터 객실승무원들의 지시에 따라 주십시오.
Ladies and gentlemen,/ we need your attention./
We will have to make a emergency landing/ditching in about ** minutes./
We are trained to handle this situation./
Remain calm/ and follow the instructions of your cabin crew./

저희 객실승무원들이 여러분의 좌석으로 가게 되면 회수하기 쉽도록 식사 트레이나 빈 캔 등을 통로 쪽으로 내놓아 주십시오.
좌석 등받이를 지금 바로 세워 주시고 트레이 테이블은 닫아 주시기 바랍니다.
또한 발 받침대와 개인용 비디오를 제자리로 해주십시오.
When cabin crew come to your row,/ pass your food tray/ and all other service

items to the aisle for pick up./
at this time,/ bring seatbacks to the upright position/ and stow traytables./ Stow footrest/ and inseat video units./
Crosscheck !! /

펜이나 장신구 같은 날카로운 물건을 모두 치워 주십시오.
스파이크 신발 및 하이힐은 벗으십시오
넥타이, 스카프 같은 느슨한 물건들은 풀어 주십시오.
Remove all sharp objects such as pen/ and jewelry./
Also/ remove loose objects/ such as neckties and scarves./
Remove spike heeled shoes./
Crosscheck !! /

풀어낸 모든 물건은 소지하신 가방안에 넣으십시오.
착륙 전 안경은 벗어서 양말이나 상의옆 주머니속에 넣으십시오.
좌석 앞 주머니 속에는 아무것도 넣지 마십시오.
소지하신 모든 짐은 좌석 밑 또는 머리 위 선반 안에 넣으십시오.
저희 객실승무원들은 통로에서 여러분을 도와드리겠습니다.
Put all of these items in carry on baggage./
Remove eyeglasses before landing/ and put them in your sock/ or a side coat pocket./
Do not put anything in the seat pocket in front of you./
Put all carry on items under a seat or in an overhead bin./
Cabin crew will be in the aisle to assist you./
Crosscheck !! /

(이번 문항은 비상착수 시만 사용)

좌석 밑이나 옆에 있는 구명복을 꺼내십시오.
보호 탭을 잡아당겨 구명복을 주머니에서 꺼내십시오.
머리 위에서부터 입으시고 양팔을 끼운 다음 허리 끈을 아래로 당기십시오.
끈을 몸에 맞도록 조절해 주십시오.
항공기 내에서는 절대 부풀리지 마십시오.
구명복은 양쪽에 있는 고무관을 불어서 부풀릴 수 있습니다.
아기나 어린이를 동반하신 분은 저희 객실승무원들이 아이들에게 구명복 입히는 것을 도와드리겠습니다.
도움이 필요하신 분이 계시면 승무원을 불러 주십시오.
Locate the life vest under/ or on the side of your seat/ and remove it./
Remove the vest/ from the pouch/ by pulling on the tab./
To put the vest on,/ slip it over your head./
Adjust the straps/ around your waist./
Do not if flate the vest inside the aircraft./

As you leave the aircraft, pull down on the two red tabs to inflate the vest./
The vest can also be inflated/ by blowing into the tubes on either side./
For those traveling with infants or children,/ the cabin crew will assist you/ in putting vest on the children./
For anyone else needing help,/ cabin crew will assist you./
Crosscheck !! /

좌석벨트를 매십시오.
버클을 끼우고 끈을 아래쪽으로 하여 단단히 조여 주십시오
벨트풀어 지시가 있으면 신속히 버클 덮개를 들어 올리십시오.
Fasten your seatbelt./ Place the metal tip into the buckles/ and tighten the strap low/ and secure about you./
When told to release your seatbelt,/ lift the top of the buckle./
Crosscheck !! /

착륙 전 충격방지자세를 취하라는 신호가 전달될 것입니다. 신호의 내용은 ****이며 이때 승무원들이 여러분께 충격방지자세를 취하라고 지시할 것입니다.
The signal to brace will be given/ just before landing./
The signal will be *****,/ and the cabin crew will command you to brace./

충격방지자세를 취하라는 신호가 있으면 발을 바닥에 대고 양팔을 엇갈리게 하여 손을 앞 좌석 상단을 잡으십시오. 머리는 팔에 대십시오
When instructed to brace for impact,/ place your feet ont the floor./ Cross your arms/ and put your hands on the seat/ in front of you./ Put your head on your arms./

앞좌석 등받이에 손이 닿지 않거나 앞에 좌석이 없는 경우에는 상체를 앞으로 최대한 숙여 팔을 허벅지 밑으로 넣어 단단히 안거나 손으로 발목을 잡고 머리를 무릎에 대십시오.
충격방지자세는 항공기가 완전히 정지할 때까지 취하고 있어야 합니다. 이후에는 객실승무원의 지시에 따라 주십시오.
아기나 어린아이와 함께 계신 승객은 저희 객실승무원들이 어린이가 충격방지자세를 취할 수 있도록 도와드리겠습니다.
도움이 필요하신 다른 승객 역시 저희 객실승무원들이 도와드리겠습니다.
If you can not reach the seatback in front of you,/ or if there no seat in front of you./ lean forward as far as you can/ and wrap your arms tightly under your legs/ or grab your ankles/ and put your head on your knees./
Hold your bracing position/ until aircraft comes to complete stop./
Then follow the instruction of your crew./
For those traveling with infants or children,/ the cabin crew will assist you to prepare your child to brace./
For anyone else needing help,/ the cabin crew will assist you./
Crosscheck !! /

좌석 앞 주머니 속에서 Safety information card를 꺼내어 좌석벨트, 충격방지자세, 구명복(비상착수 시), 탈출구 위치 및 작동법을 재확인해 주십시오.
저희 객실승무원들이 통로에서 여러분을 도와드리고 질문에 답해 드리겠습니다.
주목해 주셔서 감사합니다.
Take the safety information card from the seat pocket/ in front of you/and review seatbelt operation./ bracing position,/ life vest operation(ditching only),/ exit location/ and exit operation./
Cabin crew will be in the asile to assist you/ and answer any questions./
Thank you for your attention./
Crosscheck !! /

손님 여러분, 여러분 중에 항공사 직원, 경찰, 소방관 또는 군인이 계시면 저희 승무원에게 알려 주시기 바랍니다. 여러분의 도움이 매우 필요합니다.
Ladies and gentlemen,/
If there are any airline employees,/ law enforcement,/ fire rescue/ or military personnel on board./
please identify yourself to the cabin crew./
We need your assistance./
Crosscheck !! /

손님 여러분.
탈출을 용이하게 하기 위하여 몇 분의 손님에게 좌석변경을 요청하겠습니다.
여러분은 객실승무원들이 요청할 때까지 좌석에 그대로 계시기 바랍니다.
Ladies and gentlemen/
We will be asking some of you/ to change seats/ to better help those needing assistance/ or to be closer to an exit to help evacuate./
Please remain seated/ unless you are asked to move./
Crosscheck !! /

손님 여러분, 외부에 적응하기 위해 기내조명을 어둡게 조절하고 있습니다.
Ladies and gentlemen,/
We are dimming the cabin lights/ so your eyes adjust to the outside lighting./
Crosscheck !! /

※ Crosscheck !! : 비상착륙/수 시 매 방송문 끝에 Crosscheck !!을 넣는 이유는 방송으로 승객준비사항에 대해 안내한 후 객실승무원에 의해 잘 진행 및 준비가 되고 있는가를 점검하라는 뜻이다.

FLIGTE SAFETY PRACTICE

Chapter 09

비행 중 응급환자 초기 대응실무(First Aid)

본장을 학습하면 여러분은...

- 객실 서비스 및 객실 안전 규정에 따라 응급처치할 수 있다.
- 객실 서비스 및 객실 안전 규정에 따라 환자의 응급상태를 확인하고, 탑승 의사와 의료진을 신속하게 찾을 수 있다.
- 객실 서비스 및 객실 안전 규정에 따라 응급치료장비를 탑승 의사의 협조를 구해 활용할 수 있도록 조치할 수 있다.
- 객실 서비스 및 객실 안전 규정에 따라 기내 환자 발생 여부를 파악할 수 있다.
- 객실 서비스 및 객실 안전 규정에 따라 환자에 대한 정보를 신속하게 상급자에게 보고할 수 있다.
- 객실 서비스 및 객실 안전 규정에 따라 환자에 대한 정보를 공유하도록 할 수 있다.

인용출처 : NCS 홈페이지-항공객실서비스

1 응급처치(First aid)란?

위급한 상황에 놓인 환자에게 생명위중상태를 넘기기 위하여 의료상의 조치를 취하는 것을 말하며 응급한 상황에 처한 환자의 생명보존, 현상유지, 부작용억제, 빠른 회복을 유도하기 위한 일련의 조치를 의미한다. 비교적 위험한 경우(acute cases)는 수분 내지 수시간 안에 생명의 위협을 받을 수 있기 때문에 질병의 부위·양상·종류·원인 등을 규명하는 등의 전통적인 치료와는 다르며, 현재 환자에게 발생하는 상당히 중요한 변화에 대하여 어떤 치료를 우선적으로 시행할 것인가를 결정하고 이를 시행하는 행위이다. 따라서 비행 중 객실에서 이러한 상황이 벌어졌을 때 객실승무원은 수분 안에 승객의 생명이 위태롭게 될 가능성이 있어 기내 환경을 감안하여 즉시 이러한 상황이 호전되도록 처치해야 한다.

1. 기내 환경

(1) 객실고도(Cabin Altitude)

항공기가 이륙하고 나서 한참 지났을까. 순항고도에 들어가고 나서 기장방송(Captain Announcement)이 흘러나온다. “현재, 이 항공기는 고도 35,000피트, 약10,800m 상공을 시속 900km로 순조롭게 비행 중입니다.”라고 한다.

마침 해외여행에 맞추어 겸사겸사 고도를 표시할 수 있는 고도시계를 차고 출발한지라 문득 손목시계를 고도계로 돌려보았다. 그런데 이상한 일이 벌어졌다. 고도를 나타내는 디지털 수치가

1,862m라고 나타나 있지 않는가. 이상하다 싶어 이번에는 미터(m)가 아닌 피트(ft)로 모드를 바꾸어 보았는데 6,107ft를 가리키고 있는 것이다. 시계를 잘못 산 것인가 하고 고개를 젓고 있는데, 마침 자리를 같이 한 이 계통의 항공전문가가 다음과 같이 가르쳐주는 것이었다. "기내의 기압은 대략 0.7~0.8기압 정도로 조절되어 있기 때문에, 고도계에 표시된 숫자가 아마도 맞을 겁니다."

여객기는 순항고도에서는 객실 내의 기압을 대체로 표고 2,000m 정도 높이의 기압, 즉 0.8기압, 기온은 섭씨 약 24도로 조절해 놓고 있다는 것이다. 고도시계는 공기압을 바탕으로 고도를 측정하도록 되어 있으므로 항공기가 실제 날고 있는 고도는 10,000m이고 바깥은 0.2 기압이지만 기압을 측정한 여객기 안은 0.8기압 정도로 세트되어 있기 때문에 이런 일이 벌어지는 것이다. 이것을 '기내 고도(Aircraft-Cabin Altitude)'라고 한다. 만약 별도로 여압기를 가동시키지 않고 객실 안의 기압이 바깥기압과 똑같다면 바로 고산병에 걸려버리고 말 것이며, 단숨에 이 고도까지 올라가면 귀가 아파서 견디질 못하고 1분도 못 견디고 사망에 이르게 된다고 한다.

최근 여압장치 관련 사고는 2015년 12월 23일 오전 06시30분 김포공항을 이륙한 국내 저가 항공사 여객기(B737-800)의 여압장치가 고장나 호흡이 곤란해지면서 152명의 승객들이 혼란에 빠진 경우도 있었다. 참고문헌 : 영종 블로그

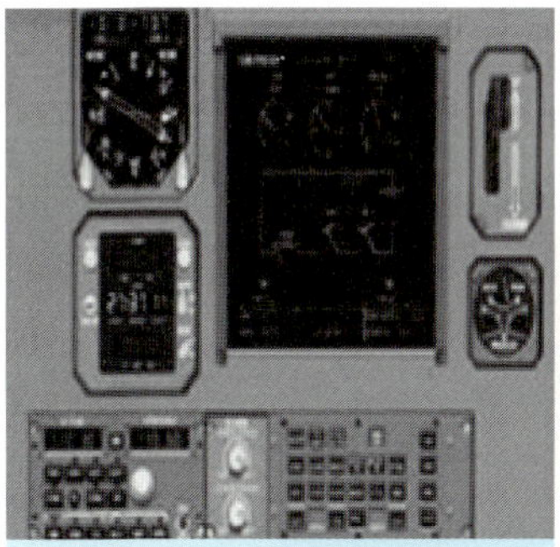

기내 고도 계기판

여압조절하는 조종실 계기판

(2) 기내 기온과 습도(Temperature and Humidity)

비행기의 객실 내 온도는 23~25도 정도로 유지되며, 습도는 9% 내외여서 상당히 건조하다. 따라서 코의 점막과 피부가 건조되며 불편함이 초래되고 건조한 환경 때

문에 신체의 수분이 많이 증발하기 때문에 알코올성 음료가 아닌 순수한 물을 충분히 마셔야 탈수가 예방될 수 있다.

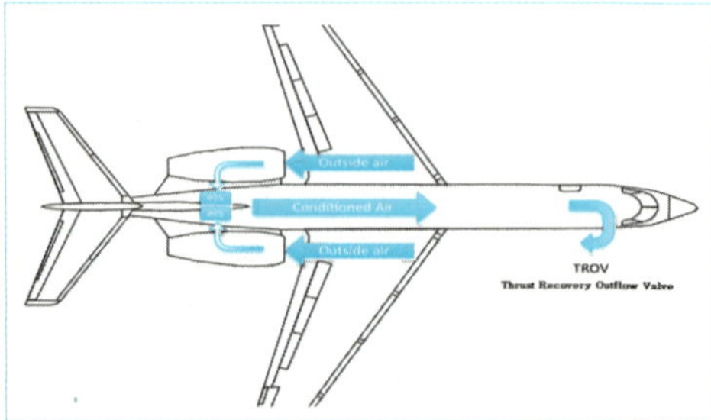

(3) 기내 환기(Ventilation)

여객기 객실은 비행해도 승객과 승무원의 신체에 영향을 미치지 않도록 여압장치, 환기장치를 통해 쾌적한 여행이 될 수 있도록 설계되어 있다. 객실 내 공기순환은 매 3~5분 내외로 완전히 교체되고 있어서 수술실과 같은 수준의 깨끗한 공기를 유지하고 있다.

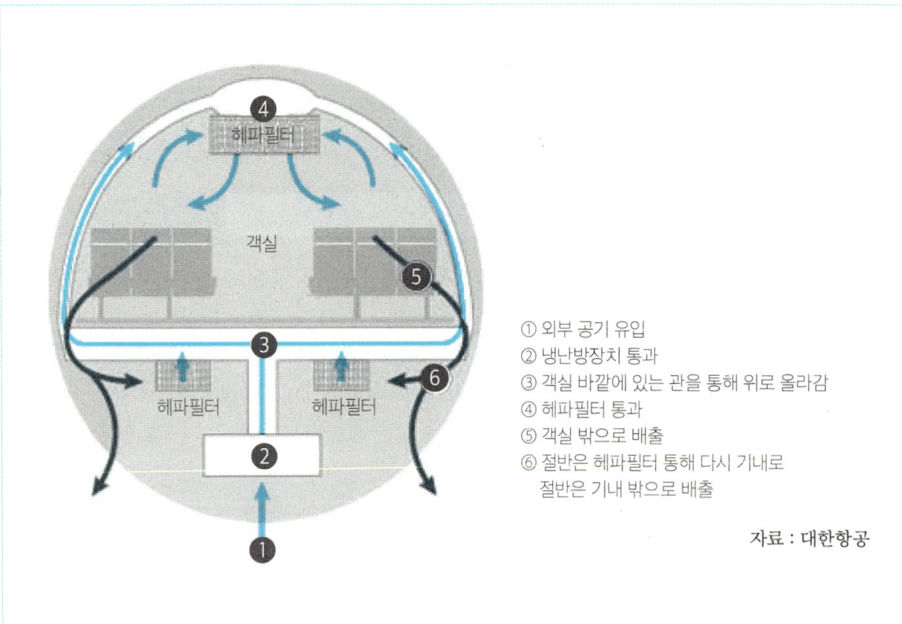

항공기 내 공기순환시스템

기내 환기시스템(Environmental control system)

기내 환기시스템에는 감염증 방어적인 측면에서 3가지 특징이 있다.
첫째, 기내 공기는 약 3분마다 환기된다. 단, 그중 50%는 재환기이다.
둘째, 기내의 공기는 위아래로 흐르며, 앞뒤나 옆으로는 흐르지 않는다.
셋째, 재환기되는 공기는 기내에 공급되기 전에 고성능 HEPA필터를 거쳐 가기 때문에 바이러스나 세균이 대부분 제거된다.

HEPA필터(High Efficiency Particulate Air Filter = 고효율 입자공기 필터)란

공기 중에서 먼지, 진애(dust, 塵埃 = 부유하는 미립자) 등을 없애고 청정공기로 만드는 목적으로 사용하는 에어 필터. 공기청정기와 클린 룸의 메인 필터로 이용된다. 일반적으로 '정격 유량에서 직경 0.3μm의 입자에 대해 99.97% 이상의 입자 포집률을 갖고 초기 압력 손실이 245Pa 이하의 성능을 가진 에어 필터'로 규정되어 있다. HEPA필터의 입자 포집효율을 한 단계 높인 ULPA필터도 있다.

(4) 기내 소음(Noise)

기내에서도 항공기 엔진에 의한 소음이 있으나 기내 소음의 경우 좌석위치에 따라 달라지게 된다. 즉, 엔진이 달려 있는 날개와 가까운 쪽일수록 항공기 엔진에 대한 소음도가 높고 반대로 날개쪽과 멀어질수록 소음도는 낮아진다. 하지만 꼬리 날개 쪽에도 APU라는 보조 발전기가 설치되어 있어서 적은 엔진 소음이 들리는 정도로 생각하면 되고 따라서 꼬리 날개 쪽도 주 날개 쪽보다는 적지만 다른 곳에 비해 소음도가 있는 편이다. 항공기가 비행 중 여러 가지 소음과 진동이 발생되나 방음처리, 소음감소장치를 사용하여 객실 내로 직접 전달되지 않는다. 따라서 정상적인 대화를 나누기에 적절한 수준이나 만일 비행기 엔진소음과 공기마찰음이 그대로 승객에게 전달되면 어떨까? 아마도 몇 초 내 소음에 의한 효과로 모든 승객은 사망에 이르게 되지 않을까?

2. 상황판단(Assess the Situation)

기내에서 제일 처음 환자를 발견하거나 승객으로부터 접수받은 최초 승무원은 환자가 의식이 있을 경우 본인이 객실승무원임을 밝히고 환자승객의 상태를 파악한다.

환자 상태 파악 요령은

- 환자승객 안정
- 환자승객의 의식 및 호흡 확인
- 도움의 필요 여부 확인 후 동의
- 환자의 의학정보 습득 및 의사소견서 확인이다.

환자상태와 의학정보 습득에 도움을 주는 Medical Alert

Medical Alert는 환자의 신상, 병력, 혈액형 등 진료에 필요한 내용을 팔찌나 목걸이에 표시하여 의료진이 응급처치 시 환자 과거병력/응급처치에 참고할 수 있게끔 만든 장식물이다. 최근엔 시계형 Medical Alert도 생산되고 있다.

※ 응급환자 발생 파악하기

운항 중 승객 가운데서 응급환자가 발생하면?

1990~2018년 기내 다발질환 소개

기내 다발 질환

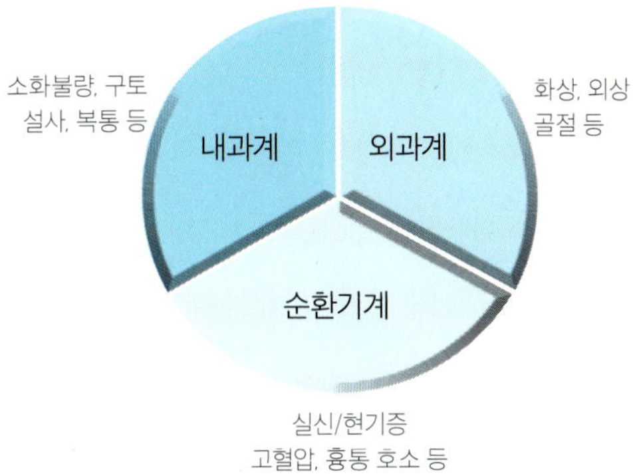

그림의 표에서 보듯이 비행 중 기내에서 자주 발생하는 질환은

1. 실신, 현기증, 고혈압, 흉통 호소
2. 화상, 외상, 골절
3. 소화불량, 구토, 설사, 복통 등의 질환이며 항공사에서는 비행 중 회항(Divert), 긴급착륙(Emergency landing) 등 항공기의 비정상적인 운항을 유발할 수 있는 기내 응급환자의 발생을 줄이기 위해 상당한 노력을 기울이고 있다. 특히 현재 위중한 질병으로 인해 치료를 받고 있는 승객에게는 아래와 같은 서식을 항공기 탑승 전 작성하게 함으로써 환자승객과 항공사 간의 의료분쟁을 사전 예방할 수 있도록 하고 있다.

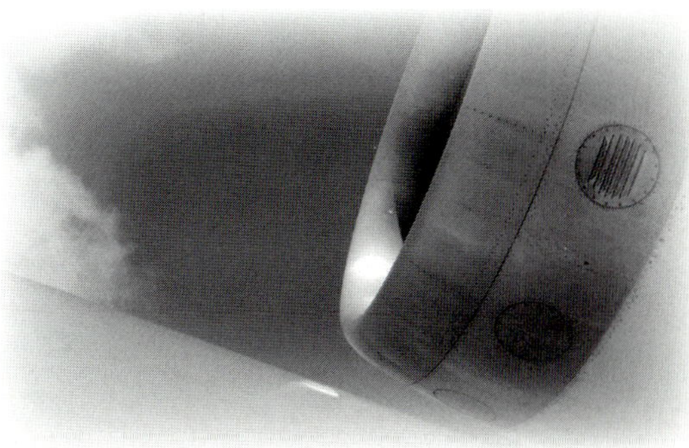

항공기 탑승 전 환자승객이 작성하는 서약서 및 의사소견서 샘플

서약서(Indemnity)

<table>
<tr><th colspan="5">고객 인적 사항</th></tr>
<tr><td>탑승일
Date</td><td colspan="4"></td></tr>
<tr><td>편명
FLT No.</td><td></td><td>목적지
Destination</td><td colspan="2"></td></tr>
<tr><td>성명
Name</td><td colspan="4">서명
Sign</td></tr>
<tr><td>연령
Age</td><td></td><td>성별
Gender</td><td>남 □
Male</td><td>여 □
Female</td></tr>
<tr><td>사유
Health description</td><td colspan="4"></td></tr>
<tr><th colspan="5">임신부 승객(해당자만 작성)</th></tr>
<tr><td>임신주수 및 상태
Gestational age & Pregnancy</td><td>주 일
weeks days</td><td colspan="2">단태 □
Single</td><td>다태 □
Multiple</td></tr>
<tr><td colspan="5">* 37주(다태 임신 시 33주) 이상 임신부는 본인과 건강을 위해 탑승할 수 없습니다.
* 37Weeks(33 weeks for multiple pregnancy) or more, air travel is prohibited for safety reasons.</td></tr>
<tr><td colspan="5">현재 분만징후, 임신관련 합병증(예, 조기 양막 파열, 전치태반, 조기 진통 등)이 있을 경우, 의사 소견서 제출 및 탑승 가능 여부 확인이 필요하며 안전한 항공여행에 적합하지 않을 경우 탑승 불가합니다.
If you are experiencing sign of labor or complications(ex. Premature rupture of membrane, placenta previa, preterm labor, etc), you must present a medical certificate. Air travel is not advised if you are not safe to fly.</td></tr>
<tr><td colspan="5">본인은 본인(또는 위 승객)이 상기 항공편으로 여행하는 데 있어 항공운송 전, 항공운송 중 혹은 항공운송 후에 본인(또는 위 승객)의 건강 상태에 유해한 결과가 발생한다 하더라도 대한항공 및 대한항공의 직원, 보조자, 대리인에 대하여 일체의 책임을 묻지 않을 것입니다. 또한 본인(또는 위 승객)의 항공운송과 관련하여 발생하는 부수적 비용은 모두 본인이 부담할 것임을 확인하며 이로 인하여 대한항공 또는 제3자가 입은 일체의 손해를 배상할 것을 서약합니다.
I, the undersigned hereby, agree to fully indemnify and hold harmless Korean Air its officers, directors, agents and employees from and against any and all liabilities, damages, claims, lawsuits or judgments for any possible detrimental consequences on my (or the above passenger's) state of health which might occur before, during or after transportation by Korean Air arising out of or in connection with traveling by above flight.
The undersigned agrees that the undersigned shall bear any and all additional expenses and costs arising out of or in connection with the undersigned's(or the above passenger's) transportation and shall assume full responsibility for all damages which might be caused to Korean Air or any third party.
서약자 : 서명
Signed(passenger-parent-guardian) Sign
주소
Address
연락처
Phone number</td></tr>
</table>

주치의 소견서(MEDIF : Medical Information Form)

담당 주치의 선생님께

항공 여행 시 기내는 지상과는 다른 여러 환경으로 승객의 질환 악화나 예상치 못한 응급상황이 발생할 수 있어 아래와 같이 기내 환경에 대해 안내드리오니 참고하여 작성해 주시기 바랍니다.

※ 승객의 항공 여행에 있어 고려해야 할 사항

- 낮은 산소 분압 : 기내는 지상에 비해 약 25~30% 정도 낮은 산소 분압을 보입니다. 만약, 승객이 심장, 폐질환, 빈혈 등이 있는 경우에는 항공 여행 동안 기내 산소를 사용해야 하는지 함께 고려해 주시기 바랍니다.
  ex) 뇌졸중 발생 후 2주 이내, Hgb 9.5g/dl 미만 등에서는 기내 산소 필요
- 낮은 압력 : 항공기 이/착륙 시 기내 압력은 변화될 수 있으며 가스 팽창 등으로 통증 유발 및 수술 부위에 영향을 줄 수 있습니다.
  ex) 주요 수술 10일 경과, 자연 기흉 완치 후 7일(외상성 기흉 완치 후 14일) 경과 후 탑승 권고
- 기류 변화 : 갑작스러운 기내 기류 변화 발생 및 이/착륙 시 충격으로 인해 특히 척추 질환 등이 있는 경우 영향을 줄 수 있습니다.
  ex) 이/착륙 시 좌석 등받이를 90도로 세우지 못하는 경우 Stretcher 이용 장시간 앉아 있기 어려운 경우 Stretcher, 상위 클래스(프레스티지 이상) 이용
- 전문 의료인 부재 : 객실승무원은 일반 승객에 대한 서비스에 지장을 줄 수 있는 환자 승객에 대한 특별한 도움을 제공할 수 없습니다. 또한, 응급처치 교육만 받으므로 주사, 약물 투여 등의 의료업무는 할 수 없음을 알려드립니다.
- 심부정맥 혈전증 : 좁은 좌석, 운동 부족, 낮은 습도 등으로 인해 암, 외상, 고령, 최근 수술력 등이 있는 승객은 심부정맥혈전증 발생가능성이 높으므로 항혈전 예방 치료 필요 여부를 고려하여 주시기 바랍니다.

※ 이외 자세한 사항은 IATA Medical Manual 참고해 주시기 바랍니다.

○○ 항공의료센터

3. 응급환자 보고(Report, Communicate and Coordinate)하기

제일 먼저 환자를 발견한 승무원은 각 항공사별로 규정된 비상신호 또는 구두로 주변 승무원의 도움을 요청하고 생명위협 상황인 경우 기장에게 먼저 통보하여 지상으로부터 의학적인 도움을 청하며 객실사무장/캐빈매니저는 즉시 의사호출방송(Doctor Paging)을 실시하여 기내 의료진 탑승 여부를 확인한다. 의료인의 법적 범위는 의사, 한의사, 치과의사, 간호사, 조산사이다. 기내 사망을 포함하여 응급환자 발생 시 다음의 사항을 파악하여 기장/객실사무장, 캐빈매니저/지상연락처에 보고하도록 하여야 한다.

- 응급승객의 성명, 나이, 성별, 주소, 연락처 등 인적사항
- 승객의 증상
- 승객에게 의료행위를 한 기내 의료인의 인적사항
- 응급상황 발생장소, 시간, 비행구간, 당시 운항 및 객실상황
- 응급상황 전반에 관한 구체적인 진술
- 취식한 음식(소화기 계통 응급상황)
- 시간대별 조치사항 및 기내 의료장비 사용 여부

1차 Doctor Paging 기내 의료진 호출 방송문

안내 말씀 드리겠습니다.
지금 기내에 응급환자가 발생했습니다.
손님 중에 의사 선생님이 계시면 저희 승무원에게 말씀해 주십시오.

Ladies and gentlemen.
We have a passenger in need of emergency medical care.
If there is a medical doctor on board,
Please contact one of our crew.

2차 Doctor Paging 기내 의료진 호출 방송문 - Doctor가 없을 경우

다시 한 번 안내 말씀 드리겠습니다.
지금 기내에 응급환자가 발생해 도움을 필요로 하고 있습니다.
손님 중에 의료인, 응급구조사 계시면 승무원에게 말씀해 주십시오.
감사합니다.

Ladies and gentlemen
We have a passenger in need of emergency medical care.
If there is a medical doctor or other medical professional on board,
Please contact one of our crew.

2008~2010년까지 2년간 미국 5개 항공사의 국내선과 국제선 운항 자료 중 메디컬 센터에 보고된 총 7,198,118 비행에서 기내 닥터페이징(Doctor paging)은 11,920회로, 비행 604회당 1번이었다. 가장 흔한 증상은 Syncope(실신) 및 presyncope(37.4%), 호흡기 증상(12.1%), 오심 및 구토(9.5%)였으며 여기서 의사가 참여한 비율은 48.1%, 의사의 결정에 의한 비행기 회항은 7.3%이었다. 기내에서 발생한 환자의 25.8%는 비행기 착륙 후 병원으로 갔으며, 전체 환자의 8.6%가 입원했고 0.3%는 사망하였다. 입원의 주요 원인은 Stroke(뇌졸중) 의증, 호흡인성, 심장인성이었다. 루프트한자 항공 같은 경우에는 '닥터스 온 보드'(Doctors on Board) 프로그램을 운영하고 있고 비행기를 탑승 전 체크인 시 의사인 경우 항공회사에 등록을 해서 기내 응급 상황 발생 시 진료를 하도록 하는 것이다.

비행 중 기내에서 응급환자가 발생하였을 경우 객실승무원이 우선적으로 취해야 할 단계별 행동원칙은 다음과 같으며 최소 2인 이상의 객실승무원이 가장 빠르고 효과적으로 행동을 취하여야 한다.

환자의 의식을 확인하고 필요하다고 생각되는 경우 환자승객을 항공기 바닥에 눕게 할 수 있으며 또한 환자의 활력징후와 반응이 전혀 없는 경우 지체 없이 CPR을 실시하여야 하고 다른 승무원은 심폐소생술에 필요한 호흡기 및 심장제세동기(AED)를 준비한다.

최초 응급환자를 발견한 승무원이 응급환자의 상태를 파악하고 있는 동안 도움요청을 접수한 승무원은 아래의 응급처치에 필요한 장비를 준비한다.

상황 판단
COMMUNICATION
ABC SURVEY
SECONDARY SURVEY

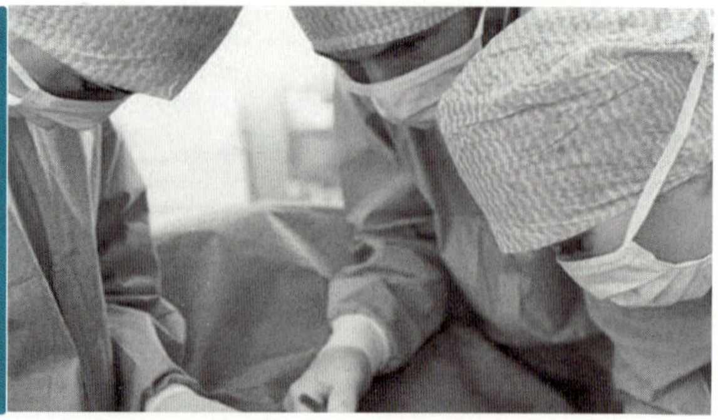

응급환자 발생 시 즉시 준비되어야 할 응급장비

- EMK(Emergency Medical Kit) : 구급키트(기장의 허가 후 의사만 사용 가능)
- AED(Automatic External Defibrillator) : 심장제세동기
- FAK(First Aid Kit) : 간단한 구급키트(기장의 허가 후 승무원/의료진 사용 가능)
- Resuscitator : 응급환자 소생을 위한 구급장비 백(Bag)
- Oxygen Bottle and Mask : 산소통과 산소마스크
- Blood Pressure Gauge : 자동/수동 혈압계

2 상황판단

승객 안정 → 도움 필요 여부 확인 → 상황파악 및 환자에 대한 의학정보 습득 → 의사소견서 확인

3 Communication

도움 요청 → 기장에게 통보 → 객실사무장/캐빈매니저에 의한 닥터 페이징(Doctor Paging) 실시 → 지상 의료진과의 면밀한 의사소통

4 ABC Survey

질병의 위급성 여부를 판단하기 위해 실시하는 응급처치 기초단계로서 기도 호흡, 심장운동을 확인하는 절차를 말한다. 객실승무원은 하단의 의식평가 결과에 의거 필요한 응급처치를 한다.

- A(Airway) : 기도는 유지되고 있는가?
- B(Brething) : 호흡은 하고 있는가?
- C(Circulation) : 심장은 뛰고 있는가?

5 Secondary Survey

발병 당시 환자의 상태가 위중하지는 않지만 방치하면 위급한 상황으로 진행될 수 있는 질병을 미연에 방지하는 절차를 의미하며 제10장 응급환자 후속관리 실무에서 실명하기로 한다.

6 EMCS(Emergency Medical Call System)란?

[별지 제60호 서식]

제 호

항공전문의사 지정서

○성 명: ○생년월일:

○의사면허증번호:

○주 소:

○병원명:

○조 건:

귀하를 「항공안전법」 제49조 제1항 및 같은 법 시행규칙 제105조 제3항에 따라 항공전문의사로 지정합니다.

년 월 일

국토교통부장관 직인

210mm×297mm[백상지 80g/m²]

항공기는 일반적으로 지상으로부터 약 1만 미터 정도의 고공을 날고 있으므로 비행 중 기내에서 응급환자가 발생하면 지상 대형병원의 응급실과 같은 적절한 의료진의 도움을 받기 힘들다. 또한 기내 의료진이 있더라도 응급환자의 증상과 일치하는 전공 의료진을 만나기 어려워 이러한 경우 조종실 기장의 도움을 얻어 지상에 대기하고 있는 의료진의 도움을 받는 절차를 말하며 현재 많은 항공사에서 기내 응급환자 처치에 상당한 효과를 거두고 있다. 국내 최대 규모의 항공의료전문기관인 대한항공 항공의료센터는 지난 1969년 대한항공 창립과 함께 설립됐다. 항공의료센터 산하 EMCS팀은 2008년 발족해 24시간 응급의료 지원 체계를 운영하고 있다. 특히 이곳에서 근무 중인 응급의학과 전문의는 기내 상황에 특화된 교육을 받은 '항공전문의'이며, 항공전문의는 전국적으로 100여 명에 불과한 '귀한' 인력이다.

대한항공 의료센터에서 EMCS를 이용하여
기내 응급환자를 진료하는 항공전문의 모습

2014년 3월 체코 여행 중 교통사고로 의식불명 상태에 빠진 채 비용 문제로 귀국하지 못하던 김효정(20·여) 씨가 대한항공의 지원으로 귀국했을 때 가장 큰 활약을 펼친 곳도 바로 EMCS팀이다. 즉, EMCS란 비행 중인 항공기에서 응급환자 발생 시 지상과 연락할 수 있어 연계진료가 가능하도록 만든 시스템이다.

1. EMCS에 연락을 해야 될 경우

- 비행 중 기내 응급환자 발생 시 의료진이 탑승해 있지 않아 의사 진료가 불가능하거나 불충분할 때 또한 의료진이 탑승해 있더라도 전문적인 의학적 자문을 구하면서 진료가 필요한 경우
- 의료인이 탑승했더라도 전문의사가 아닌 의료인(치과의사, 한의사, 간호사, 조산사)이 EMK(Emergency Medical Kit) 안의 전문도구나 의약품을 사용하게 되는 경우

2. 의료인 탑승 시라도 EMCS 연락이 필요한 경우

- 응급환자로 인한 비정상 상황(Divert, Return, 기내 사망)이 예상되거나 발생된 경우
- 기내 의료인의 도움에도 불구하고 중증증상(흉통, 호흡곤란, 의식저하, 과다출혈, 극심한 통증 등)이 호전되지 않는 경우
- 기타 추가적으로 의학적 자문이 필요한 경우
- 기내 의료인의 전공분야가 응급환자 증상과 상이하여 EMCS 의사의 협진을 요청하는 경우
- 기내 의료인이 기내 의료기기에 대해 추가 정보를 요청하는 경우

3. EMCS 이용하기 전 준비해야 될 사항

지상연계 원격진료를 대비하여 환자 상태 파악 및 체크리스트 작성을 해야 하는데, 이때 환자의 체크리스트 작성을 위한 서류는 resuscitator bag 안에 있다.(항공사마다 탑재 장소가 다를 수 있음)

시간대별 응급환자 상태와 조치상황, 경과상황을 기록 유지한다.

- 승객 인적사항
- 성별, 나이
- 주된 통증호소 증상
- 승객의 의식상태 및 활력징후
- 산소사용 여부
- 승객 과거병력
- 사용 중인 약품명
- 도착 시 필요한 의료지원 형태

7 기내 응급처치장비

의료장비는 항공기 순항 중 응급환자와 일반환자 발생 시 신속한 대처를 위해 탑재되며 종류에는 EMK, FAK, MEDICAL BAG, AED, RESUSCITATOR BAG, UPK, 자동혈압계, 혈당측정기, 청진기 및 수동혈압계, 얼음찜질팩, 휴대용 산소통, 스트레처, ON BOARD WHEEL CHAIR 등이 있다.

❶ EMK(Emergency Medical Kit)

응급환자 발생 시 의료진에 의한 전문적이고 기술적인 치료를 위해 탑재되며 의료인만 사용할 수 있다. 기장에게 보고하고 사용해야 하며 기내에서 인정하는 의료인의 범위는 의사, 한의사, 치과의사, 간호사, 조산사이다.

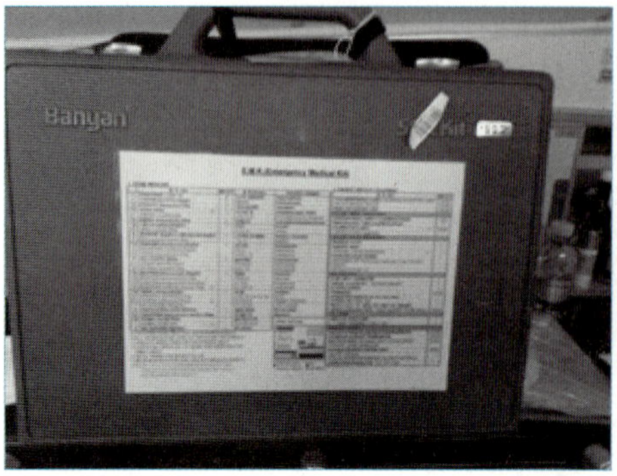

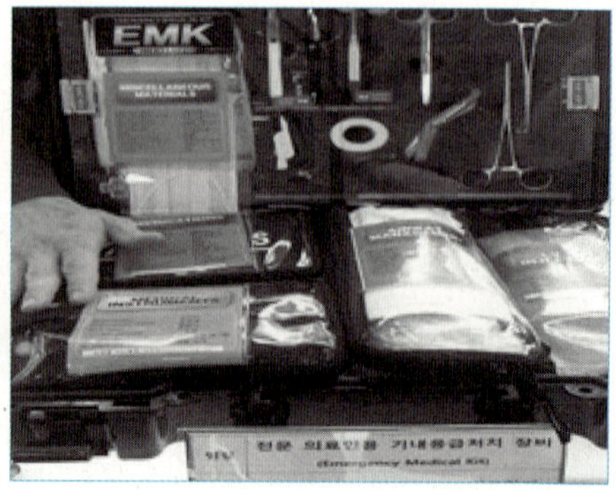

일명 반얀키트(Banyan Kit)라고도 한다. 지상에서 점검 시 EMK의 정위치와 SEAL 상태를 점검하며 왕복 사용할 경우 대비해 2개가 탑재된다. 사용 전 기장에게 보고하여야 하고, 사용 후 객실정비기록부에 기록한다.

내용물 설명서/청진기/혈압계/인공기도/주사기/정맥주사용 카테터/항균소독포/의료장갑/도뇨관/수액세트/지혈대/거즈/반창고/외과용 마스크/탯줄집게/비수은 체온계/인공호흡용 마스크/펜라이트/아드레날린/항히스타민제/포도당/니트로글리세린/진통제/항경련제/기관지 확장제/진토제/아트로핀 주사액/이뇨제/부신피질 스테로이드/자궁수축제/생리식염수/아스피린이 들어 있다.

❷ FAK(First Aid Kit)

일반적인 환자에 사용할 수 있는 구급상자로 좌석수에(50석당 1개) 비례해서 탑재되고 있으며, 평상시에는 납땜 봉인 철사에 의해 봉인이 되어 있다.
지상에서 점검 시 정위치와 수량, SEAL 상태를 점검하며 사용 전 기장에게 보고하여야 하고, 사용 후 객실정비기록부에 기록한다.

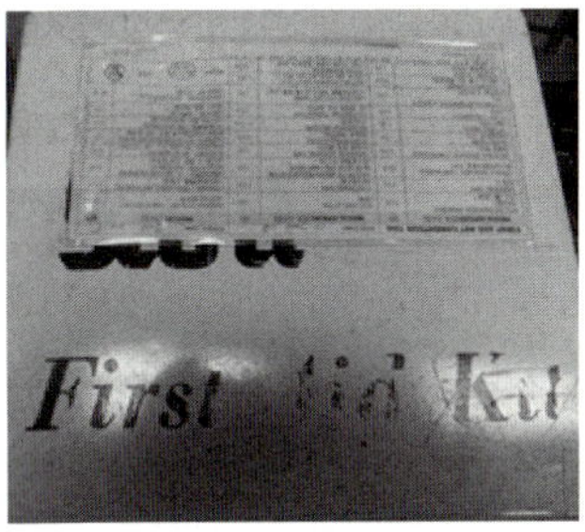

내용물 거즈용 붕대/화상치료거즈/멸균거즈/지혈압박용 거즈/부목/일회용밴드/삼각건 및 안전핀/멸균면봉/베타딘스왑/반창고/상처봉합용 테이프/안대/체온계/인공호흡용 마스크/수술용 접착 테이프/일회용 의료장갑/손세정제/가위/핀셋/응급처치요령 설명서/암모니아 흡입제/타이레놀/멀미약/항진경제/점비액/항히스타민제/제산제/지사제가 들어 있다.

❸ MEDICAL BAG

일정직급 이상의 객실승무원이 소지하고 있는 상비약이다.

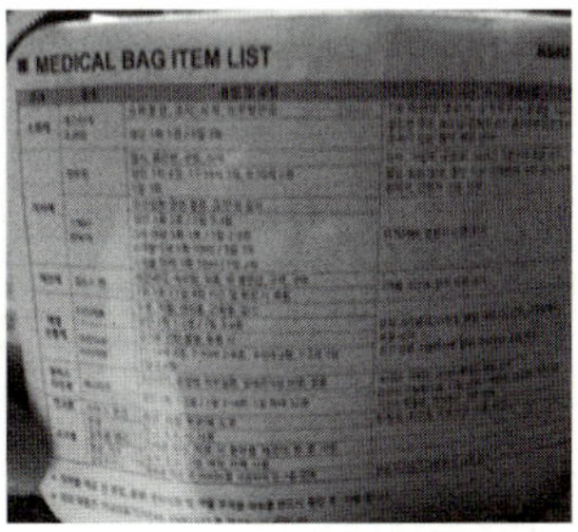

내용물 소화제/정노환/일회용 밴드/화상처치용 연고/베타딘스왑/안티푸라민/인공눈물/타이레놀/항히스타민제/얼음주머니/멀미약/진통제 등이 들어 있다.

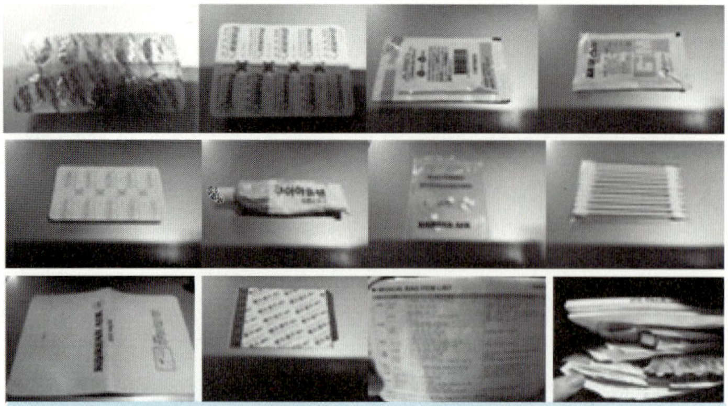

Medical Bag 내용물

❹ AED(Automated External Defibrillator)

호흡과 맥박이 없는 심장질환 환자에게 전기충격을 주어 심장기능을 복구할 수 있도록 도와주는 의료기구이며, 본체와 연결 접착면 그리고 가슴털을 제모할 수 있는 면도기로 구성되어 있다.

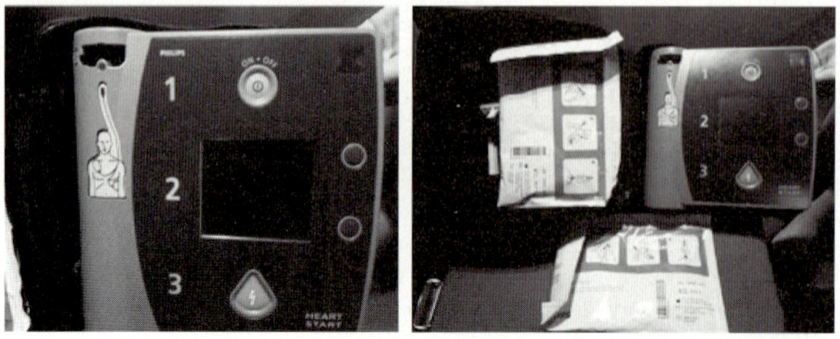

❺ RESUSCITATOR BAG

인공호흡이 어렵거나 힘들 때 사용하는 기구로서 구조호흡기라고도 한다.

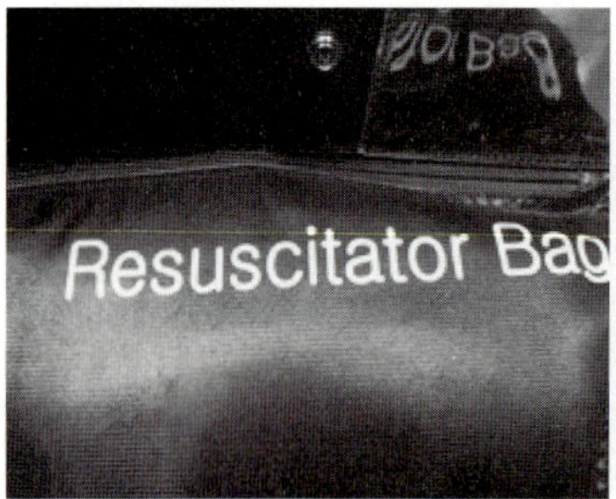

RESUSCITATOR BAG

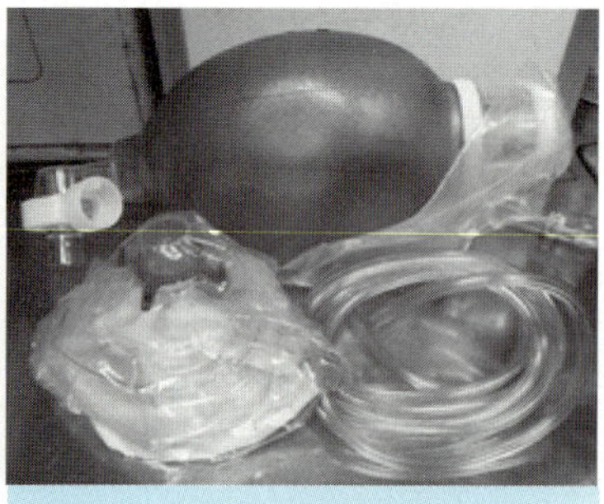

앰부백 : AMBU BAG

Universal Precaution Kit

Biohazzard bag : 오염물 수거백

⑥ UPK(Universal Precaution Kit, 감염예방을 위한 키트)

환자의 체액이나 타액으로부터 오염을 방지해 주는 장비이다. 내용물 구성은 마스크, 장갑, 가운, 거즈 등이 포함되어 있다.

⑦ 자동혈압계

기내 환자 발생 시 환자의 혈압을 자동으로 측정할 수 있는 의료기구이다.

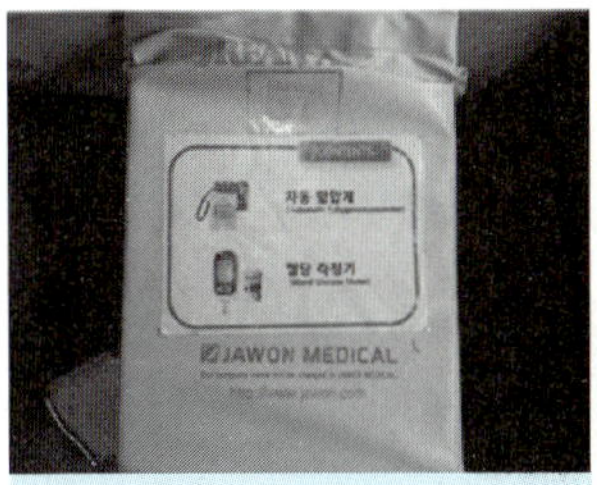

자동혈압계 외관

자동혈압계
체온계와 함께 구비되어 있다.

⑧ 혈당측정기

당뇨로 인한 합병증 및 당뇨환자의 응급처치 시 환자의 혈당을 측정하는 데 사용한다.

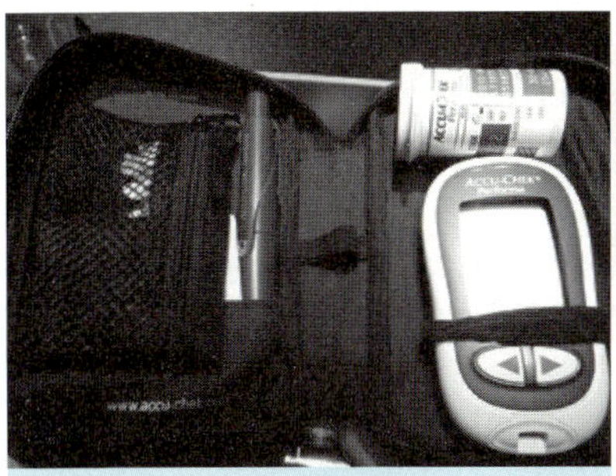

혈당측정기 내부

혈당측정기 외부

⑨ 청진기와 혈압계

응급환자 발생 시 환자의 정확한 혈압을 측정하고 환자 신체 내부의 상태를 알아보기 위해 의료진이 사용하며 일반적으로 수동혈압계가 자동혈압계보다 정확도가 높다고 알려져 있다.

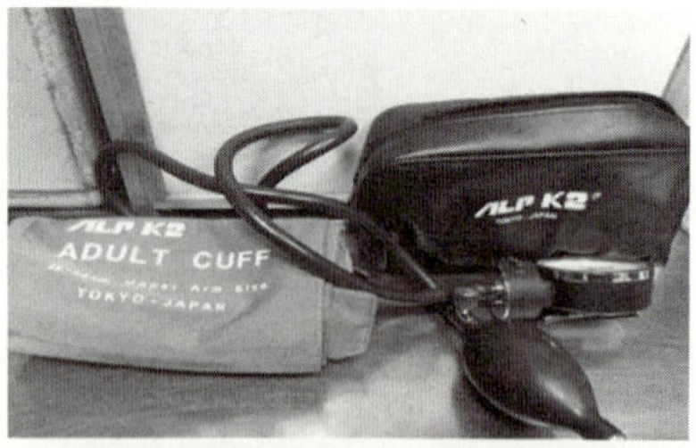

⑩ 얼음찜질 팩

화상이나 고열로 인해 응급조치가 필요할 때 화상환자의 화기를 빼내고 고열환자의 체열을 낮추는 데 사용한다.

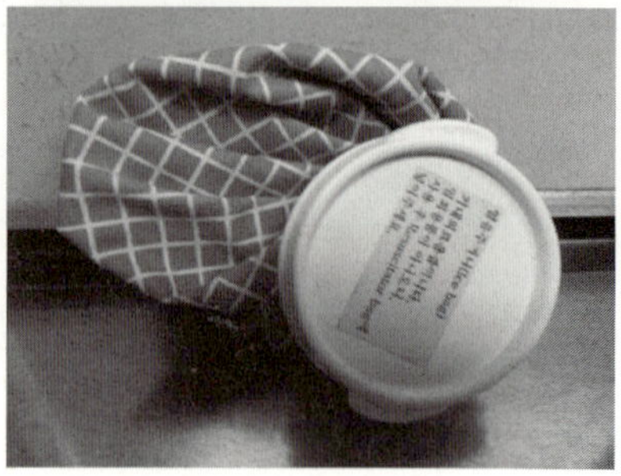

⑪ 휴대용 산소통(PO₂)

기내 응급환자 발생시 산소가 필요할 경우 제공하는 휴대용 산소통이며 고압(4리터/분), 저압(2리터/분)으로 공급할 수 있다. 항공기 내 탑재되는 휴대용 산소통의 산소마스크는 항상 고압(4리터/분) 분출구에 끼워져 있으니 참고하도록 하자.

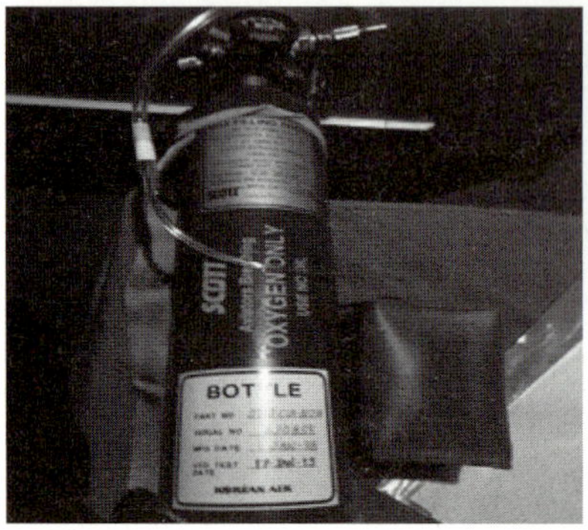

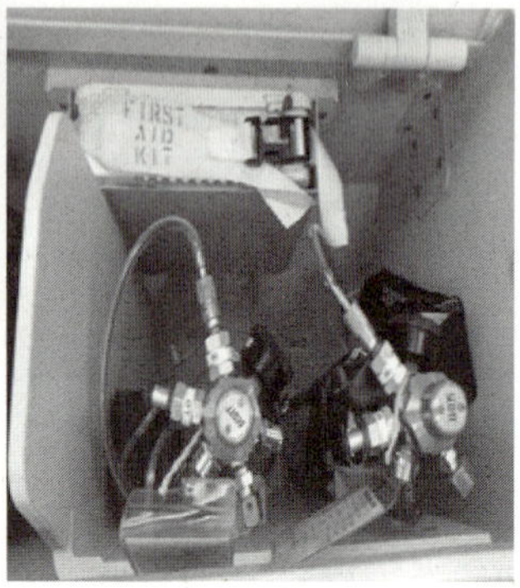

⑫ 스트레처(STRETCHER)

움직일 수 없는 환자의 이동에 사용되는 이송용 침대이며 일반석 6석을 이용하여 장착한다. STRETCHER를 이용하는 승객은 항상 보호자나 의료진을 동반하여야 하며 환자를 기내 기장착된 STRETCHER에 뉘일 때에는 항상 머리가 항공기 앞쪽으로 향할 수 있도록 해야 하며 환자의 프라이버시 보호를 위해 커튼을 사용할 수 있다.

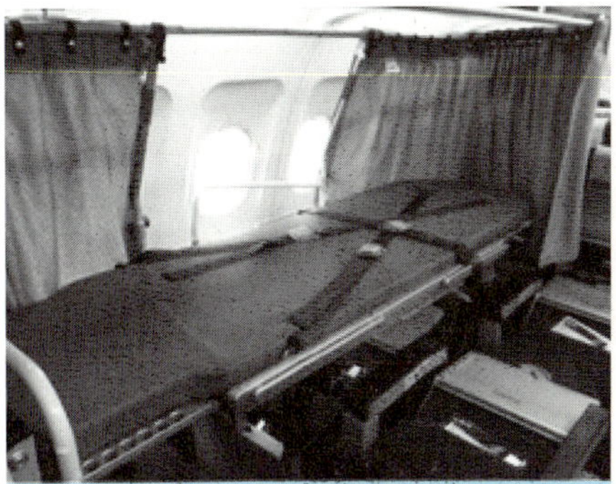

현재 기내장착용 스트레처

차세대 신형항공기의 스트레처

중환자(stretcher) 부상 환자, 수술 환자 또는 여행 중 산소호흡기, 항공침대(Airplane stretcher) 등 특수의료기기가 필요한 승객의 경우 혼자 좌석에 앉아 탑승할 수 없으므로 추가로 6좌석을 구매해야 하는데 별도로 항공사에서 특수 침대를 설치하여 누워서 비행하게 되므로 이러한 경우 보호자 1인이 반드시 동반하여야 하며 환자의 상태에 따라 필요 시 의료인 1인이 동반되어야 한다.

환자 수송을 위해서는 환자의 건강상태 등을 감안하여 항공사의 사전 승인이 필요하므로 최소한 출발일 7일 이전까지 예약하고 도착지에서 앰뷸런스가 필요한 경우 사전에 준비하는데, 경비는 환자 부담으로 환자 1인의 운임은 국제선의 경우 성인 정상 운임의 6배이며 동반 보호자 및 의료인의 운임은 별도이다.

⑬ On Board Wheelchair

지상에서 사용하는 휠체어는 기내 복도가 좁아 진입이 불가하여 기내에서 사용할 수 있도록 특수제작된 조립식 휠체어로서 모든 비행기에 장착되어 있다.

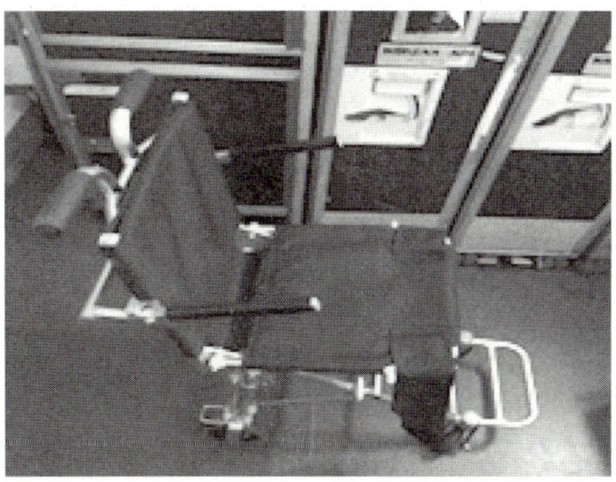

8 기내 응급환자 초기대응 처치 FLOW

다음의 그림은 기내 응급환자 발생 시 초기대응 처치와 응급처치 Flow chart를 알기 쉽도록 만든 것이다. 응급환자의 발생/최초 발견 승무원/도움 요청받은 승무원/응급처치장비 준비/의료인 탑승 여부/응급처치 협조 및 EMCS 연락까지 학습할 수 있도록 자세히 설명해 놓았으니 참고하기 바란다.

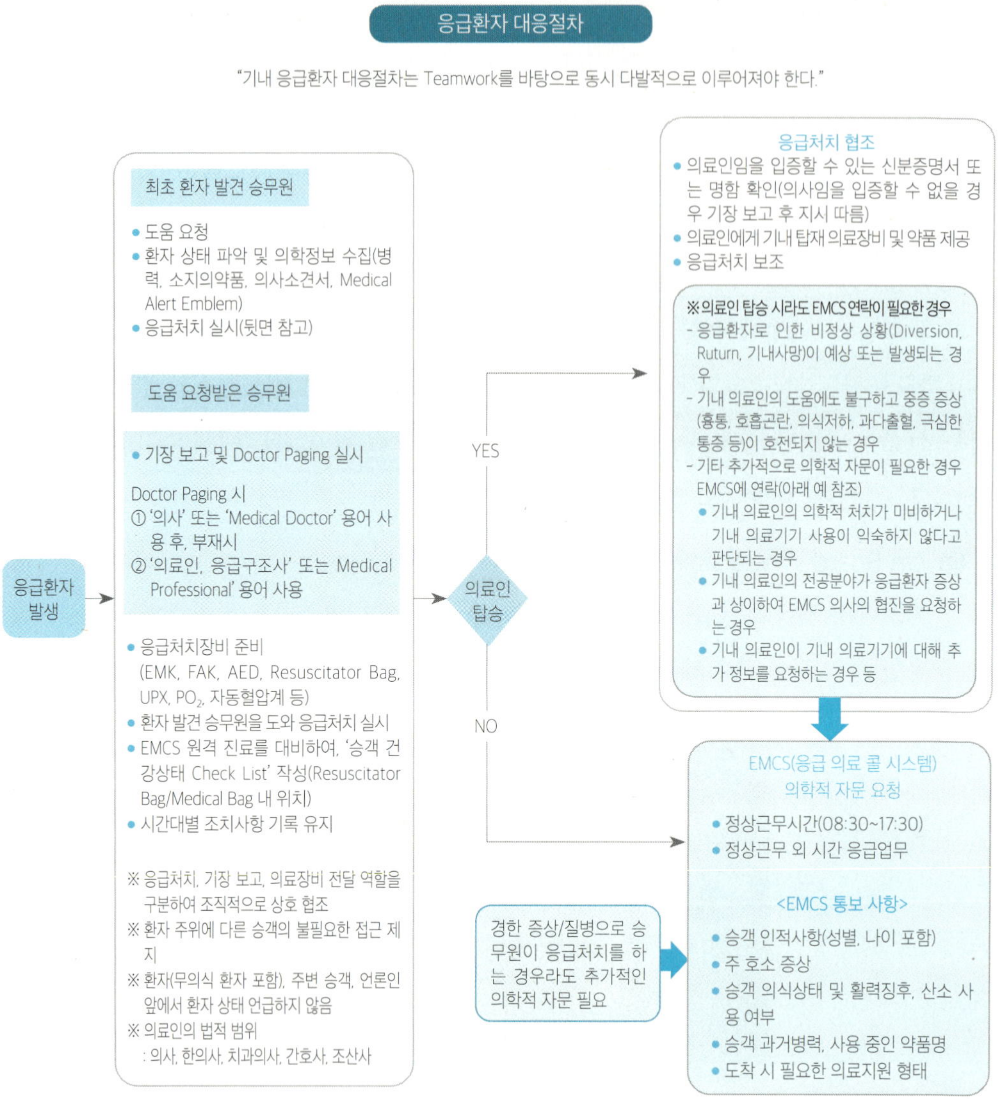

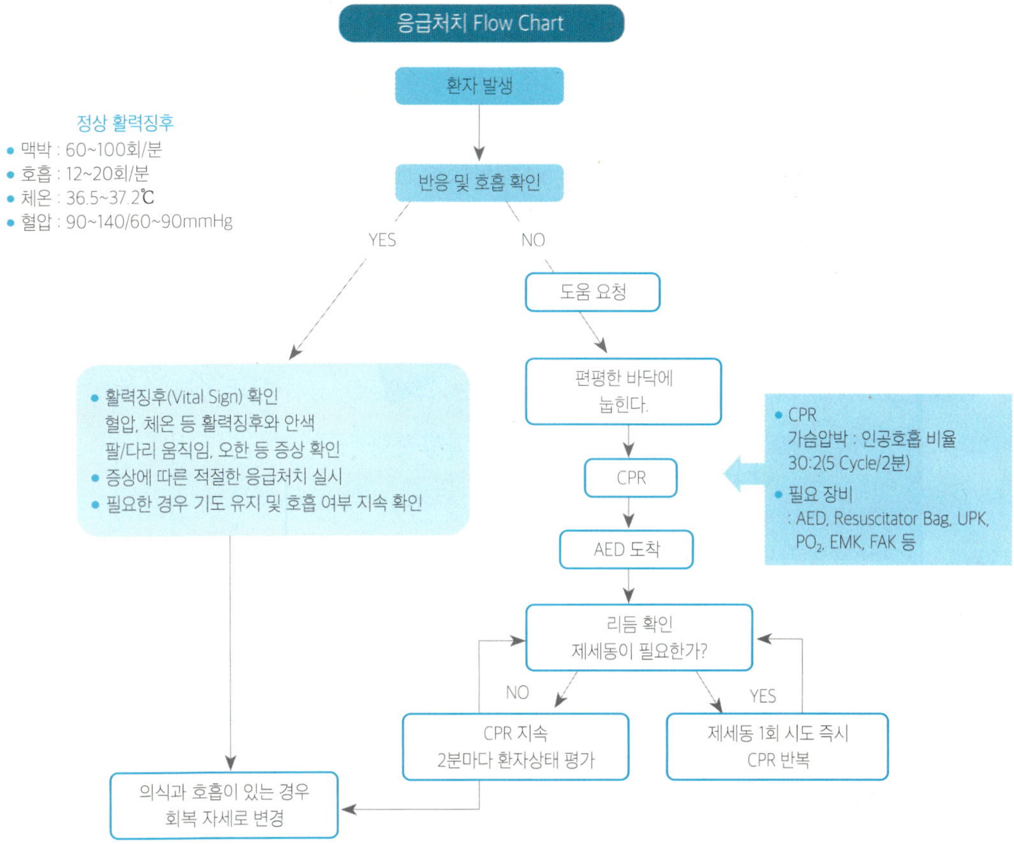

9 기내 응급환자 초기대응 기본원칙

- 기내 환자승객이 생명이 위독한 비상사태인지, 그렇지 않은 상태인지에 대한 정확한 판단
- 조직적인 상호 협조(응급처치, 기장보고, 의료장비전달의 역할구분)
- 승객안정 및 적합한 자세를 취하도록 한다.
- 불필요한 사람의 접근 금지
- 승객이 자신의 병이나 상처에 대한 표현 청취
- 객실 내 적절한 공간 확보

- 객실승무원에 의한 수액 및 정맥, 근육, 혈관주사(Injection) 금지
- 승객이 요청하기 전 약품제공 금지 및 약품의 부작용 파악
- 환자의 과거병력 확인(Doctor's referral form 확인)
- 응급처치 중 혈압, 맥박, 호흡, 활력징후를 파악하여 실시간으로 보고
- Doctor Paging 실시
- 지상 항공병원과의 연락체계 확보(EMCS-Emergency Medical Call System)

  대형 항공사별로 24시간 운영되며, 기내 응급환자 발생 시 기내 의사 진료가 불가능할 때 지상에 연락하여 원격진료를 실시할 수 있고, 의사가 진료할 때도 자문이 필요할 경우 연락 가능하다.

Doctor's referral form 예시

Pastoral Report Form #6

Hospital : 8 Long
Chaplain: Jay Park
Date: 12-20-2004
Supervisor: Rev. Rodney Seeger

Date of Interview: 12/20/04 Visit#1 Report#6
Length of Visit: I hour   Time of Visit: 19:20 P.M.
Patient Initials: EG Age: 55 Gender: F
Religious Preference: Christian First (Catholic Church)
Referred By: Doctor
Diagnosis or Presenting Problem: Breast Cancer patient (Fear of death)

Request This patient was referred by a doctor last night. She thought that chaplain's visit might be helpful to relieve and comfort patient's anxiety and fear of death. In fact, this patient has been struggling with her breast cancer and just transferred to UCSF from Nophill health care center a couple days ago. Patient's nurse also told me that this patient has 'short term memory loss' in her brain and seemed to be quite emotionally and mentally confused due to her disease. While visiting her, patient kept asking me favors to do something. I wish that I could share prayers and hear her feelings, but I had to deal with her errands either by accepting or declining her requests. My request here is that I'd like to receive advice or suggestion what I should have done for the patient or what would be better idea to support and comfort her so that she felt better in this situation.

- 주변 목격한 승객의 목격자 진술 확보
- 응급상황 발생 시 책임 및 보상문제에 대한 언급 금지

10 응급처치 중 감염예방

응급환자 승객 중에는 감염성 질환을 가지고 있는 경우가 있을 수 있으므로 기내에서 응급조치를 해야 할 경우 환자와 주변 승객 그리고 승무원의 감염 위험성을 줄이기 위해 다음과 같은 예방책을 실시한다.

- 환자의 체액과 직접적인 접촉을 피하기 위해 기내 의료기기 중 일회용 장갑, 안면과 눈을 보호하기 위한 마스크, 보호용 가운, 오물 처리를 위한 도구, 린넨, 냅킨 등을 사용할 수 있다.
- 환자의 혈액이나 체액을 직접적으로 접촉하게 될 경우에는 반드시 일회용 의료장갑을 착용하고 UPK(Universal Precaution Kit) 내 액체응고제와 파우더, 오물처리를 위한 도구를 이용하여 환자의 체액을 처리해야 한다.
- 특히 환자의 혈액, 상처와 짓무른 부위가 승무원의 입이나 피부에 닿지 않도록 해야 한다.
- 환자의 혈액, 체액이 묻은 경우 비누로 접촉부위를 깨끗이 씻고 알코올로 소독한다.
- 사용한 주사바늘에 찔리거나 노출된 경우 신속히 승객 병력을 확인하고 도착 후 의료센터의 조치를 받아야 한다.
- 고열, 지속적 기침, 지속적 설사 또는 토하거나 호흡곤란, 출혈, 피부발진 중 한 가지 이상의 증세를 보이는 승객이나 승무원이 있을 때에는 감염병 여부를 의심할 수 있다.

- 환자 기침 시 마스크를 착용하도록 하고 마스크가 없거나 호흡이 어렵다면 코와 입을 가리도록 티슈를 제공하고 나중에 따로 수거하여 비닐에 모아 놓는다.
- 동반 승객이 있는 경우 같은 증상이 있는지 물어보고 환자 승객의 앞, 뒤 3열 승객의 연락처를 확보한다.

11 승객 건강상태 체크리스트(기내 비치)

기내에 의료기기와 함께 비치된 승객 건강상태 체크리스트는 응급환자 초기대응 시 환자의 상태를 기록하기 위한 문서로서 환자의 인적사항, 의식상태, 현재증

승객 건강상태 CHECK LIST

본 양식은 기내 응급환자 발생 시 건강상태를 확인할 수 있는 CHECK LIST로, EMCS의 의학적 도움이 필요한 경우 아래 사항을 작성 후 유선 연락바랍니다.

운항정보	FLT NO : 구간 :
	총 비행시간 : hr min 도착잔여시간 : hr min
인적사항	성명 : 나이 : 성별 : M/F 국적/인종 :
의식상태	☐ A(Awake) ☐ V(Voice) ☐ P(Pain) ☐ U(Unnesponsive)
현재 주 증상	호흡 ☐ 호흡곤란 ☐ 기침 ☐ 가래 ☐ 청색증
	순환 ☐ 흉통 ☐ 두근거림 ☐ 창백 ☐ 식은땀 ☐ 부종 ☐ 실신
	소화 ☐ 구역/구토 ☐ 설사 ☐ 복통 ☐ 토혈 ☐ 혈변
	기분 ☐ 우울감 ☐ 불안/공포감
	심경 ☐ 어지럼증 ☐ 마비/통증 (부위/정도 :)
	기타 ( )
활력징후	혈압 : / mmHg 맥박 : 회/분
	호흡 : 회/분 체온 : ℃
기저질환	☐ 무 ☐ 고혈압 ☐ 당뇨 ☐ 심장질환 ☐ 폐질환 ☐ 뇌혈관질환
	☐ 암 등 기타질환
최근 입원 /수술경험	☐ 무 입원(시기 : 사유 :)
	☐ 수술(시기 : 수술명 :)
소지 약품	☐ 무 ☐ 경구약 ☐ 청력/근육주사 ☐ 기타
	약품명 ( )
현 처치 내용	☐ 무 ☐ CPR ☐ AED ☐ 산소공급 ☐ 투약 ☐ DRESSING
	☐ 기타( )
기내 의료진	☐ 무 ☐ 의사 ☐ 치과의사 ☐ 한의사 ☐ 간호사 ☐ 조산사
	☐ 기타( )
동반자	☐ 무 ☐ 가족 ☐ 의사 ☐ 간호사 ☐ 기타( )
진단서 소지	☐ 무 ☐ 유(상세히 :)

상, 활력징후, 기저질환, 최근 입원 유무, 소지약품, 조치한 내용, 기내 의료진 여부, 동반자 등을 기록하여 기내 응급환자의 상태를 육안으로 볼 수 없는 지상과 연락 시 정확한 환자의 상태를 파악할 수 있게끔 하는 문서이다. 따라서 승무원은 '승객 건강상태 체크리스트'를 휴대하고 정확히 기록한 다음 연락하도록 해야 하며, 이 문서는 메디컬 리포트(Medical Report)로서의 효력이 있다.(항공기 내에만 비치되어 있고 지상에는 없는 문서이다)

12 사진으로 이해하는 기내 응급환자 대처상황

객실브리핑 시 응급환자 대처설명

응급장비 점검 1

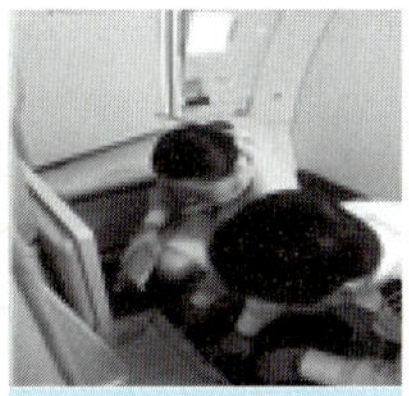
응급장비 점검 2

비행기 이륙

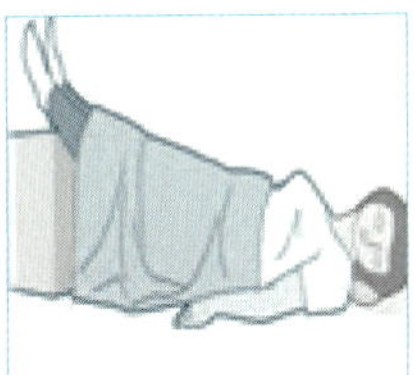
기내 환자 발생

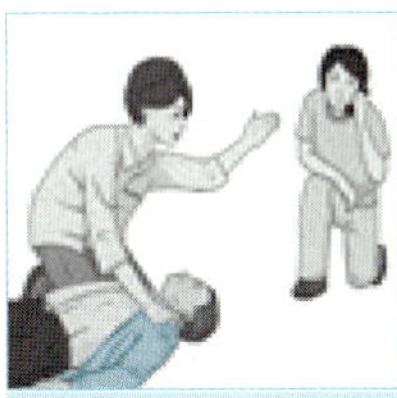
도움 요청

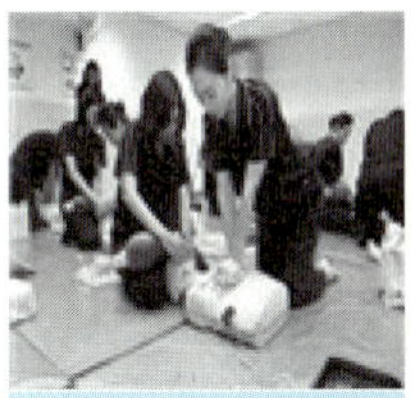
심폐소생술 실시

의사 paging

의사 paging 방송

기장에게 보고

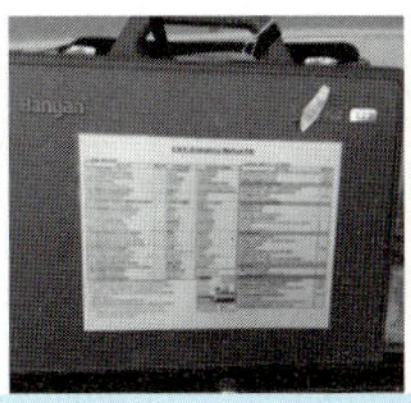
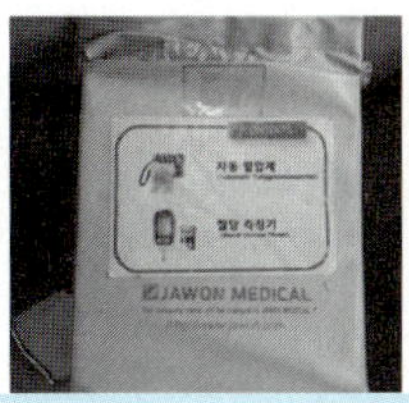
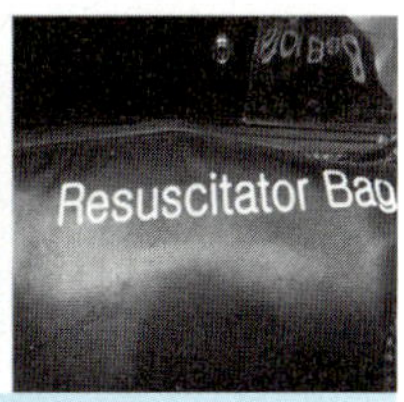

객실 응급장비 준비 : FAK, EMK, 자동혈압계, 구조호흡장비

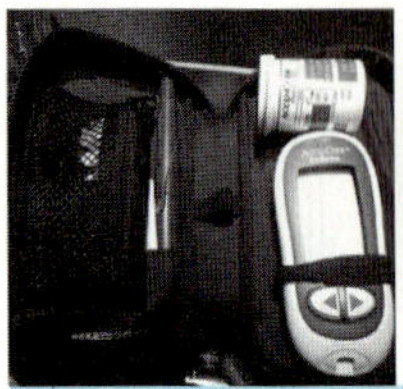
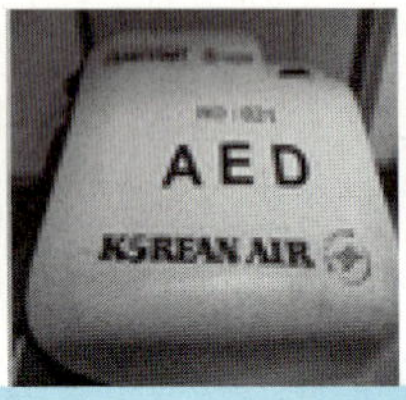

객실 응급장비 준비 : 혈당측정기, AED, 메디컬 키트, 휴대용 산소통

의사 등장

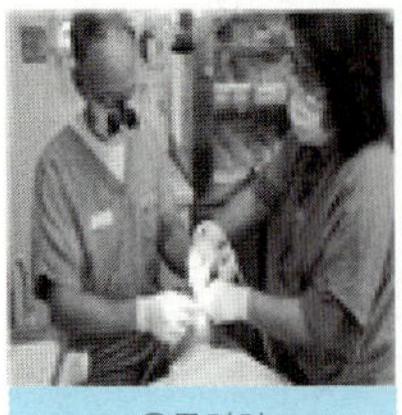

응급처치

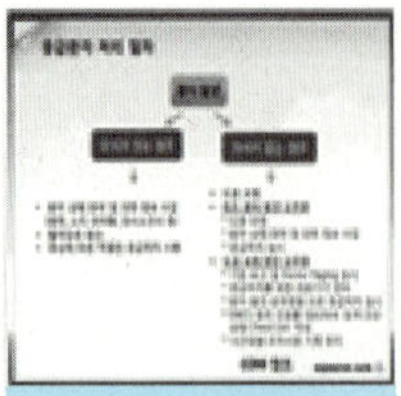

응급처치 절차

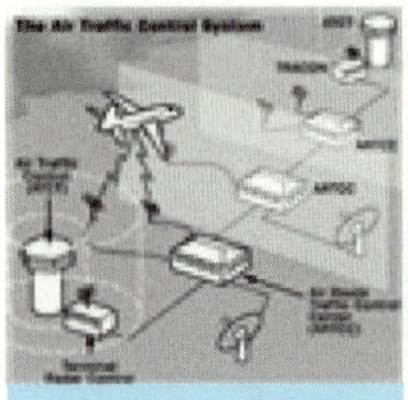

환자위중 시
긴급회항 준비

긴급회항

긴급착륙

항공기 도착

환자 하기 준비

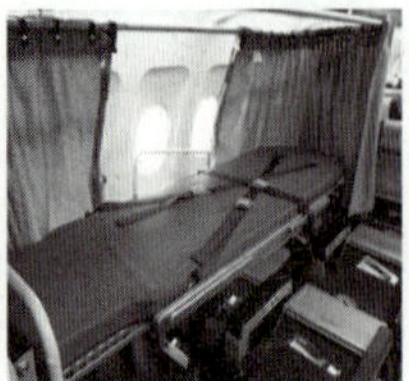

환자 하기

구급차로 이송

객실정비기록부 기록

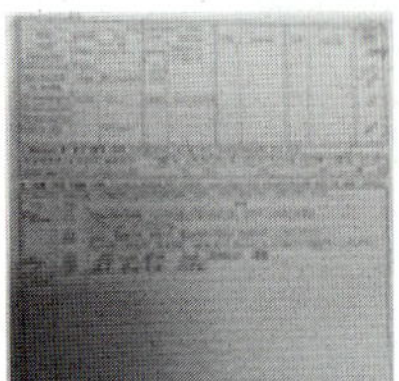

객실사무장
신송사항에 기록

객실 정비사와 협의

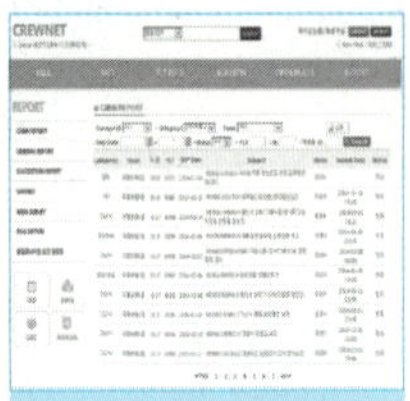

회사 보고서 제출

기내 응급환자 발생 시 항공기 기종별 비상신호

모든 승무원은 비상신호를 듣는 즉시 가까운 곳의 핸드셋을 들고 자신의 위치를 말한 후 발신자로부터 비상상황을 듣거나 응급환자 발생, 긴급사태 발생 등 현재 자신의 상황을 전달해야 한다.

기종	발신방법
A380	핸드셋(인터폰)의 'EMER'을 1초 이상 누른다.
B747/777	핸드셋(인터폰)의 번호 '5'를 2회 누른다.
A330	핸드셋(인터폰)의 'PRIO CAPT' 버튼을 누른다.
B737	핸드셋(인터폰)의 번호 '2'를 3회 누른다.

Chapter 10

응급환자 후속관리 실무

본장을 학습하면 여러분은...

- 응급환자 대응매뉴얼에 따라 응급환자 상태가 악화되지 않도록 관리할 수 있다.
- 응급환자 발생에 따라 일반 탑승자의 쾌적한 여행이 방해되지 않도록 조치할 수 있다.
- 착륙 후 응급환자 대응매뉴얼에 따라 공항과의 협조체제가 순조롭게 진행될 수 있게 조치할 수 있다.

인용출처 : NCS 홈페이지-항공객실서비스

1 응급환자 후속관리 절차

Secondary Survey란 발병 당시 응급환자의 상태가 위급하지는 않으나 적절한 의학적 조치 없이 방치될 경우 심각한 상황으로 진행될 수 있는 질병이나 부상에 있어서 그 악화가능성을 미연에 방지하기 위한 절차를 의미한다.

절차는 다음과 같다.

❶ 응급환자와 주변 승객들과 면담한다.
❷ 응급환자의 활력징후 및 피부색 변화를 주의깊게 관찰한다.
❸ 응급환자의 상처, 질병, 건강상태를 계속해서 확인한다.
❹ 응급처치 내용을 순서별로 기록한다.

활력징후(Vital sign)란?

활력징후란 응급환자의 맥박, 호흡, 체온, 혈압 등의 4가지 사항을 의미하며 응급처치를 실시하는 동안 활력징후와 피부색의 변화는 반드시 관찰되어야 하는 사항이다. 아래표를 유심히 보고 정상수치를 벗어난 경우 주변의 승무원에게 전파하고 증상에 맞는 응급처치를 즉각 실시하여야 한다.

활력징후(Vital sign)	비정상 상황
맥박-정상 : 60~100회/분	정상보다 빠르거나 느리고 약하거나 불규칙하다.
호흡-정상 : 12~20회/분	정상보다 빠르거나 느리고 얕거나 거칠고 힘들게 숨을 쉰다.
체온-정상 : 36.5~37.2도	정상보다 높거나 낮다.
혈압-정상 : 90~140/60~90mmHg	정상보다 높거나 낮다.

2 응급환자 생명 위독한 상태

환자승객이 의식과 호흡이 전혀 없을 경우 의료진이 나타날 때까지 지체 없이 CPR을 실시하고 AED를 사용하며 객실사무장/캐빈매니저는 EMCS(Emergency Medical Call System)를 통하여 지상에 통보한다.

기내 사망

- 국제보건규정(IHR : International Health Regulation)에 의해 항공기에서 발생한 모든 질병 및 사망에 대해서 입국 전 조종실 Radio를 통해 보고하며 G/D에 상기 사항을 기록한다.
- 승객에 대한 사망선고는 의사, 치과의사, 한의사만 가능하다
  - 의료진에 의해 사망이 선고되면 해당 의료인과 항공사의 합의에 의해 목적지까지 비행할 수 있으며 사망승객이 발생한 상황에서 다른 나라로 입국 시 가능한 빨리 현지국가의 보건기관에 통보하여야 한다.
- 비행 중 사망자 발생 시 기장에게 선보고한다.
- 좌석벨트로 단단히 묶고 담요로 덮어 둔다. 단, 사망승객이 좌석에 있지 않았던 상황 이외에는 그 승객을 옮기지 않는다.
- 가능한 한 주변의 승객들을 객실 내 다른 지역으로 옮긴다. 항공기 객실에는 사망한 승객을 모실 마땅한 공간이 없기 때문에 어쩔 수 없이 일반 승객이 거주하는 공간에 함께 있을 수밖에 없다. 하지만 일반적으로 기내 사망승객은 일반 승객과 어느 정도 격리해서 모시고 있다.
- 다른 승객에게 전파 금지한다.
- 도착 후 현지 의료인에 의해 허락을 받을 때까지 사망승객을 이동해서는 안 된다. 사망자의 개인유품은 도착지 직원에게 인계하도록 한다.
- 사망환자에 대한 성별, 나이, 증상, 출발지, 취식한 음식을 기록한다.
- 기내 의료진이 없거나 의료진에 의해 사망선고가 안 되었을 경우 CPR 등 적절한 응급조치를 계속 실시한다.

남녀 자연사 원인 비교

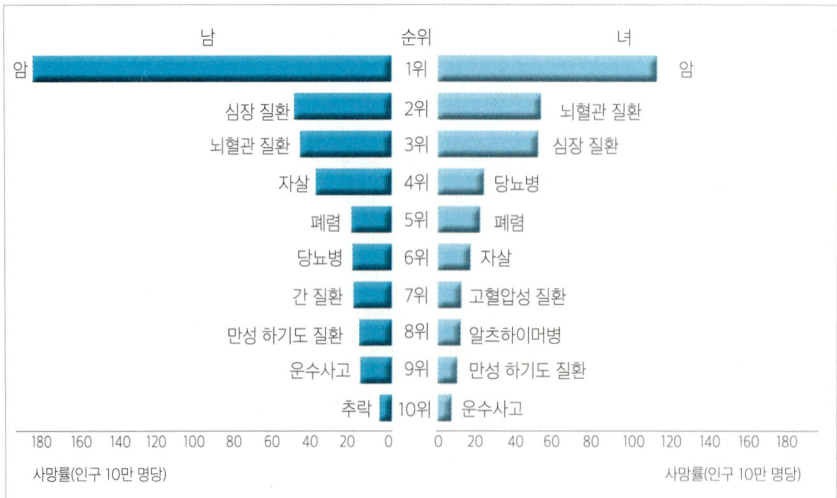

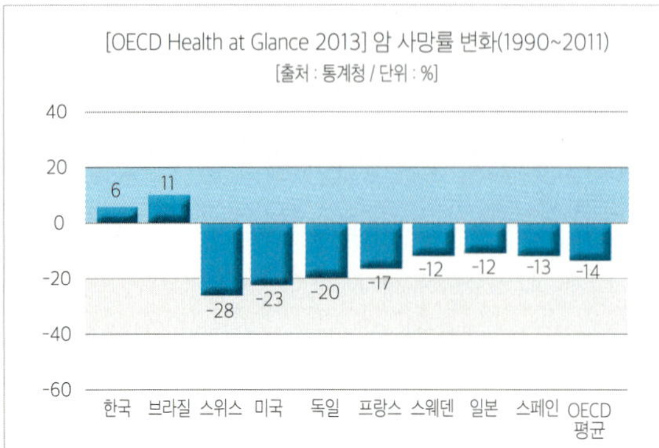

기내 사망한 승객을 어디다 모실까?

- 기내에서 갑작스럽게 생명이 위독해지는 경우 다행히 승객이 생존해 있는 동안 항공기가 인근공항으로 긴급회항을 하면 바람직하지만 회항 전 기내에서 사망한 승객이 발생했을 경우 항공기는 목적지로 가야 하나? 아니면 주변의 인근공항으로 회항해야 되나? 답은 목적지로 비행할 수도 있고 인근공항으로 회항할 수도 있다. 최종 결정은 객실의 모든 상황을 고려하여 기장이 내려야 한다.

- 항공사에서는 기내 사망이 예상되는 정도의 심각한 질병을 가지고 있는 승객에게는 의사진료확인서를 요구한다. 이는 나중에 사망의 경위를 두고 발생하는 소송을 방지하기 위함이다.

응급환자 운송 위한 기내설비(스트레처)

- B737 포함 전 기종 장착 가능
- STCR 승객인 경우 반드시 1인 동반
- 6좌석 연결하여 장착
- 커튼을 이용하여 환자의 Privacy 보호

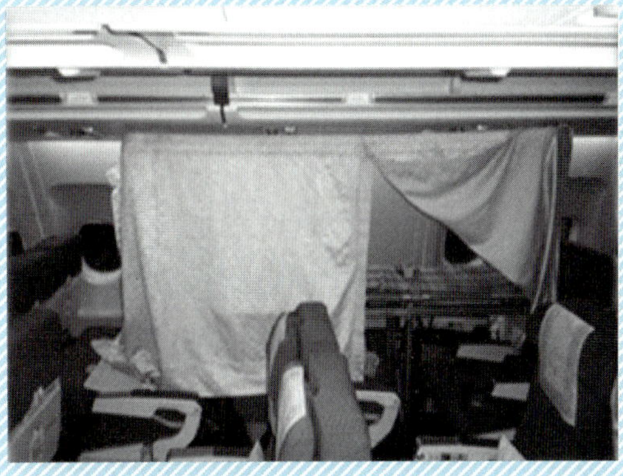

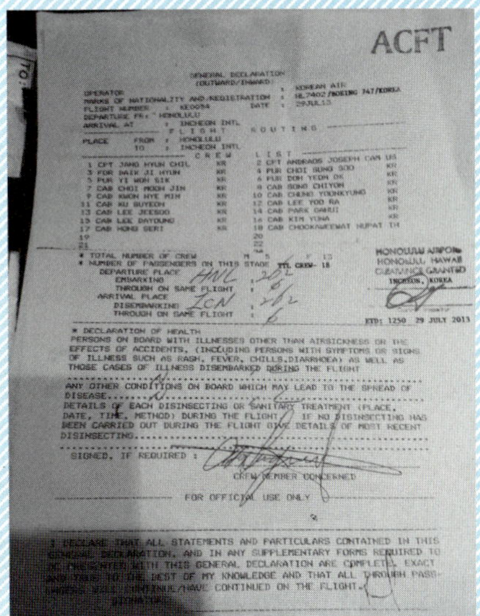

ACFT

GENERAL DECLARATION
(OUTWARD/INWARD)

OPERATOR : KOREAN AIR
MARKS OF NATIONALITY AND REGISTRATION : HL7402/BOEING 747/KOREA
FLIGHT NUMBER : KE0054 DATE : 29JUL13
DEPARTURE FR. : HONOLULU
ARRIVAL AT : INCHEON INTL

FLIGHT ROUTING
PLACE FROM : HONOLULU
TO : INCHEON INTL

CREW LIST

1	CPT JANG HYUN CHIL	KR	2	CPT ANDRADS JOSEPH CAM	US
3	FOR BAIK JI HYUN	KR	4	PUR CHOI SUNG SOO	KR
5	PUR YI WON SIK	KR	6	PUR DOH YEON OK	KR
7	CAB CHOI MOON JIN	KR	8	CAB SONG CHIYON	KR
9	CAB KWON HYE MIN	KR	10	CAB CHUNG YOUNKYUNG	KR
11	CAB KU BUYEON	KR	12	CAB LEE YOO RA	KR
13	CAB LEE JEESOO	KR	14	CAB PARK GAHUI	KR
15	CAB LEE DAYOUNG	KR	16	CAB KIM YUNA	KR
17	CAB HONG SERI	KR	18	CAB CHOOKAWEEWAT HUPAT	TH
19			20		
21			22		

* TOTAL NUMBER OF CREW M 5 F 13
* NUMBER OF PASSENGERS ON THIS STAGE TTL CREW- 18
DEPARTURE PLACE HNL
EMBARKING : 202
THROUGH ON SAME FLIGHT : 6
ARRIVAL PLACE ICN
DISEMBARKING : 202
THROUGH ON SAME FLIGHT : 6

HONOLULU AIRPORT
HONOLULU, HAWAII
CLEARANCE GRANTED
INCHEON, KOREA

ETD: 1250 29 JULY 2013

* DECLARATION OF HEALTH
PERSONS ON BOARD WITH ILLNESSES OTHER THAN AIRSICKNESS OR THE EFFECTS OF ACCIDENTS, (INCLUDING PERSONS WITH SYMPTOMS OR SIGNS OF ILLNESS SUCH AS RASH, FEVER, CHILLS,DIARRHOEA) AS WELL AS THOSE CASES OF ILLNESS DISEMBARKED DURING THE FLIGHT

ANY OTHER CONDITIONS ON BOARD WHICH MAY LEAD TO THE SPREAD OF DISEASE........

DETAILS OF EACH DISINSECTING OR SANITARY TREATMENT (PLACE, DATE, TIME, METHOD) DURING THE FLIGHT. IF NO DISINSECTING HAS BEEN CARRIED OUT DURING THE FLIGHT GIVE DETAILS OF MOST RECENT DISINSECTING........

SIGNED, IF REQUIRED :
CREW MEMBER CONCERNED

FOR OFFICIAL USE ONLY

I DECLARE THAT ALL STATEMENTS AND PARTICULARS CONTAINED IN THIS GENERAL DECLARATION, AND IN ANY SUPPLEMENTARY FORMS REQUIRED TO BE PRESENTED WITH THIS GENERAL DECLARATION ARE COMPLETE, EXACT AND TRUE TO THE BEST OF MY KNOWLEDGE AND THAT ALL THROUGH PASSENGERS WILL CONTINUE/HAVE CONTINUED ON THE FLIGHT.
SIGNATURE

기내 사망승객 발생 시 기내상황을
반드시 적어야 하는 G/D(General declaration)

3 비행 중 감염성 질병

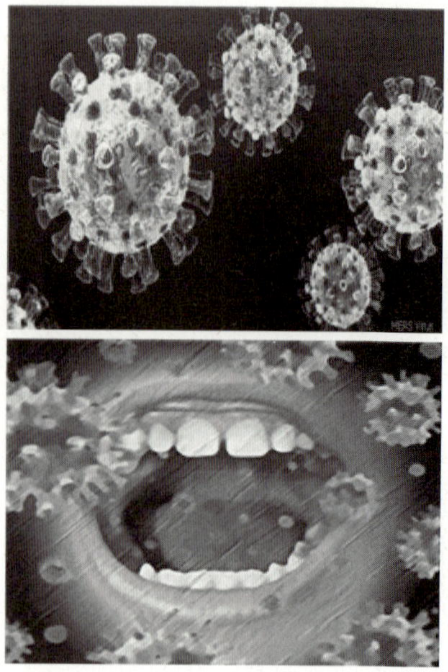

2022년 전 세계적으로 코로나19 펜데믹 시대를 겪고 있으면서 항공기 내 승객이 근육통, 고열, 지속적 기침 등의 코로나19 감염 의심 증상과 설사, 구토,호흡곤란, 출혈, 피부발진 등의 에이즈, 간염 등 대인 전염성 질환 증세를 보일 때 항공기도 안전한 장소는 아니나 항공기는 지상에 비해 비교적 흡기, 환기 및 살균이 잘 되어있는 장소이고 항공사 객실 승무원의 적절한 조치에 힘입어 현재까지 기내감염은 문제가 되지 않았다. 하지만 혹시 모를 감염병 확산에 더욱 경각심을 가져야 할 것이다.

따라서 기내에서 상기의 감염병 증상을 보이는 승객이 발견되었을 때 대처 사항은 다음과 같다.

❶ 좌석 여유 있는 경우 고립된 자리로 배정한다.

❷ 지정승무원을 배정한다.

❸ 전용화장실 배정 및 화장실 내 수도꼭지, 손잡이 등은 비누로 철저히 닦아낸다.

❹ 기내에 비치된 손세정제를 사용하여 처치한 승무원의 손과 주변을 철저히 닦아낸다.(2015. 6. 이후 탑재예정)

❺ 기침 시 마스크 착용 및 수거한다.

❻ 환자의 혈액, 상처, 짓무른 부위가 입 또는 피부에 닿지 않도록 한다.

❼ 환자의 적출물 혈액, 체액 등에 노출된 경우 비누로 깨끗이 닦고 필요시 소독약/알코올로 소독한다.

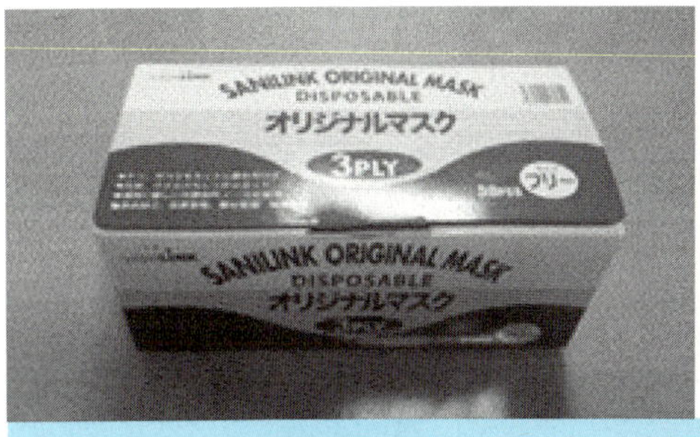

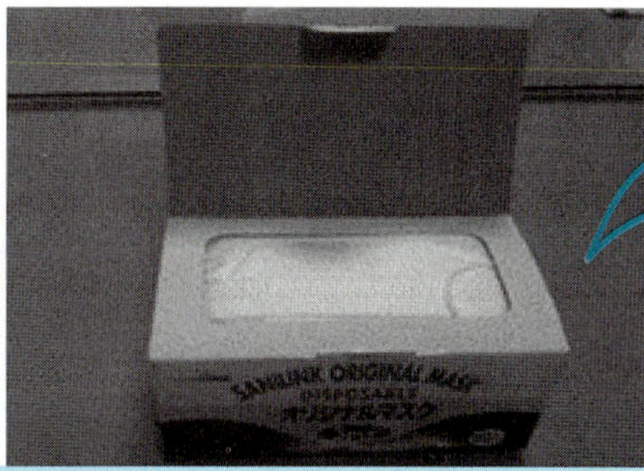

기내 탑재되는 감염방지를 위한 마스크

기내 탑재되는 메르스, 홍콩독감, H3N2, H1N1, 신종플루, 에볼라 처치용 마스크-2015. 6. 이후

① 탑재 위치 : COM 보관함
② 탑재 노선 : 전 노선
③ 탑재 수량 : 50~100개(2BOX, 50개/1BOX)
④ 제공 대상 : 기침, 재채기, 콧물 등의 호흡기 증상이 있는 승객
⑤ 사용 절차

- 항공기 출발 전 객실사무장은 마스크 탑재 현황을 확인한다.
  - 2BOX(미개봉 1BOX, 개봉 또는 미개봉 1BOX)
- 개봉된 BOX 내 마스크를 전량 소진한 후 새 것을 사용한다.
- 객실사무장은 개봉된 BOX에 마스크가 다 소진된 경우, 기내식 Supervisor에게 미개봉 1BOX를 요청한다(요청가능 공항 : ICN, GMP, PUS, CJU).
- 승무원은 기내에서 기침, 재채기, 콧물 등의 호흡기 증상이 있는 승객에게 의료용 마스크를 제공하고 사용하도록 권유한다.
- 승객이 사용을 원하지 않는 경우에는 재채기 시 입과 코를 가리도록 요청하고 휴지를 제공한다.

❽ 만일 감염성 환자가 사용한 주사바늘에 노출되거나 눈, 구강, 점막, 손상된 피부가 환자의 적출물에 노출된 경우는 신속한 응급처치 후 조치를 받아야 한다.

- 구성품 : 보호복, 고글, 마스크, 장갑, 덧신

메르스, 홍콩독감, H3N2, H1N1, 신종플루, 에볼라 처치용 장구-2015. 6. 이후 탑재됨

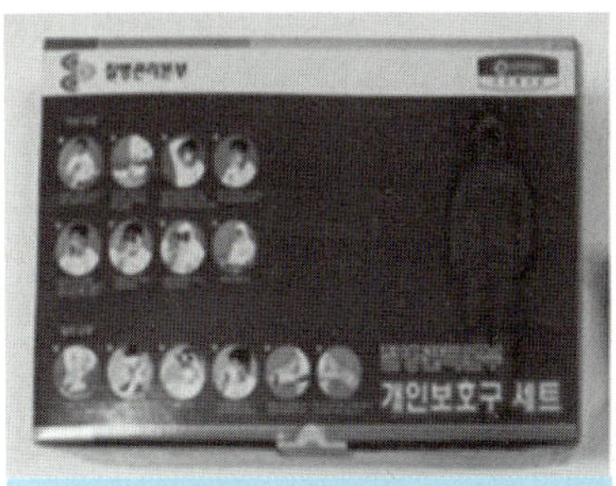

보호구 세트 BOX

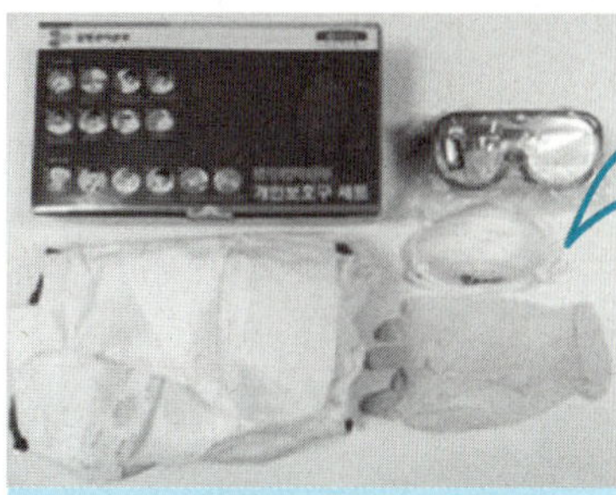
보호구 세트 구성품

❾ 혹시 모를 전염가능성 때문에 환자승객 앞, 뒤 3열의 승객에게 연락처를 남기도록 해야 한다.

❿ 한국 도착 후 아래의 검역설문서를 작성하여 검역관의 감염성 질병 지휘를 받도록 한다.

메르스, 홍콩독감, H3N2, H1N1, 신종플루, 에볼라 처치용 손세정제-2015. 6. 이후 탑재됨

손 소독제

그림과 같이 Gel Type의 Hand Cleaner로서, 각 Galley의 비어 있는 Compartment에 탑재

- A380, B744, B777 : 4ea
- A330 : 3ea
- B737 : 2ea

※ 서비스 전, 후 및 기타 필요한 경우 손에 적당량을 바른 후 양손으로 비벼 말린다.

살균 소독제(MD-125)

그림과 같이 Spray Type의 살균 소독제로서, 지정된 Galley의 비어 있는 Compartment에 탑재(Comp't 1개에 전량 보관 - 기종별 탑재위치 참조)

- A380, B744, B777, A330 : 5ea
- A737 : 3ea

※ 살균 소독제(MD-125)는 공항지점에서 항공기 소독 필요 시 사용하기 위하여 탑재 운영 중

건강상태질문서

健康狀態質問書 HEALTH QUESTIONNAIRE

성명(姓名) Name		도착 연월일(到達 年月日) Arrival Date(YY/MM/DD)	
국적(國籍) Nationality		항공기 편명(航空機 名) (Flight No)	
여권번호(护照番号) Passport No.		좌석번호(座位號碼) Seat No.	
생년월일(生年月日) Birth Date(YY/MM/DD)		주민등록번호 뒷자리(내국인만) Last seven digits of ID. No (Write for Only Korean)	
성별(性別) Sex	[ ] 남(男) Male [ ] 여(女) Female	휴대전화(전화번호) 携帶電話(電話番號) Mobile Phone No.(Tel.)	
한국 내 주소(韓國 內 地址) Contact address in Korea or Hotel Name			

과거 10일 동안의 방문 국가명을 기입해 주십시오. 請塡寫過去十天之內停留的國家。
Please list the countries where you have stayed during the past 10 days before arrival.

1)	2)	3)

과거 10일 동안에 아래 증상이 있었거나 있는 경우 해당란에 "V" 표시를 해 주십시오.
過去十天之內如有以下症狀, 請在症狀前劃 "V"。
Please check a mark "V", if you have or have had any of the following symptoms during the past 10 days before arrival.

[ ]콧물 또는 코막힘(鼻汁, 鼻閉塞) Runny or stuffy nose	[ ]인후통(咽喉痛) Sore throat	[ ]기침(咳嗽) Cough	[ ]발열(發熱 · 发烧) Fever

[ ]설사(腹瀉) Diarrhea	[ ]구토(嘔吐) Vomiting	[ ]복통(腹痛) Abdominal pain	[ ]호흡곤란(呼吸困難) Difficulty breathing	[ ]잦은 호흡(呼吸急促) Shortness of breath

건강상태 질문서 작성을 기피하거나 거짓으로 작성하여 제출하는 경우 「검역법」 제12조 및 제39조에 따라 1년 이하의 징역 또는 1천만원 이하의 벌금에 처할 수 있습니다.

If you make a false statement concerning your health or fail to fill out the Health Questionnaire, you may face a sentence of up to one year of imprisonment or up to 10 million won in fines, in accordance with Articles 12 and 39 of the Quarantine Act.

回避惑虛假地塡寫衛生檢疫單時. 依据檢疫法第十二條及第三十九條的規定. 可被判以一年以下的徒刑惑1000万元(韓貨)以下的罰款。

국립인천공항검역소장 귀하

Incheon Airport National Quarantine Officer
Ministry for Health and Welfare Republic of Korea

148mm×210mm (황색지 70g/㎡)

동남아 등 오염국 출발 후 승객이 기내에서 작성하여 제출하는 검역설문서

FLIGTE SAFETY PRACTICE

Chapter 11

비행 중 **기내 상황별** 응급처치 실무

LOTNICZE
011

저자도 31년 10개월 동안 비행근무를 하면서 어쩔 수 없이 적지 않은 기내환자를 접해야만 했다. 중장거리 비행 중 기내에서 환자가 발생하면 제일먼저 해야 할 덕목을 꼽으라면 바로 객실승무원의 '침착성 유지'이다. 환자를 돌보고 의사의 지시에 따라 모든 의료업무를 보조하고 주관하는 객실승무원이 당황하면 환자에게 큰 위험요소가 되니 평소 훈련받은대로 침착성을 유지하고 차근차근 조치할 수 있도록 하여야 한다. 인간은 아픔으로 인해 많은 통증을 느낄 수 있으나 곧바로 생명을 잃지는 않는다. 아래는 우리나라 국적기 비행기에서 실제로 제일 많이 일어날 수 있는 응급상황을 토대로 작성한 조치이니 잘 숙지하여 현업에 적용할 수 있도록 하여야 한다.

코로나19 스페셜 에디션-기내 코로나19 감염병 예방 및 감염 의심 승객 처리절차

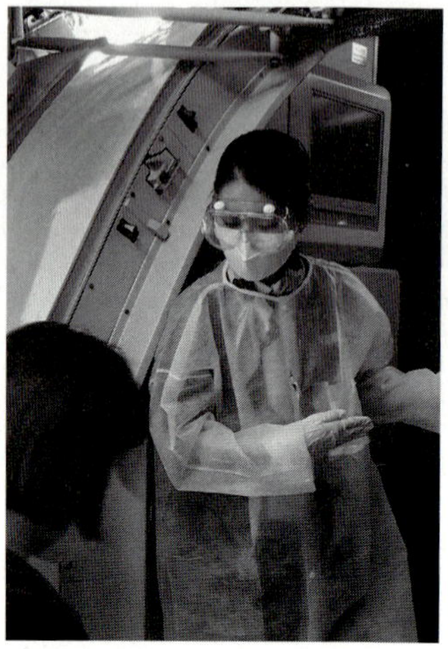

2022년 현재 국내 및 모든 지구가 코로나19 및 변종인 오미크론(Omicron Variant)의 등장으로 인한 감염병으로 인해 어려움을 겪고 있으며 대한항공을 비롯한 국내 항공사들도 이러한 펜데믹(Pandemic)을 이겨내기 위해 적극적이고 다양한 정책을 시행하고 있다. 아래는 코로나19 유행 기간 동안 기내 감염방지를 위한 국내 항공사의 기내 감염방지 활동과 절차이다.

따라서 이러한 절차를 학습하고 항공사에 지원, 입사한다면 코로나19에 대한 선행학습 효과를 볼 수 있다.

1. 비행 중 객실 승무원의 감염병 예방에 관한 사항

❶ 승무원 간 감염을 방지하기 위해 Demo 용구는 기내에서 시연 전 갤리에서 손 소독제를 사용하여 피부 접촉 부분을 소독하고 Demo 실시

❷ 비행근무 중 항상 마스크 ,보호복 ,고글 착용

❸ 승객 탑승 전 착용하고 목적지 도착 후 폐기

❹ 앞치마, 조끼, 스카프, 헤어핀 착용 불요(대한항공)

❺ 라텍스 장갑은 서비스 과정이 종료 시 마다 장갑 교체

❻ 고글은 유색, 패션, 스포츠, 물안경 타입 사용금지

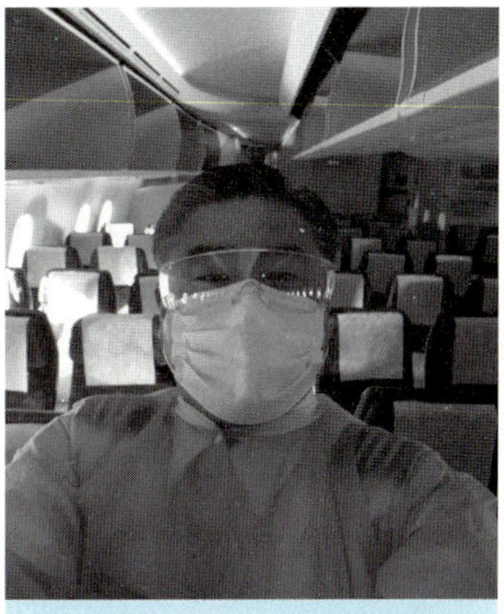

모든 장비를 착용한 기내 객실사무장 모습

❼ 기내에서 객실 승무원, 승객이 사용한 마스크 폐기는 Seat Pocket 내 세팅되어있는 위생봉투를 사용하여 지입/밀폐 후 쓰레기통에 폐기.

❽ 마스크 착용 관련 안내방송 실시

기내에서 객실승무원이 사용하는 보호장비

승무원용 장갑

승무원용장갑

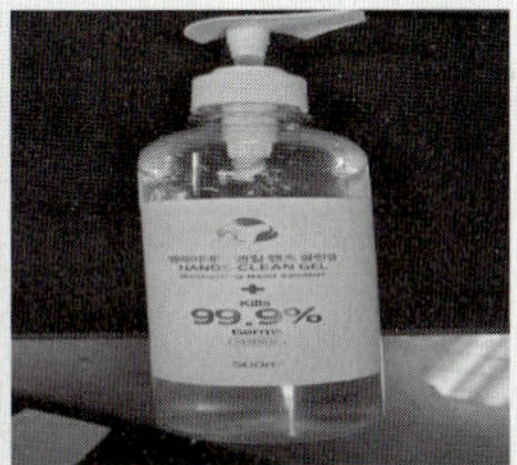

기내 손소독제

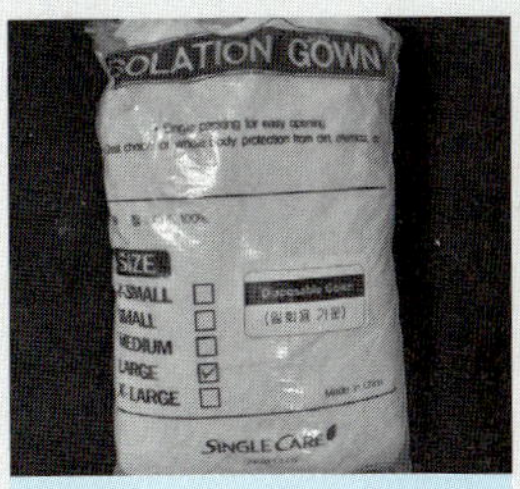

기내 보호복-하얀색

기내보호복-청색

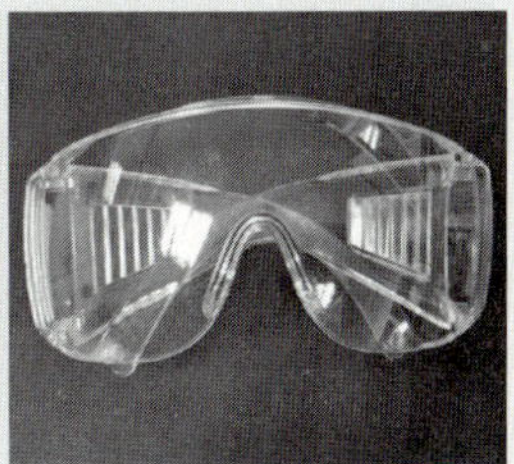

승무원용 고글

2. 비행 중 탑승객의 감염병 예방에 관한 사항

미착용 승객 발견 시 기내 비치된 마스크 지급하나 기내에서 마스크 미착용 의무적용 예외인 승객은 아래와 같다.

- 24개월 미만 유아
- 마스크 착용 시 호흡이 어려운 승객
- 주변의 도움없이 스스로 마스크를 제거하기 어려운 승객

3. 비행 중 감염 의심 승객 발견 시 처리절차

❶ 마스크 착용 권고, 소독용 일회용 물휴지, 의료고무장갑 제공

❷ 승무원은 의심스러운 증상을 보이는 승객이나 전염성 오염물질(구토물,배설물 또는 혈액 등) 또는 오염된 물품이나 표면에 접촉하기 앞서 감염 예방 의료용구(Universal Precaution Kit)에 포함된 마스크·고글·장갑·가운 등을 착용하거나 개인 보호장비를 착용

❸ 전용 화장실의 지정

- 화장실 변기 덮개를 닫고 물 내리기
- 변기의 피부접촉 부분에 대한 소독 강화 및 위생 커버 사용
- 마스크 미착용 시간 최소화(양치 등)
- 화장실 출입 시 손 소독 또는 손 세척 등 철저. 감염의심자 격리구역을 운영하는 경우에는 해당 격리구역에서 가장 가까운 화장실을 감염의심자 전용 화장실로 지정
- 비행 전 및 비행 중 수시로 손, 신체 부위 등의 접촉이 잦은 기내 화장실 설비(손잡이, 화장실 변기 덮개, 수도꼭지 등)에 대한 소독을 실시.

❹ 격리자가 발생한 경우에는 격리구역에 대한 서비스를 위한 전용 승무원 지정을 권장.

안전운항 관련 사항을 제외하고, 격리구역 전용 승무원으로 지정된 승무원은 다른 승무원과의 접근을 최소화.

❺ 항공사는 격리구역에 착석한 감염의심자의 증상이 위독한 경우에는 기장의 판단에 따라, 인근 공항 등으로 회항을 할 수 있으며, 이 경우에는 관할 항공 교통 관제기관에 이를 알리고 의료·비상대응 지원 등을 요청.

❻ 감염 의심 승객은 이동하지 않는 것이 원칙

- 의심승객 주변 승객 좌석 재배치 및 기내 비치된 N95 마스크 지급

N95 마스크란?

N95 마스크는 공기 중 미세물질을 차단하여 감염을 막기 위해 사용하는 호흡기구이다.

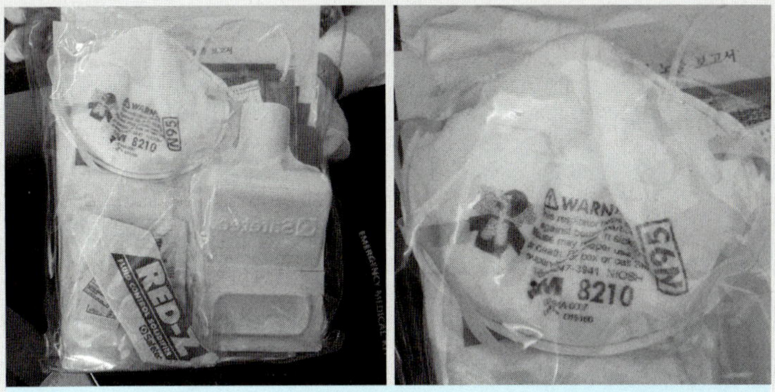

기내에 비치되어있는 N5 마스크

- N5 마스크는 감염 의심 승객에 사용하며 의심환자 주변 1 미터 이내 착석 승객과 담당 승무원이 착용. 탑재위치-EMK 주변에 탑재

❼ 주변 승객 이동 불가 시 의심 승객을 재배치

❽ 감염 의심 승객 및 주변 대각선/전후좌우 방향 2개 좌석 내 승객, 담당 승무원, 동행객 대상 체온측정

❾ 도착지 검역기관 통보 위해 기장 보고 및 도착 후 운송직원에게 인계

- 객실승무원은 귀국 후 자가격리가 불요하며 14일간 자가 진단앱을 통한 적극적 능동검사 실시함.

4. 코로나19 유행 기간 중 기내 심폐소생술(C P R) 주의사항

❶ 보호장비 (마스크, 고글, 장갑, 보호복) 착용

❷ 환자의 입에 승무원의 얼굴, 입술, 코 근접금지

❸ 인공호흡은 하지 말고 가슴 압박만 실시(Resuscitator Bag 내 엠부백은 사용가능)

❹ 응급처치 후 손 세정

5. 코로나19 유행 중 기내 방송문

"기내 공기는 헤파필터(HEPA FILTER)등 특수 여과장치를 통하여 구역별로 위에서 아래로 순환되어 비밀(침등...),공기를 통한 바이러스 전파력이 낮습니다"

외국항공사 기내 방역절차 및 헤파필터

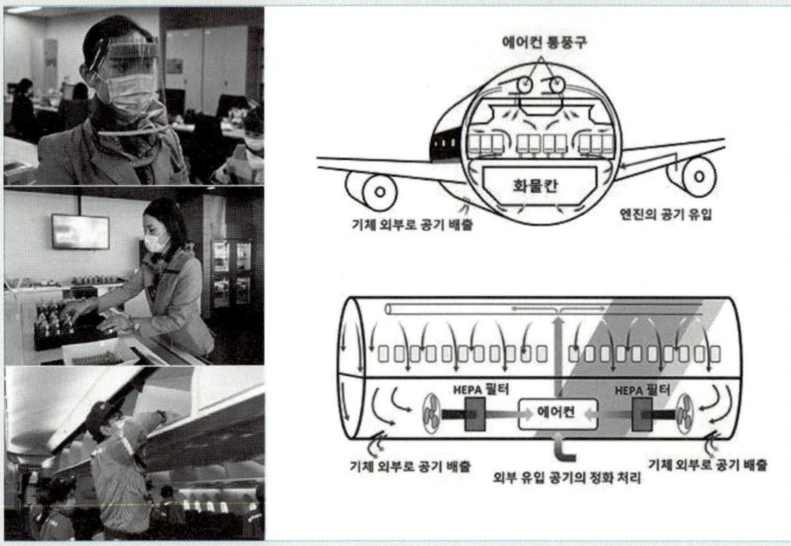

• 교재에도 표시된 것이 있으니 표제부터 잘 읽어 보시기 바랍니다.

1 실신(Syncope, 졸도)

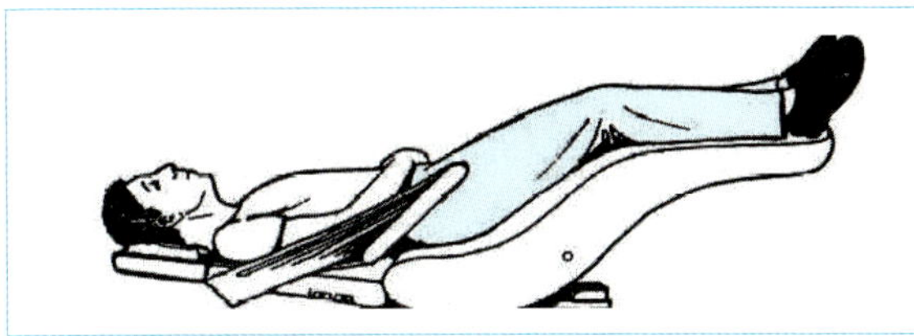

정의

실신은 급작스런 뇌혈류 감소로 인하여 일시적으로 의식을 잃고 자세를 유지하지 못해 쓰러지는 증상이다. 실신까지는 아니지만 갑자기 근육의 힘이 빠지면서 어지럽고 곧 졸도할 것 같은 느낌만 나타나는 것을 실신 전(presyncope)이라고 한다. 비행 중 식사하고 나서 화장실을 사용하기 위해 좌석에서 일어나 걸을 때 실신하는 승객이 많으며 남성승객보다는 40~60대 여성승객이 주를 이루고, 특히 해외여행 후 귀국 시 많이 발생한다.

비행 중 증상

- 느리고 약한 맥박
- 창백, 무기력, 현기증, 식은땀 흘림
- 의식소실

기내 응급처치

- 머리를 낮추고 다리를 올린다.
- 조인 옷을 느슨하게 풀어준다.
- 호흡, 맥박, 반응상태를 확인한다.
- 냉찜질을 실시한다.
- 필요 시 휴대용 산소를 공급한다.

필요한 응급장비

- 얼음주머니, 암모니아흡입제, 전자체온계, 청진기, 혈당측정기

2 쇼크(Shock)

정의

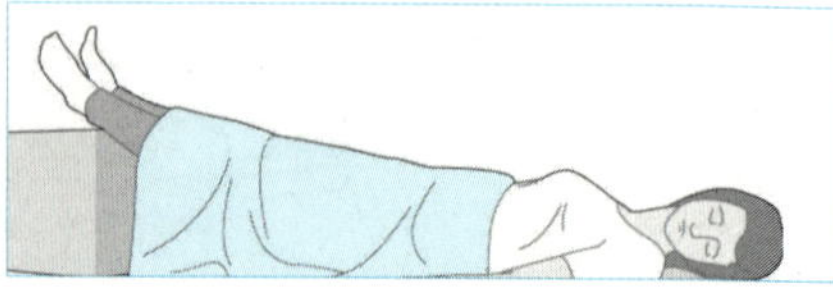

쇼크는 급성질환이나 상해의 결과로서 순환계가 우리 몸의 주요 기관에 충분한 혈액을 공급할 수 없어서, 진행성 말초 혈액 순환 부족으로 조직의 산소 부족이 발생해 탄산가스나 유산 등의 대사산물의 축적을 일으킨 상태를 말한다. 또한 정신적 평형을 해치는 갑작스런 장애를 쇼크라고 하기도 한다. 일반적인 원인에 따른 쇼크의 종류는 심장성 쇼크(심장 질환), 출혈성 쇼크(외상으로 인한 대량출혈), 신경성 쇼크(척추 손상 등), 저체액성 쇼크(탈수 등), 호흡성 쇼크, 패혈성 쇼크(감염성 패혈증 등), 과민성 쇼크(페니실린 주사 후) 등이 있으며 항공기 순항 중 상기 병력을 가지고 있는 승객에게 발생하는 위험한 증상이다.

비행 중 증상

- 맥박이 빠르고 약함
- 호흡이 빠르고 얕음
- 피부가 창백하고 끈적거리며 동공이 확대되고 초점이 없음
- 행동이 혼란스럽고 의식이 저하됨

기내 응급처치

- 승객을 눕혀 혈액 순환이 잘 되게 한다.
- 승객의 상태에 따라 다음의 그림과 같이 자세를 취하게 하며 몸을 담요로 덮어주어 체온을 유지해준다. 단, 고열로 인해 쇼크가 발생했을 경우에는 정상 체온을 유지해준다.

필요한 응급장비

- 전자체온계, Flashlight, 청진기, 혈압계

여러 상황에 따른 응급처치 환자의 바람직한 자세는 다음과 같다.

일반적인 경우	
머리나 목에 부상이 있을 경우	
호흡이 곤란한 경우	
구토증상이 있는 경우	

3 심장마비/협심증(Heart Attack/Angina Pectoris)

정의

심장은 크게 3개의 심장혈관(관상동맥; coronary artery)에 의해 산소와 영양분을 받고 활동한다. 동맥경화증, 혈전증, 혈관의 수축 및 연축(spasm) 등의 원인에 의해 3개의 관상동맥 중 어느 한 곳에서라도 급성이나 만성으로 협착(수축 등의 원인에 의해 혈관 등의 통로의 지름이 감소하는 것)이 일어나는 경우, 심장의 전체 또는 일부분에 혈류 공급이 감소하면서 산소 및 영양 공급이 급격하게 줄어들어 심장근육이 이차적으로 허혈 상태에 빠지게 된다. 이러한 상황을 협심증이라고 한다. 비행 중인 항공기에서 자주 일어나는 응급상황으로 여성승객보다 중년 남성승객에게서 발생하는 빈도가 높고 항공기 회항의 원인제공 중 가장 많이 발생한다.

비행 중 증상

- 가슴의 통증을 호소하며 체한 느낌을 호소한다.
- 팔, 목, 손과 등 부위에 통증이 나타난다.
- 식은땀을 흘린다.
- 호흡이 곤란하고 기침이 나온다.

기내 응급처치

- 승객이 소지한 약이 있을 경우에 복용할 것을 권유한다.
- 죄는 옷은 느슨하게 풀어주며 움직임을 최소화한다.
- 필요한 경우 산소를 공급해 준다.
- 승객을 진정시키며 과거의 병력을 물어보고 활력징후를 확인한다.
- 가급적 의료인의 도움을 받게 해주고 Nitroglycerin을 혀 밑에 두고 녹여서 복용할 수 있게 한다.

필요한 응급장비

- 인공호흡용 마스크, 전자체온계, 청진기, 혈압계, PO_2, Nitroglycerin

4 뇌졸중(Stroke)

정의

뇌졸중(腦卒中)은 뇌기능의 부분적 또는 전체적으로 급속히 발생한 장애가 상당 기간 이상 지속되는 것으로, 뇌혈관의 병 이외에는 다른 원인을 찾을 수 없는 상태를 일컫는다. 뇌졸중은 뇌혈관이 막혀서 발생하는 뇌경색(허혈성 뇌졸중)과 뇌혈관의 파열로 인해 뇌 조직 내부로 혈액이 유출되어 발생하는 뇌출혈(출혈성 뇌졸중)을 통틀어 일컫는 말이며, 항공기가 비행 중 승객사망의 원인으

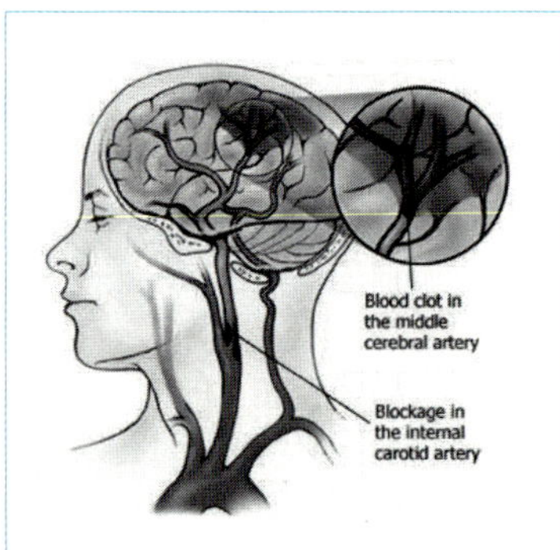

로 가장 많이 대두되는 질병으로 객실승무원 및 기내 의료진의 신속한 응급 조치가 필요한 질병이다.

비행 중 증상

- 두통 또는 현기증이 발생하며 신체 반쪽 기능장애, 마비현상이 일어난다.
- 대소변의 통제력을 상실한다.
- 주로 얼굴 반쪽의 근육이 약화된다.
- 언어 표현에 장애가 나타난다.
- 동공의 크기가 좌우 차이난다.
- 시야가 흐려진다.
- 호흡이 곤란하고 메스껍다.
- 경련을 일으키며 혼수상태에 빠진다.

기내 응급처치

- 의식이 있는 승객
  - 기도를 유지한다.
  - 승객을 안정시킨다.
  - 필요한 경우 기내 산소를 공급한다.
  - 음식을 제공하지 않으며 몸을 따뜻하게 하고 안심시킨다.
  - 활력징후를 확인한다.
  - 가급적 빨리 기내 의료진의 진료를 받도록 한다.
- 의식이 없는 승객
  - 기도를 유지한다.
  - 머리를 높여준다.
  - 산소를 공급해 주며 활력징후를 관찰한다.
  - 가급적 빨리 기내 의료진의 도움을 받도록 한다.

필요한 응급장비

- 자동혈압계, 전자체온계, 혈당측정기

5 천식(Asthma)

정의

비행 중 기관지 천식의 대표적인 증상은 호흡곤란, 기침, 천명(쌕쌕거리는 거친 숨소리)이다. 이러한 증상이 반복적으로, 발작적 나타나지만 실제로 천식 환자는 전형적인 천식의 증상 외에 비전형적인 증상을 호소하는 경우도 많다. 즉, 호흡곤란이나 쌕쌕거리는 숨소리 등의 증상은 없고 단지 마른 기침만 반복적으로 나타나는 경우, 가슴이 답답하거나 흉부 압박감을 호소하는 경우 또는 목구멍에 가래가 걸려 있는 것 같은 증상만을 호소하는 경우도 있다.

일반적으로 감기에 걸린 후에 호흡곤란이 악화하거나, 달리기 같은 운동 후에 호흡곤란, 거친 숨소리 증상들이 많이 나타난다. 때로는 비행기 승객 중에 심한 천식 발작으로 즉각적인 응급치료 및 지상입원 치료가 절대적으로 필요한 경우가 있는데, 이때 승객은 곧 죽을 것 같은 공포를 느끼며, 실제로 심한 천식 발작은 비행 중 승객의 생명을 위협하기도 한다. 하지만 천식 약물을 적절하게 사용하고 환경 관리를 잘 한다면 정상 건강인처럼 살아갈 수 있다. 기내에는 천식 승객에 대해 사용하는 약물이 항상 비치되어 있다.

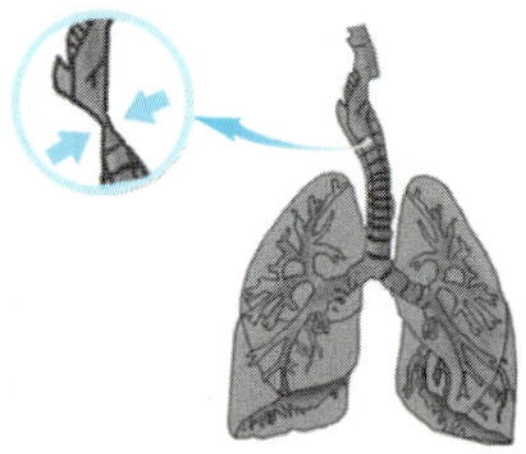

천식 유발 요인

- 호흡성 알레르겐(먼지, 꽃가루)
- 호흡자극
- 스트레스
- 신체 내 자극
- 음식

비행 중 증상

- 기침을 하며 기침 시 매우 힘들어 하고 숨을 쉴 때마다 휘파람 소리가 "쌕", "쌕" 하고 난다.
- 피부에 청색증이 나타난다.

- 대화하기를 매우 어려워한다.

기내 응급처치

- 승객을 안정시키고 상체를 앞으로 기울인 후 기대어 앉도록 한다.
- 승객이 사용 중인 약이 있는지 확인한 후 있으면 즉시 복용하도록 한다.
- 필요 시 의사의 처방하에 기내 EMK 내 비치된 벤톨린 흡입제를 제공할 수 있다.
- 필요 시 산소를 공급할 수 있다.

필요한 응급장비

- 기관지 확장제(벤톨린 흡입제)

6 과호흡(Hyperventilation)

정의

우리 몸은 정상적으로 호흡을 통해 산소를 받아들이고 이산화탄소를 배출시키며, 동맥혈(동맥 속의 혈액)의 이산화탄소는 37~43mmHg 범위에서 그 농도가 유지된다. 어떠한 이유에서든 호흡을 통해 이산화탄소가 과도하게 배출되어 동맥혈의 이산화탄소가 정상 범위 아래로 떨어지는 상태를 과호흡이라 한다. 다양한 신체적 이상에 의해서도 일어나지만, 신체적으로 건강한 사람에게서도 정신적인 원인에 의해 나타날 수도 있다.

크게 신체적 원인과 정신적인 원인이 있다. 신체적 원인으로는 먼저 실제로 폐나 심장이 조직에 산소를 공급하고 이산화탄소를 배출하도록 하는 기능이 저하된 경우, 즉 폐 자체의 질환(폐렴, 폐색전증, 폐혈관 질환, 천식, 기흉 등), 심장 질환

(심부전, 폐순환과 체순환이 섞이는 심장 질환 등)이 있다. 또한 폐나 심장은 정상이더라도 체내의 산-염기 균형을 맞추기 위해 체내에 산이 과도하게 축적된 상태인 대사성 산증(당뇨병의 급성 합병증이나 신장 질환 등에 의해 나타날 수 있음)에 의해 일어날 수 있고, 갑상성 기능 항진증(호흡 욕구의 증가가 동반되는 것)에 의해서도 일어날 수 있다. 저자도 스페인 마드리드행 비행 중 과호흡 환자 승객을 한 번 보았는데 남편을 동반한 일본인 78세 여성이었으며 다음의 전형적인 증상을 보였고 의사 호출을 통해 나타난 한국인 의사에 의해 적절하게 조치되어(구토대 사용) 신문에 기재된 바 있었다.

비행 중 증상

- 호흡이 깊고 빠르다.
- 현기증이 나고 시야가 흐려지며 양손, 발, 입술이 무감각해지고 따끔거린다.
- 손, 발 근육이 뻣뻣해지거나 경련이 일어난다.
- 균형감각을 상실한다.
- 심하면 혼수상태에 빠지는 경우도 있다.

기내 응급처치

- 큰소리로 이야기하도록 유도하며 호흡속도를 늦추도록 한다.
- 기내 앞좌석 등받이 아래 Seatpocket 내 비치된 구토대를 입과 코에 대고 숨을 천천히 쉬게 함으로써 자신이 뱉어낸 이산화탄소를 다시 흡입하게 한다.
- 승객이 많이 흥분한 경우 산소마스크를 씌워주되, 산소는 공급하지 않도록 한다.

필요한 응급장비

- 구토대, PO_2

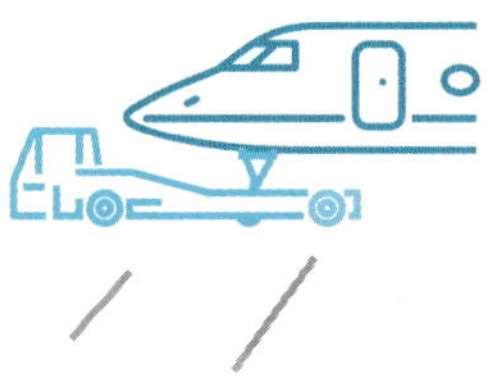

7 호흡장애(Respiratory Ailments)

정의

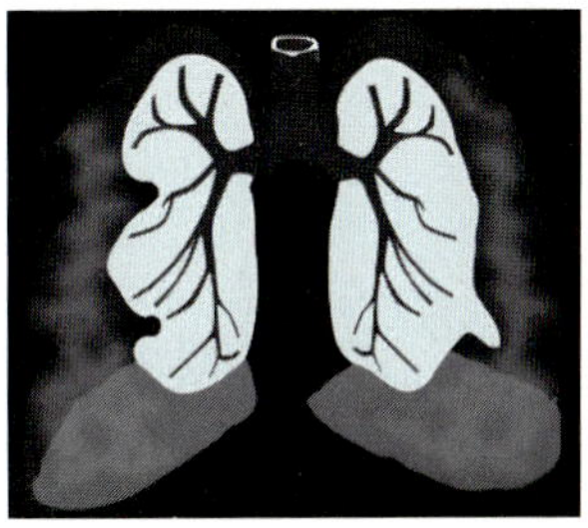

비행 중 기내에서 승객의 호흡장애란 호흡곤란이라고도 말하며, 힘을 쓰지 않으면 숨쉬기가 어렵거나 숨쉬는 데 고통을 느끼는 상태를 말한다. 비정상적으로 불쾌한 호흡운동을 느끼는 것으로, 일반 인구의 약 20%가 호흡곤란을 호소하며, 의미 있는 사망률 증가와도 관련있는 것으로 알려져 있다. 환자가 주관적으로 "숨쉬기가 어렵다", "숨쉬기가 불편하다", "숨이 가쁘다", "조금만 움직여도 숨이 차다" 등으로 표현하는 것을 '호흡곤란' 증상으로 표현하며, 빈호흡(tachypnea)과 과호흡(hyperpnea)과는 다르게 구분된다.

장거리 비행 중 급성 호흡곤란은 생명이 위독한 질환이나 손상 시의 주 증상이므로, 기내 의사 호출 방송을 하여 의료진의 신속하고 정확한 진단과 적절한 치료가 필수적이다. 객실승무원은 비행근무 중 호흡곤란, 특히 급성 호흡곤란을 호소하는 환자승객이 발생될 경우 항공기 탑승 전에도 증상이 있는지, 흉통이 함께 동반되는지, 주요 내과적, 외과적 질환이 합병되어 있는지 등을 확인하여 지상의 EMCS, 기내 의료진에게 알려주는 것이 필요하다. 대부분의 경우 단순한 약 투여만으로는 해결되지 않고 목적지 도착 후 병원의 입원 치료를 요하는 경우가 많다.

비행 중 증상

- 호흡하는 것을 힘들어 하며 가끔씩 천천히 소리내면서 호흡한다.

기내 응급처치

- 처방받은 약이 있으면 복용시킨다.
- 필요 시 기내 비치된 산소를 공급한다.

- 승객을 안정시키며 의식이 있으면 편히 앉도록 한다.
- 증상이 심할 경우 기내 의료진의 도움을 받도록 한다.

필요한 응급장비

- 전자체온계, 기관지 확장제(벤톨린 흡입제), 청진기, 혈압계

8 경련/발작(Convulsion/Seizure)

정의

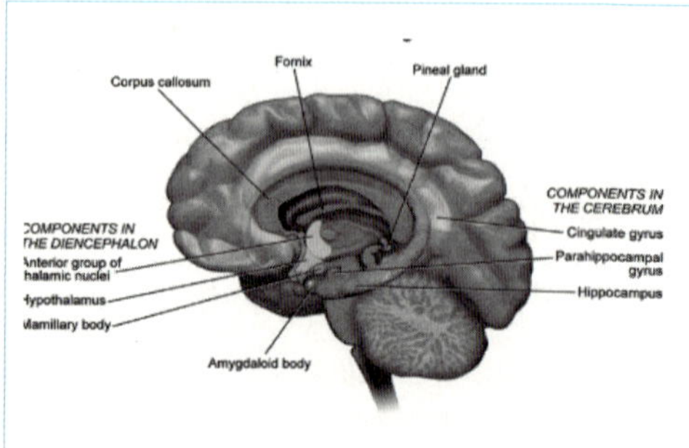

- seizure : 발작(seizure)이란 질환명이 아니라 하나의 증상을 지칭하는 말이다. 대뇌에는 뉴런이라 불리우는 수많은 뇌 세포들이 서로 연결되어 미세한 전기적인 상호작용으로 정보를 주고받는데 발작이란 뇌에서 이러한 정상적인 '전기에너지'가 한꺼번에 비정상적으로 방출되어 일어나는 것이다. 잠재적으로 발작은 누구에게나 일어날 수 있으나 대부분의 사람들의 뇌는 이에 대한 높은 저항력(threshold)을 가지고 있다. 그러나 여러 가지 원인에 의해서 발작에 대한 저항력이 낮아져 있거나, 정상적인 저항력을 가지고 있어도 이 저항력보다 큰 자극이 있는 경우 발작이 일어나는 것이다.
- convulsion : 경련이라는 말은 발작(seizure)과는 또 다른 의미로 사용된다. 경련이라는 말은 근육의 수축을 의미한다. 즉, 발작 중에서 근육의 강한 수축으로 표현되는 발작을 경련(convulsion) 또는 경련성 발작(convulsive seizure)이라고 한다. 발작 중에는 경련성 발작 이외에도 비경련성 발작(non-convulsive seizure)이 있다. 일반인들은 보통 경련만을 간질발작으로 이해하지만, 비경련성 발작도 발작의 중요한 유형이다.

비행 중 증상

- 근육이 경직되며 일반적으로 근육경련이 최대 5~30초 정도 지속된 후 경련을 일으킨다.
- 근육이 경직되어 있는 동안 호흡이 중단되거나 혀를 깨물기도 하며 소변과 대변을 통제하지 못한다.
- 얼굴과 입술이 푸른색으로 변하며 입주위에 거품이 생기고 입꼬리를 통하여 흘러내린다.

기내 응급처치

- 경련이나 발작 중에는 움직이지 못하도록 해서는 안 된다.
- 기도가 막힐 우려가 있으므로 음식물을 제공하지 않고 손가락 등을 환자의 입안에 넣지 않는다.
- 주위에 경련/발작을 일으키는 환자에게 위해를 가할 수 있는 물건들을 치우고 베개나 쿠션 또는 담요로 덮어서 상해를 입지 않도록 한다.
- 구토를 할 경우 몸을 옆으로 돌리게 하여 구토물로 인한 질식을 예방한다.
- 경련/발작이 끝난 후에도 환자의 활력징후를 계속 관찰하며 필요한 경우 기내 비치된 산소를 공급하도록 한다.

필요한 응급장비

- 체온계, 청진기, 혈압계

9 당뇨병(Diabetes Mellitus)

정의

당뇨병은 인슐린의 분비량이 부족하거나 정상적인 기능이 이루어지지 않는 등의 대사질환의 일종으로, 혈중 포도당의 농도가 높아지는 고혈당을 특징으로 하며, 고혈당으로 인하여 여러 증상 및 징후를 일으키고 소변에서 포도당을 배출하게 된다.

비행 중 증상

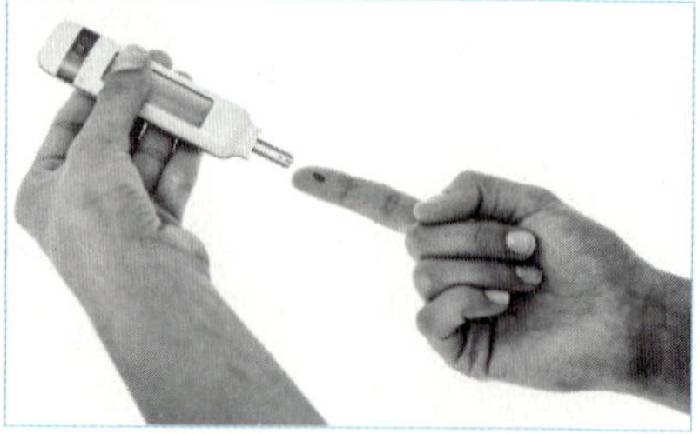

- 현기증, 두통, 불안정, 빠르고 얕은 호흡
- 식은땀을 흘리고 축축한 피부
- 의식상실 및 경련

기내 응급처치

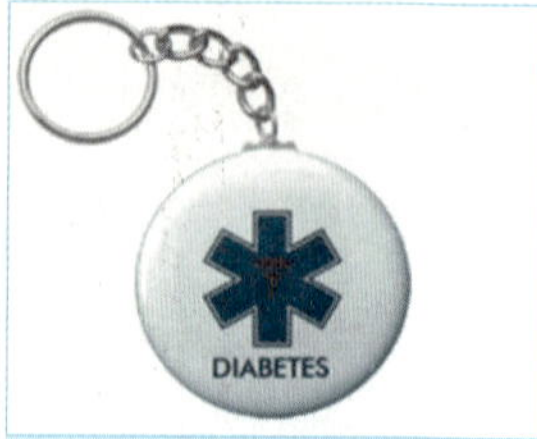

당뇨병환자가 소지한 식별표

- 승객 의식 확인
- 의식이 있는 경우 설탕물, 주스, 사탕 등 단 것 제공
- 증상 호전 없을 시 추가 제공
- 의식 없는 경우 의료진 호출
- 필요 시 휴대용 산소 제공

필요한 응급장비

- 전자체온계, 청진기, 혈압계, 혈당측정기

10 두통(Headache)

정의

두통은 사실상 비행 중 시차, 피로, 무리한 여행 등의 이유로 많은 승객이 경험할 수 있는 증상이며 모든 사람들이 일생 동안 한두 번 이상은 경험하는 증상이다. 두통은 환자에 따라 표현하는 방식이 다르며, 이차적 원인이 발견되지 않는 일차성 두통의 경우 의사의

임상적인 진단 이외에 특이적인 진단방법이 없으므로 진단과 치료에 다소 어려움이 있다. 적절한 치료를 한다면 두통이 일상생활에 미치는 영향을 차단할 수 있으며, 대부분의 일차성 두통은 심각한 신경학적 후유증을 남기지 않고 치료된다.

자세한 검사에서도 특별한 원인이 발견되지 않는 일차성 두통에는 편두통, 긴장성두통, 군발두통이 있고, 비교적 흔하게 발생하는 이차성 두통에는 측두동맥염, 근막동통증후군, 약물과용두통 등이 있다. 치명적일 수 있는 이차성 두통으로는 뇌종양, 뇌출혈, 뇌압상승, 뇌염, 뇌수막염 등에 의한 두통이 있다. 따라서 비행 중 적절한 약물과 처치에도 불구하고 계속적인 두통을 호소하는 승객에게는 목적지 도착 후 정밀검사를 권유해 본다.

비행 중 증상

- 머리가 아프고 어지러움
- 구토 및 실신

기내 응급처치

- 승객 안정 후 원인 파악
- 증상에 따라 해열제, 진통제 복용 가능
- 증상 심할 시 의료진 호출
- 심한 두통과 분출성 구토 동반 시 뇌압상승일 가능성이 많으므로 의료진 호출

필요한 응급장비

- 진통제, 타이레놀

11 기타 위장관계 증상(GI Symptoms)

정의

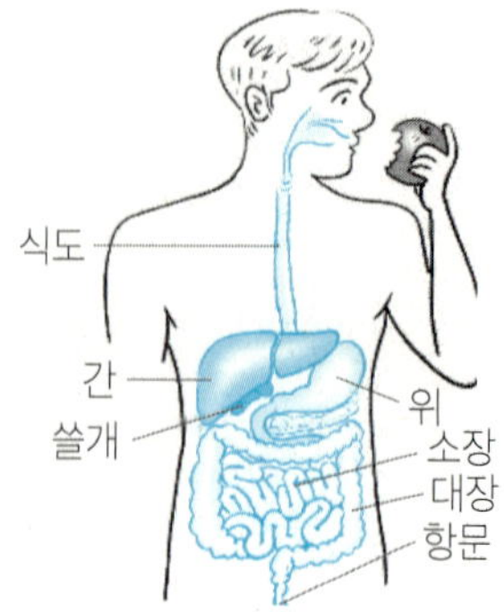

기내에서 소화불량 증세가 있는 경우, 소화기관 장애를 의심하게 된다. 그러나 소화기관에 별다른 장애가 없는 경우에도 만성적인 소화불량 증세가 나타날 수 있다. 기능성 소화불량 때문이다.

기능성 소화불량은 식도, 위, 대장 등 소화기관에 질환이 없는데도 소화기 관련 증상이 나타나는 것을 말한다. 기저 질환이 없는데도 이러한 증상이 생기는 주된 원인은 스트레스다. 스트레스를 받으면 뇌가 영향을 받아 교감신경이 활성화된다. 교감신경이 활성화되면 우리 몸은 긴장 상태로 변한다. 우리 몸이 긴장하면 입과 식도에서는 점액 분비가 잘 안 되고, 위장의 운동기능이 떨어져 위산, 소화효소 분비가 줄어든다. 이로 인해 전체적인 소화기능이 떨어지고 소화불량 증세가 나타나는 것이다.

기능성 소화불량이 생기면 가슴이 답답하고, 속이 더부룩하며, 복부 팽만감이 느껴진다. 또 위산 역류, 조기 포만감과 같은 불쾌감이 느껴지며, 구토, 속쓰림, 위산 역류 같은 증상이 나타나기도 한다. 이러한 증상들이 식사에 대한 거부감으로 이어져 기내에서 식욕이 떨어지기도 한다.

비행 중 증상

- 속쓰림, 오심, 설사, 구토 등

> *기저 질환 : 응급환자가 평소 앓고 있던 질환을 의미한다.

기내 응급처치

- 승객을 안정시키고 증상에 따른 응급처치 실시
- 증상에 따라 소화제, 진경제, 제산제 복용 가능
- 증상이 심할 시 의료진 호출

필요한 응급장비

- 소화제, 제산제, 진경제

12 식중독(Food poisoning)

정의

병원균을 비롯해 미생물 독소, 화학물질 및 기타 독성물질에 오염된 음식을 먹은 뒤 발생하는 질병을 말하며 식품 매개 질병인 식중독의 법적 정의는 '식품 섭취로 인하여 인체에 유해한 미생물 또는 유독물질에 의하여 발생하였거나 발생한 것으로 판단되는 모든 감염성 또는 독소형 질환'(식품위생법 제2조 제14호)이다. 또 세계보건기구(WHO)는 식중독을 '식품 또는 물의 섭취에 의해 발생되었거나 발생된 것으로 생각되는 감염성 또는 독소형 질환'으로 규정하고 있으며 식품으로 매개되는 질병은 250가지가 넘는 것으로 알려져 있다. 세균, 바이러스, 기생충에 의한 감염이 대부분이며 산발적으로 발생하지만 공통적인 음식과 관련돼 집단 발생하는 경우가 많다. 음식을 함께 섭취한 2명 이상의 사람들에게 위장관 증상이나 신경증상이 보이면 식중독을 의심해야 한다.

음식 섭취 후의 잠복기와 임상 증상이 진단에 중요하며 잠복기가 1~6시간 이내이면 황색포도상구균과 바실루스 세레우스 구토형, 8~16시간이면 웰치균과 바실루스 세레우스 설사형, 16시간이 넘으면 대장균·살모넬라균·이질균·콜레라균 등에 의한 식중독으로 진단한다.

비행 중 일어나는 식중독의 증상은 다음과 같으며 대부분 비행기 탑승 전 현지에서 섭취한 비위생적인 음식물로 인해 발병하는 경우가 많다.

비행 중 증상

- 오심, 구토
- 복통 및 두통
- 설사
- 오한, 열 발생

기내 응급처치

- 승객 안정 및 섭취음식을 확인/기록한다.
- 음식물 제공금지
- 설사 시 충분한 수분공급
- 도착 시 지상직원 인계 및 병원 호송
- 동일음식 취식승객 확인 및 조치

필요한 응급장비

- 메디컬 백, 구토대, 얼음주머니

13 급성만취(Alcohol intoxication)

정의

지나친 주류의 섭취로 인해 상황판단력이 마비되고 정상적인 행동을 하지 못하며 주위 승객에게 민폐를 유발하는 행위를 말한다. 비행 중 기내에서는 객실승무원에 의해 탑승객이 만취상태로 가지 않도록 유의하여 서비스되고 있으나 (3잔 이상 제공 시 승객정보를 공유하고 알코올성 음료 서비스 자제) 일부 승객이 지상에서 음주를 하고 기내에서 만취상태가 되는 경우가 일반적이다.

비행 중 증상

- 호흡 시 술 냄새가 많이 남
- 상황 및 판단력 저하
- 구토, 의식상실

기내 응급처치

- 주류제공 절대금지
- 의식이 있을 경우 음료수와 고단백 음식 권유
- 구토 및 발작에 대비
- 수면 권유

필요한 응급장비

- 구토대, 얼음주머니, 기내 소화제

14 비행멀미(Motion sickness)

정의

가속도병 · 동요병(動搖病)이라고도 한다. 자동차 · 항공기 등에 탔을 때 구토증이나 메스꺼움을 일으키는 질환이다. 앉거나 누웠다가 갑자기 벌떡 일어서면 현기증을 느끼는 사람이나, 아침에 잠에서 깨어나 일어나기가 거북해지는 등의 증세를 가지는 체질적인 증후군에는 기립성조절장애(起立性調節障碍) · 자율신경불안정증 등이 있으며, 멀미도 그런 증세의 하나이다. 사춘기에 많고 봄부터 여름 사이에 많이 나타난다. 멀미에는 정신적인 영향도 많이 작용하므로 자신감을 갖는 것이 중요하다. 주사 · 내복약도 있으나 치료효과는 암시적 요법의 영향도 많다. 기차 · 배 · 비행기 등을 탈 때는 되도록 동요가 적은 자리를 잡고, 담소 등으로 기분전환을 도모하거나 창문을 열고 먼 곳의 경치를 바라보는 것이 좋다. 항공기 탑승 전 식사는 소화가 잘 되는 것으로 하며, 출발 2시간 전에 식사를 마치는 것을 권유하고, 될 수 있으면 기내에서 과식을 삼가는 것이 좋다.

비행 중 증상

- 메스꺼움, 구토
- 창백, 불안
- 식은땀을 흘린다.

기내 응급처치

- 옷을 느슨히 풀어주고 등받이에 편안히 기대게 한다.
- 승객 요청 시 멀미약 제공 가능
- 찬 물수건 및 구토대 제공
- 의사가 주사제 사용 가능

필요한 응급장비

- 기내 비치 보나링A 정제, 구토대

Tip 비행기 멀미 예방을 위해

1. 비행기를 타기 한 시간 전에 멀미약을 복용!
2. 좌석 사전예약을 하거나 공항에서 최대한 일찍 티켓팅을 하면서 좌석을 선택할 시 전방이나 날개 위 좌석으로 요청한다(기내에서 과음, 과식 금지).
3. 느슨한 의복을 입고, 눕거나 편한 자세를 취한다.
4. 구토가 날 때는 참지 말고 구토대나 화장실에서 구토를 한다.
5. 되도록 하늘 먼 곳을 바라보고, 음악을 듣거나 즐거운 대화를 하는 등 관심을 돌리는 것도 도움이 된다.

15 정신질환(Psychiatric disorder)

정의

정신질환은 사람의 사고나 감정이나 행동 같은 것에 영향을 미치는 병적인 정신상태를 말한다. 정신질환의 실제 병명에는

- 조현병 : 도파민 과다로 인해 생기는 대표적인 정신질환으로 현실을 떠나 자신만의 세계에 있는 상태를 지칭(구 명칭 : 정신분열증)
- 중독 : 심각한 의존성을 의미하며 물질중독(알코올중독, 마약중독 등)과 비물질적 중독(도박중독, 성중독, 일중독 등)으로 나뉜다.
- 불안증 : 정사를 담당하는 외신경 내의 신경전달물질의 부족 또는 과다로 발생한 정신질환(공황장애, 강박장애, 외상후스트레스장애 PTSD)
- 우울증/조울증/양극성 장애 : 우울한 상태/우울증이 깊어지면 반대현상으로 조증이 생김/조증과 우울증 상태를 반복하는 정신질환이다.
- 항공사에서는 정신질환이 항공사고로 이어질 경우를 방지하기 위해 심각한 정신질환이 있는 승객은 항공기 탑승을 자제하도록 하고 있다.

비행 중 증상

- 인격장애, 공황장애가 발생한다.
- 공격적으로 행동한다.
- 주위사람을 알아보지 못한다.

기내 응급처치

- 승객의 병력 파악 후 승객 안정
- 비행 중 지속적으로 동일행동 보일 시 의료진 호출
- 필요 시 의사가 EMK 내 안정제 투입

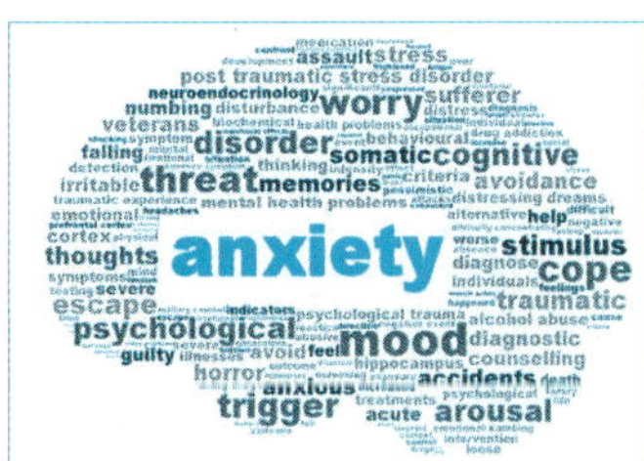

필요한 응급장비

- 청진기, 혈압계, 전자체온계

16 저산소증(Hypoxia)

정의

저산소증은 호흡기능의 장애로 숨쉬기가 곤란하여 체내 산소 분압이 떨어진 상태로, 동맥혈 가스검사를 시행했을 때 산소 분압이 60mmHg 미만이거나 산소 포화도가 90% 미만일 경우를 의미한다. 저산소증은 특히 중추신경계 영역의 변화를 일으키며, 급성 저산소증의 경우 급성 알코올 중독과 비슷한 판단력 장애, 운동 실조 등의 증상을 유발할 수 있다. 저산소증이 심해지면 결국은 호흡곤란에 의해 사망하게 된다.

과학적인 이론과 실험에 따르면 10,000ft 이상의 고도에서 오랜 시간 동안 머물게 되면 정신적으로나 육체적으로 권태현상을 나타내다가 급기야는 졸도까지 하게 되는데, 이런 현상을 저산소증(hypoxia)이라 한다. 저산소증 현상은 비행고도가 높으면 높을수록 아주 짧은 시간 내에 유발되며 건강한 사람이 저산소증을 일으키지 않고 거의 무한정 오래 견딜 수 있는 고도는 10,000ft로 알려져 있고 미국 연방항공국(FAA)에서는 높은 고도를 비행하는 항공기에 대하여 순항고도에서 객실 내의 압력을 고도 8,000ft에 상당되는 기압인 10.92psi로 유지할 수 있는 여압 계통을 구비할 것을 형식증명의 조건으로 하고 있다.

여기서 객실 내의 압력이 고도 8,000ft에 상당하는 기압인 10.92psi인 경우를 8,000ft 객실고도(CABIN ALTITUDE)라 부르며, 또한 어떤 불의의 사태로 여압 계통의 작동이 원활치 못할 때라도 객실고도는 15,000ft를 초과하지 못하도록 되어 있고 그것이 불가능할 경우에 대비하여 승무원과 승객을 위하여 100% 산소를 호흡할 수 있게 마스크를 비치하여야 한다고 규정하고 있다.

비행 중 증상

- 창백 혹은 얼굴과 몸이 파래지는 청색증 발생

- 호흡곤란, 두통과 어지러움
- 무기력 및 판단력 저하
- 의식소실

기내 응급처치

- 즉각적인 산소공급
- 승객 안정
- 활력징후 측정
- 필요 시 의료진 호출 및 의료장비 준비

필요한 응급장비

- 전자체온계, 혈압계, PO_2

17 이통(Earache)

정의

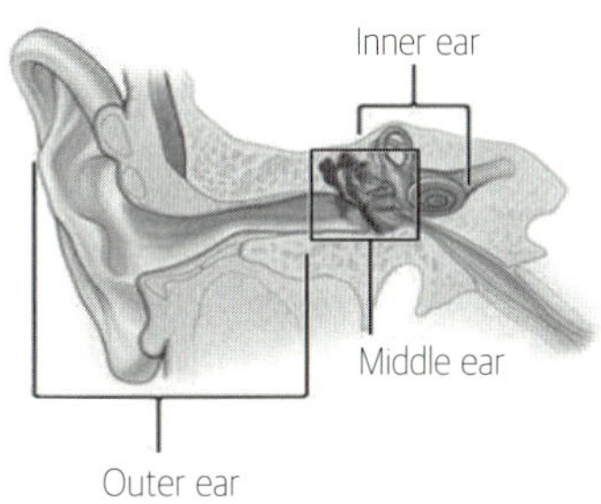

이통은 귀의 통증을 말하며, 귀에 발생한 병리적 변화에 의해 생기는 원발성 이통과 귀에 분포한 감각신경의 작은 가지가 다른 부위에서 자극을 받아 발생하는 연관통에 의해 생긴다. 이통의 50% 이상이 연관통이다. 항공기 내에서의 이통은 기압차에 의해 발생하는 경우가 대부분이며 발살바(Valsalva) 방법을 사용하여 해결될 수 있다.

발살바(Valsalva)란? 이관(耳管) 통기(通氣) 테스트라고 하며, 시행하는 방법은 손가락으로 콧구멍을 막고 강제 호흡 동작에 의해 코안의 내압을 높이면, 갑자기 이관이 열리고 중이압(中耳壓)이 높아져 고막이 바깥쪽으로 팽창한다. 이때 소리를 내게 되므로 검사자의 귀와 검사받는 사람의 귀를 고무관으로 연결해

발살바 치료법

두면 소리에 의해 공기가 통함을 확인할 수 있다. 또 고막을 관찰하여 그것의 팽창에 의해서도 통기를 확인할 수 있다. 항공기 탑승이나 등산 등에 의해 중이강(中耳腔)과 외기와의 사이에 기압차가 생겨 귀가 막힌 것 같은 감이 있을 때 이 동작을 하면 귀를 정상화할 수 있다. 대부분의 항공사 승무원이 발살바(Valsalva) 방법을 통해 이착륙 시 자신의 귀를 건강하게 유지시키고 있다.

비행 중 증상

- 지속적 혹은 간헐적인 귀의 통증
- 이마 부위 통증 발생 및 두통 발생
- 감기로 인한 이통 발생 가능

기내 응급처치

- 발살바 처치 시행
- 통증 있는 귀에 따뜻한 패드 제공
- 요청 시 진통제 제공
- 필요 시 의료진 호출 및 의료장비 제공

필요한 응급장비

- 기내 비치 타이레놀, 얼음주머니, 나리스타S

18 출혈(Bleeding)

정의

혈관의 손상에 의해 혈액이 혈관 밖으로 나오는 현상을 말한다. 일반적으로 출혈이 일어나면, 혈소판과 혈액응고인자의 작용으로 혈전이 생성되어 손상된 혈관과 조직을 막음으로 지혈이 된다. 혈소판과 혈액응고인자에 이상이 생기면 쉽게 멍이 들거나, 작은 상처에도 출혈이 잘 일어나고 잘 멈추지 않게 된다. 혈우병이나 폰빌레브란트병, 혈소판감소증 등 다양한 질환이 출혈 이상의 원인이 될 수 있다.

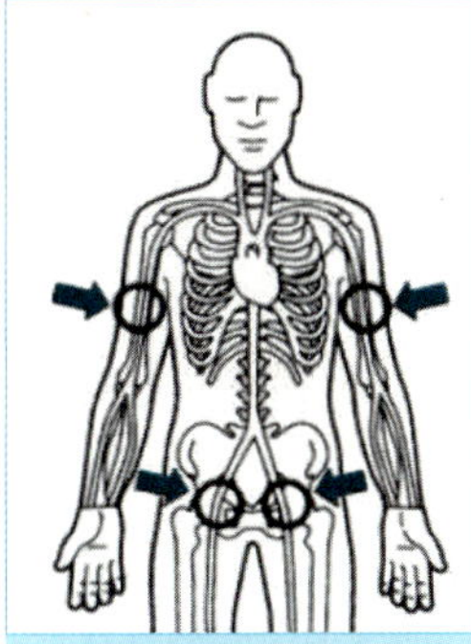
압박점을 찾아
압박을 실시한다.

비행 중 증상

- 외관상으로 혈액이 신체 외부로 노출되는 현상
- 어지럽고 메스껍다.
- 자신의 출혈을 목격함으로써 충격과 공포에 휩싸이기 쉽다.
- 상처에 의해 감각이 마비될 수 있다.
- 과다한 출혈 시 의식을 잃고 쓰러진다.

기내 응급처치

- 직접 압박을 가한다.
- 상처부위를 들어 올린다.
- 붕대로 상처를 감싼다.

필요한 응급장비

- 멸균거즈, 멸균압박용 붕대, 반창고, 가위, 탄력붕대

19 화상(Burn)

정의

불이나 뜨거운 물, 화학물질 등에 의해 피부 및 조직이 손상된 것을 화상이라고 하며, 일반적으로 증상에 따라 1도에서 3도로 구분한다. 정도를 파악할 때는 화상을 입은 넓이와 깊이에 따라 중증도를 결정하며 항공기 내 화상은 대

부분 기내에서 제공되는 뜨거운 물(물, 스프, 라면, 국)과 기내식을 가열하는 오븐(oven)에 의해 입는 화상을 지칭한다.

비행 중 증상

- 1도 화상 – 화상 부위가 붉어진다.
  – 화상 부위가 부어오르며 상당한 통증을 느낀다.
- 2도 화상 – 상기 증상 이외에 화상부위에 물집이 생긴다.
- 3도 화상 – 화상부위가 하얗게 되거나 검게 보인다.
  – 피부 내부 조직이나 뼈가 드러나 보인다.
  – 환자가 쇼크 상태로 간다.

번텍(Burntec)이 탑재되기 전까지 일반화상의 응급처치

- 화기가 사라질 때까지 충분하게 부위를 냉수에 담그거나 냉찜질한다.
- 식염수를 이용하여 상처부위를 소독한다.
- 화상연고를 바른 후 붕대를 느슨하게 하고 부위를 들어 올린다.
- 쇼크 발생 시에는 상기 언급한 쇼크 응급처치를 시행한다.

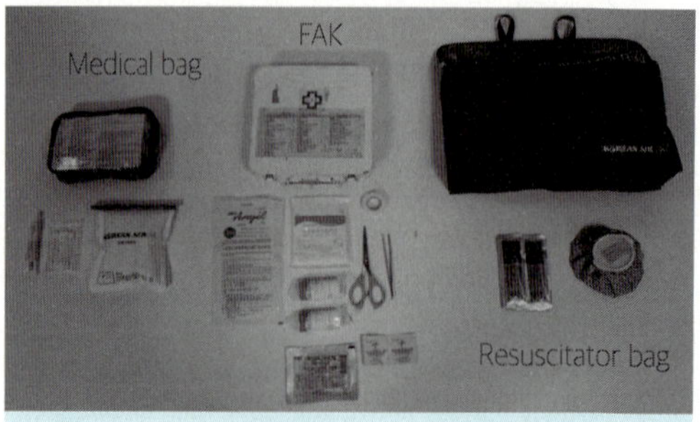

화상에 필요한 기내 응급약품

필요한 응급장비

- 번텍(Burntec), 진통제, 붕대, 가위

2016년 기내 화상 발생시 신개념 화상 응급처치법

기존의 기내 화상 응급처치 방법은 응급조치 시 처치자의 손과 화기를 빼는 물을 통하여 감염을 일으킬 수 있는 소지가 다분하여 항공사에서는 "Burntec"이라는 제품을 사용하기 시작하였다.

하이테크놀로지 하이드로겔 드레싱 "Burntec"은 "쿨링효과"를 지니고 있는 다기능성 상처 드레싱으로 90% 이상의 수분을 포함하고 있는 흡수성 드레싱 제품이다.

Burntec은 화상부위의 열을 신속히 쿨링시켜 상처 부위를 진정시킬 뿐만 아니라 적절한 열 교환과 수분균형을 통해 최적의 습윤한 상처치유 환경을 제공하고, 상처 부위에 지속적인 쿨링 효과를 제공하여 상처 부위의 통증을 경감시켜 주는 제품이다. 또한 상처에 달라붙지 않아 드레싱 교환 시의 통증을 완화시켜주며 나아가 흉터 생성도 완화시켜주는 효과가 있다. 이러한 하이테크놀

로지 하이드로겔 드레싱 "Burntec"은 화상부위, 비감염성의 모든 상처 등 적용범위가 넓고, 5 × 5cm ~ 40 × 60cm 등 제품의 사이즈 또한 다양하여 2016년부터 항공사에서 승객 및 승무원 화상 응급치료용으로 도입할 예정이다.

화상 응급처치 절차

[현행] 물 이용 화기 제거	[변경] BurnTec 이용 화기 제거
① 화상 부위의 의복, 장신구 등을 조심스럽게 제거하여 화상부위를 노출시킨다. ② 화상 부위를 흐르는 물(10~15℃)에 약 20분 이상 대거나 담근다. 만약, 흐르는 물로 화기 제거가 어려운 경우에는 거즈나 깨끗한 수건에 물을 적셔 화기를 제거한다. ③ 화상 연고를 충분히 도포하거나 FAK 내 리도아거즈를 사용한 후 멸균거즈와 붕대로 느슨하게 고정시킨다. ④ 통증 지속 시 진통제(타이레놀)를 제공한다.	① 화상 부위의 의복, 장신구 등을 조심스럽게 제거하여 화상부위를 노출시킨다. ② FAK 내 화상치료용 거즈(Burn Tec)를 환부에 얹고 탄력 붕대로 느슨하게 고정한다. BurnTec을 사용하기 어려운 경우에는 상온의 흐르는 물 또는 차가운 린넨 등을 이용하여 화기를 제거 후 화상연고 도포 및 멸균거즈와 붕대로 느슨하게 고정시킨다. ③ 필요 시 진통제(타이레놀)를 제공한다. 주) 화상부위 이물질이 있는 경우 깨끗한 물로 세척한다.

공통 주의사항

- 화상 응급처치 시에는 얼음이나 얼음주머니를 사용하지 않는다.
  - 얼음찜질의 경우 피부조직 손상 및 상처 악화 가능
- 화상으로 인한 수포를 터뜨리지 않도록 주의한다.

BurnTec 사용방법

1. 포장 개봉 후, 플라스틱 몰드에서 제품을 꺼낸다.

2. 이때, 제품의 상부에 부착되어 있는 필름은 제거하지 않는다.

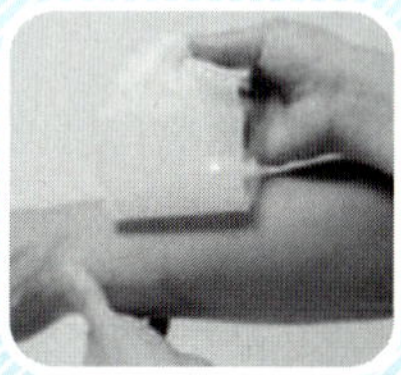

3. 플라스틱 몰드에 접해 있던 부분을 화상부위로 향하게 하여 적용시킨다.

4. 상처에 드레싱을 적용시킨 후 상부에 있는 필름을 제거한다.

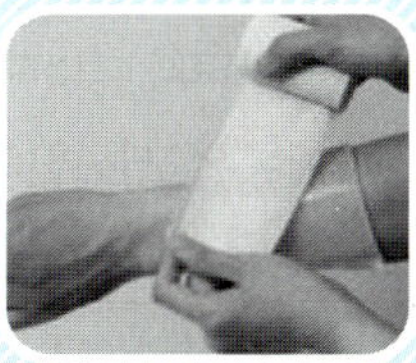

5. 탄력붕대를 이용하여 고정한다. 필요 시 진통제를 제공한다.

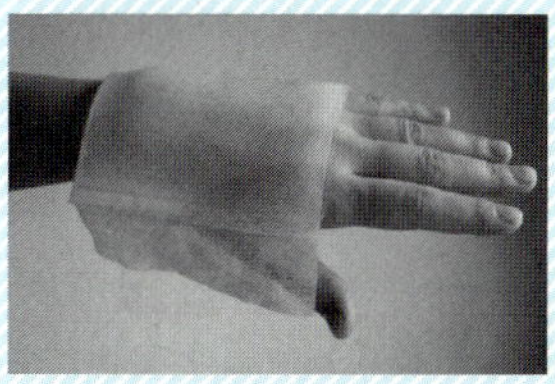

기내 화상환자에 BurnTec을 사용하여 도포한 모습

20 골절(Fracture)

정의

뼈나 골단판 또는 관절면의 연속성이 완전 혹은 불완전하게 소실된 상태를 말하며, 대개의 경우 외부의 힘에 의하여 발생한다.

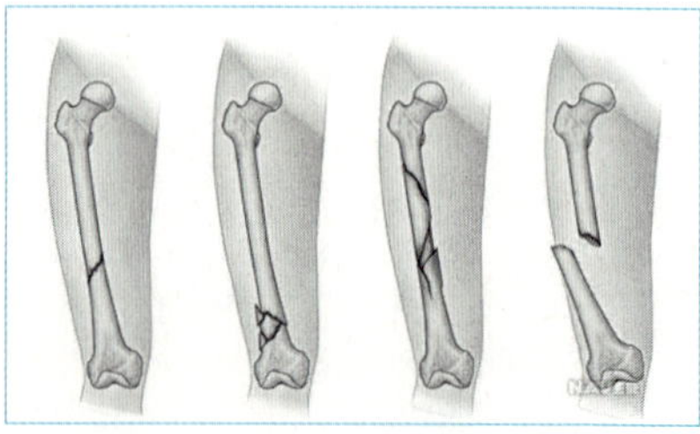

골절이 발생한 부위 주변으로 통증과 압통이 발생한다. 통증은 근육의 경직, 골편의 중복, 주위 연부 조직의 손상이 원인이 되어 발생하며, 골절 부위를 움직이거나 압력을 가하면 더욱 심해진다. 골절 부위에 체액이 증가하고 출혈로 인하여 부종이 나타나고 피부 바깥에 보이는 출혈이 발생한다. 비행 중 기내에서 골절이 발생하는 경우는 거의 없으나 상시 벨트 착용을 하지 않은 경우 갑작스런 기체요동에 의해 신체가 공중으로 올라가 떨어질 경우 발생할 수 있다.

비행 중 증상

골절이나 탈구가 발생하면 심한 통증이 나타나는데 이는 그 부위를 움직이거나 누를 때 더 심해진다. 손상 부위가 비정상적으로 흔들리고 통증 때문에 움직이지 못해 정상적인 기능을 상실할 수 있으며 체액이나 혈액이 손상 부위로 스며들어 붓게 되고 팔다리 모양의 변형이 올 수 있다. 그 외에 감각 손상, 근육 경련, 마비 등이 올 수 있다.

기내 응급처치

가장 중요한 것은 다친 부위가 더 이상 움직이지 않도록 하는 것이다. 부목 등을 이용하여 묶어서 움직이지 않도록 하는데, 이때 직접 처치를 하다가 무리하게 움직여 상태를 더욱 악화시킬 수 있으므로 움직이지 않고 응급구조를 기다리도록 하고 응급처치를 할 경우에는 환자가 편안해 하는 자세 그대로 움직이지 않게 고정하고 도움을 청하도록 한다. 환자를 움직일 때에는 골절되거나 탈구된 뼈와 관절의 위/아래 관절을 동시에 고정하여 움직이지 않도록 하는 것이 중요하다.

부목은 다친 부위의 뼈보다 길어야 하고 부드러운 천으로 감싸 피부에 직접 닿아 손상을 주지 않도록 해야 한다. 부목은 가볍고 단단한 재질로 된 것이 좋으나 구하기 어려운 경우에는 담요나 신문지를 접은 것, 종이 상자 등을 사용할 수 있다. 이때 관절이나 뼈의 단단한 부위가 밖으로 만져지더라도 이를 제자리로 돌리려는 시도는 하면 안 된다. 팔다리의 손상에 비교하여 척추나 골반 뼈 부위를 다친 경우 내부 장기 또는 혈관의 손상으로 출혈이 되어 쇼크에 빠질 위험이 있으므로 환자를 눕힌 자세에서 가급적 전신이 움직이지 않도록 고정하여 빨리 전문 진료를 받을 수 있는 병원으로 이송하여야 한다.

필요한 응급장비

- 멸균용 거즈, 얼음주머니, 진통제, 부목, 가위, 붕대, 반창고, 삼각건, 전자체온계, 자동혈압계

21 염좌(Distortion), 삠

정의

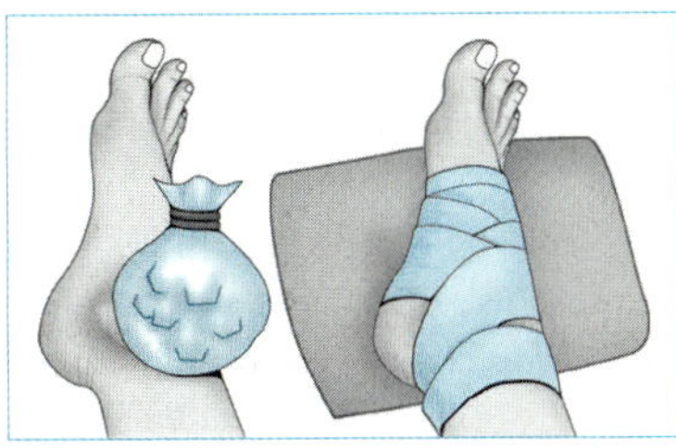

염좌(sprain)는 관절을 지지해주는 인대가 외부 충격 등에 의해서 늘어나거나 일부 찢어지는 경우를 주로 말하며, 근육이 충격에 의해서 늘어나거나 일부 찢어지는 경우도 염좌(strain)라고 말한다. 영어로는 전자의 경우를 sprain, 후자의 경우를 strain으로 구분하여 부른다. 인대나 근육의 일부가 아닌 전체가 끊어지는 경우는 파열(rupture)이라고 일컫는다. 비행 중 염좌(삠)가 발생하는 경우는 갑작스런 기체동요나 오랫동안 좌석에 앉아있다 갑자기 일어나 걸을 때 발생한다.

비행 중 증상

- 해당 부위가 붓고 통증을 느끼게 된다.
- 누르면 누를수록 통증이 심해지고 심하면 피부색이 변색된다.

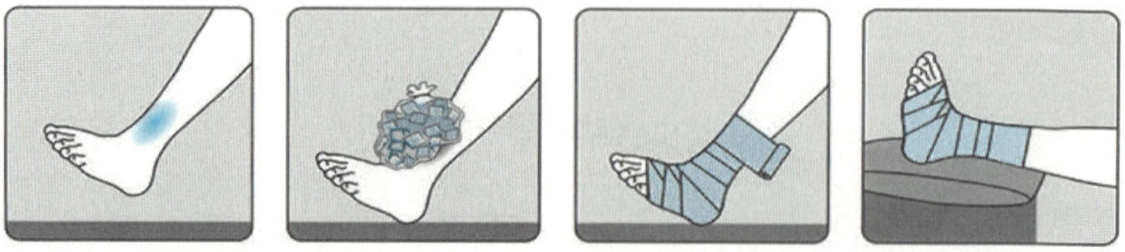

기내 응급처치

- 과도한 찬 찜질보다 적당한 찜질과 충격받은 부위를 심장보다 높게 하는 거상 체위를 취하도록 한다.

필요한 응급장비

- 진통제, 얼음주머니, 붕대, 가위

22 부비동통(Sinus Pain)

정의

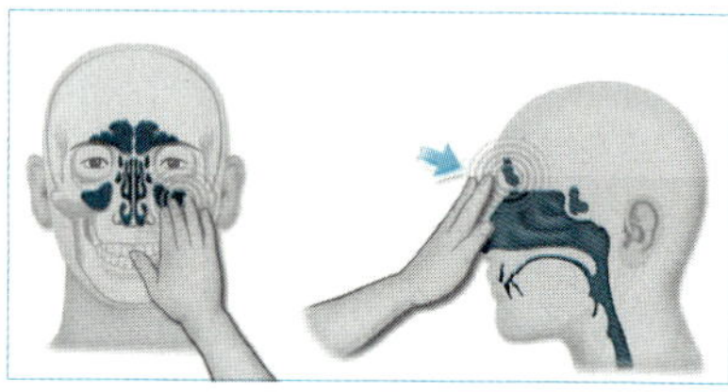

부비동은 콧구멍이 인접해 있는 뼈 속 공간으로 굴처럼 만들어져 공기로 차 있다. 4개의 코곁굴이 있으며, 굴이 형성된 뼈에 따라 이름지어졌다. 각각은 눈썹 부근 이마뼈에 있는 이마굴, 코안과 눈확 사이 벌집뼈에 있는 벌집굴, 나비뼈 몸통에 있는 나비굴, 위턱뼈 속에 형성된 위턱굴로 구분된다. 머리 무게를 가볍게 하고, 호흡 시 공기를 데워주며, 분비물 배설과 환기를 돕고 먼지 등의 이물질과 분비물을 배설한다. 이곳에 염증이 발생하면 답답하며 참을 수 없는 통증을 호소하게 된다. 특히 비행 중 객실의 기압이 낮아짐에 따라 증상이 더욱 심해질 수 있다.

비행 중 증상

- 이마와 광대뼈에 통증을 느끼거나 위쪽 치아까지 통증이 퍼진다.
- 코가 막힌다.
- 두통을 호소한다.

기내 응급처치

- 발살바(Valsalva)를 실시하게 한다.
- 머리를 뒤로 하고 코에 비점막 수축제를 분사한다.
- 필요 시 타이레놀 등의 진통제를 제공한다.

필요한 응급장비

- 타이레놀, 비점막 수축제(나리스타-S)

23 코피(Nose Bleeding)

정의

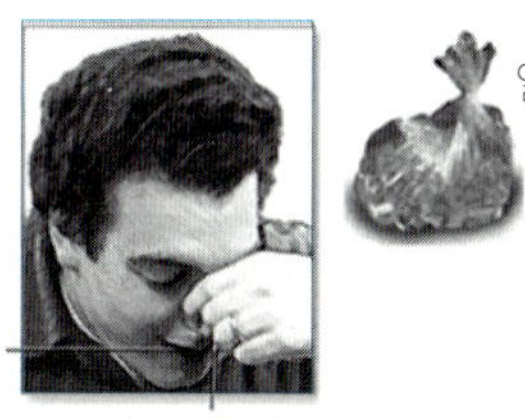

비출혈이란 말 그대로 코에서 피가 나는 것을 말한다. 코피는 여러 가지 원인에 의해 발생하는데, 신체의 국소적 원인으로는 기계적 외상, 비중격 및 비강질환, 염증, 종양, 동맥류, 기압 변화 등이 있으며, 신체 전반에 걸친 원인으로는 혈액응고 장애, 동맥경화증, 유전성 출혈성 모세혈관확장증, 대상월경(월경이 없거나 그 양이 매우 적을 경우, 자궁의 출혈을 대신하여 코나 허파, 위장, 유방 따위에서 출혈이 일어나는 일) 등이 있다.

출혈의 대부분은 비중격의 앞부분에 위치한 키셀바하 부위(Kiesselbachs area)에서 발생하고, 외상이 비출혈의 가장 흔한 원인이다. 특히 비행 중 코피가 나는 이유는 시차적응 실패, 피로, 무리한 해외관광으로 인한 피로, 어린이의 경우는 습관적으로 코를 후비는 행동이 가장 흔한 비출혈의 원인이다.

비행 중 증상

- 코에서 피가 나온다.
- 장시간 지혈되지 않을 경우 의료진을 호출한다.

기내 응급처치

- 고개를 뒤로 젖히지 않는다.
- 콧등을 잡고 눌러 지혈한다.
- 코 주변을 얼음을 이용하여 냉찜질한다.
- 코를 풀지 않도록 한다.

필요한 응급장비

- 얼음주머니, 혈압계, 화상치료용 거즈, 붕대, 핀셋

24 고혈압(Hypertension)

정의

혈압이란 혈액이 혈관 벽에 가하는 힘을 말한다. 혈압을 읽을 때에는 수축기 혈압(최고혈압)과 확장기 혈압(최저혈압)으로 나누어서 읽는다. 수축기 혈압은 심장이 수축하면서 혈액을 내보낼 때 혈관에 가해지는 압력이고, 확장기 혈압은 심장이 확장(이완)하면서 혈액을 받아들일 때 혈관이 받는 압력이다.

고혈압은 18세 이상의 성인에서 수축기 혈압이 140mmHg 이상이거나 확장기 혈압이 90mmHg 이상인 경우를 말한다. 고혈압은 크게 두 가지로 분류할 수 있는데, 원인 질환이 밝혀져 있고 이에 의해 고혈압이 발생하는 경우를 이차성 고혈압이라고 하며, 원인 질환이 발견되지 않는 경우를 본태성(일차성) 고혈압이라고 한다. 전체 고혈압 환자의 약 95%는 본태성 고혈압이다.

본태성 고혈압이 생기는 근본적인 이유는 명확하지 않지만, 심박출량(cardiac output; 심장에서 1분 동안 박출하는 혈액의 양)의 증가나 말초 혈관저항의 증가에 의한 것으

로 생각된다. 고혈압과 관련된 위험 인자에는 고혈압의 가족력, 음주, 흡연, 고령, 운동 부족, 비만, 짜게 먹는 식습관, 스트레스 등의 환경적, 심리적 요인이 있다. 따라서 고혈압 환자는 비행 중 혈액순환에 유의하고 과도한 기내 업무를 피하며 무리한 해외관광으로 인해 피로가 쌓이지 않도록 조심해야 한다.

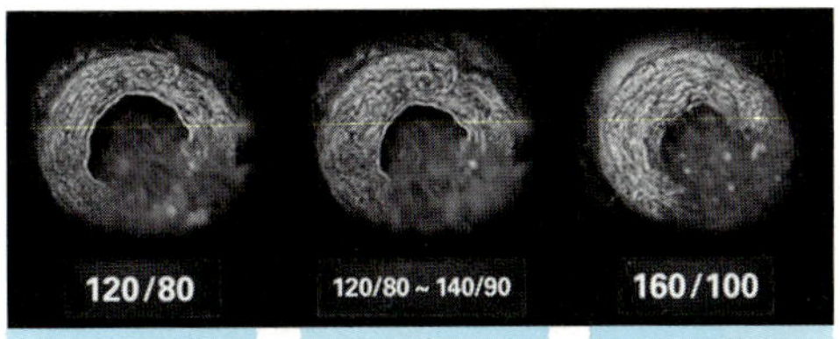

정상 | 고혈압 전단계 | 고혈압

비행 중 증상

- 가슴이 답답하며 호흡이 곤란하다.
- 이명현상이 나타나고 머리 뒷부분이 땡기고 아프다.
- 어지럽고 메스껍다.

기내 응급처치

- 편안한 자세를 취하게 한다.
- 승객이 소지한 약이 있을 경우 약을 먹게 한다.
- 혈압조절이 불가능하거나 호전되지 않을 경우 의료진을 호출한다.

필요한 응급장비

- 청진기, 자동혈압계

25 복통(Abdominal Distress)

정의

복부의 내장은 피부에 비하면 심한 통증을 일으키는 여러 자극에 민감하지 못하다. 그러나 염증, 허혈, 종양의 신경 침범 등의 여러 가지 이유로 복부의 통증이 발생할 수 있다. 복통은 말 그대로 복부의 통증을 말하며, 주로 소화기 질환에서 볼 수 있는 중요한 증세이다. 일반적으로 어느 곳이 아픈가에 따라 다양한 진단이 가능하므로 복통의 부위를 정확히 알아야 하며 복통은 비행 중 기내에서 제일 많이 발생하는 질환이므로 아래의 복통별 특성을 숙지하여 의료진이나 지상의 EMCS에 관련 증상을 전달해 주어야 한다.

각 질환별 복통의 특성

① 위염 : 명치 부위에 생기는 둔통인 경우가 많지만 약물(해열제, 진통-소염제, 알코올, 커피 등) 복용에 기인한 급성위염은 심한 통증을 일으킬 수 있다.

② 급성충수염 : 초기에는 흔히 명치 부위에서 통증을 느끼지만, 점차 아랫배의 오른쪽(우하복부)으로 통증이 이동되어 간다.

③ 담석 : 심한 통증인 경우가 많고, 중년 이후의 살찐 여성이 지방질이 많은 식사를 한 후 흔히 발생한다. 통증이 발생하는 부위는 주로 명치 혹은 그보다 약간 오른쪽에 위치하며, 수분 간격으로 점차 심해지고 주기적으로 진행된다.

④ 췌장염 : 통증은 가벼운 것부터 심한 것까지 그 정도가 다양하지만, 대개는 명치의 약간 왼쪽에서 일어나고 심한 경우에는 어깨나 등으로 확산될 수 있다. 다량의 알코올을 섭취한 후 과식(특히 지방질이 많이 포함된 식사)을 한 경우에 발생하기 쉽다.

⑤ 우상복부통 : 담석, 담낭염 등 담낭의 병으로 인해 발생하는 경우가 많고, 오른쪽 어깨에 퍼지는 통증이 동반된다. 간염 등에서는 둔통(둔하고 무지근하게 느끼는 아픔)을 호소하는 경우가 있으며, 통증이 있을 때에는 간 비대가 동반된 경우가 많다.

⑥ 좌상복부통 : 심한 복통이라면 좌측 신결석인 경우가 많지만, 때로는 급성췌장염 등의 소화기 질환인 경우도 있다.

⑦ 우하복부통 : 급성일 때는 충수염(맹장염)인 경우가 많지만, 드물게는 장 결핵, 대장암인 경우도 있다. 여성의 경우는 월경곤란증, 자궁근종, 자궁외임신, 난소질환 등이 원인일 수 있다.

⑧ 전복부통 : 위장관의 천공, 급성 복막염, 장간막혈전증 등이 일반적으로 급성복증에 해당되며 심한 통증을 일으킨다. 이외에도 급성 대장염, 궤양성 대장염, 장 폐색 등의 질환도 복부 전체의 통증을 일으킬 수 있다.

비행 중 증상

- 메스꺼움, 구토현상이 나타나며 설사 또는 변비가 될 수 있다.
- 복부가 팽창하고 통증이 나타난다.

기내 응급처치

- 편안한 자세를 취하게 하고 구토가 나올 경우 기도가 막히지 않도록 조심한다.
- 산소를 공급할 수 있다.
- 음식물을 제공하지 않고 승객 자신이 소지한 약을 먹일 수 있다.

필요한 응급장비

- 소화제 및 환자가 소지한 약

26 체온저하(Hypothermia)

정의

저체온증은 임상적으로 중심체온(심부체온)이 35℃ 이하로 떨어진 상태를 말한다. 인체의 열 생산이 감소되거나 열소실이 증가될 때, 또는 두 가지가 복합적으로 발생할 때 초래되며, 저체온증은 갑자기 생기거나 점차적으로 발생할 수 있다. 체온이 정상보다 낮아지면 혈액 순환과 호흡, 신경계의 기능이 느려지게 되며, 특히 항공기 비상착륙/착수로 인해 갑자기 추운 환경에 노출되면 인체는 정상적으로 떨림과 근육 긴장, 대사량 증가 등을 통해 체온을 유지하려고 하나 환경에 의해 점차적으로 신체의 방어 능력이 떨어진다. 저체온증을 살펴보면 다음과 같다.

비행 중 증상

- 몸을 떨며 체온이 저하된다.
- 무감각, 무기력 현기증, 졸음이 동반된다.
- 판단력과 시력이 현저히 저하된다.
- 호흡과 맥박이 느려지며 의식을 잃는다.

우발성(환경성) 저체온증

추운 환경에 노출되어 나타나는 것으로, 건강한 사람이라 하더라도 저체온증에 빠질 수 있다. 특히 옷을 충분히 입지 않고 비에 젖거나 바람에 맞으면 위험하다. 물에 완전히 젖거나 빠졌다면 물의 열전도율이 높기 때문에 더욱 체온을 쉽게 잃게 되는데, 이러한 경우 체온 손실은 물의 온도에 따라 달라지며, 보통 16~21℃ 이하의 수온에서 잘 일어난다.

기내 응급처치

- 젖은 옷을 벗기고 마른 옷과 담요 등으로 몸 전체를 감싼다.
- 서로 껴안거나 겨드랑이, 사타구니, 몸통 등을 온찜질하여 체온을 높여준다.
- 따뜻한 음료를 천천히 제공한다.
- 편안하게 안정시킨다.
- 활력징후를 측정하며 필요 시 산소를 공급한다.

필요한 응급장비

- 전자체온계, 혈압계, 청진기

27 동상(Frostbite)

정의

영하 2~10℃ 정도의 심한 추위에 노출되면 피부의 연조직이 얼어버리고 그 부위에 혈액공급이 없어지게 된다.

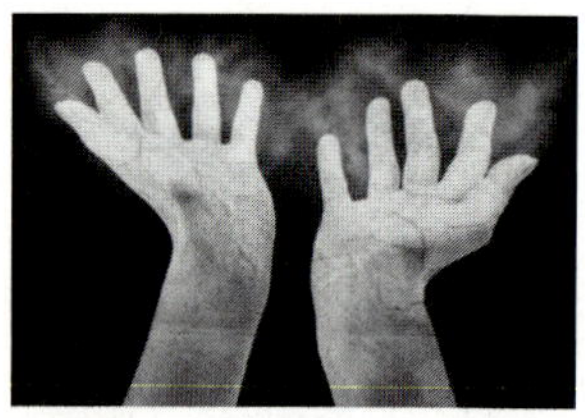

이러한 상태를 동상이라고 한다. 귀, 코, 뺨, 손가락, 발가락 등이 자주 발생하는 부위이다.

비행 중 증상

얼어버린 부위는 창백하고 부드러우며 광택이 있을 수 있다. 통증 등의 자각 증상은 없으나 일단 따뜻하게 해주면 조직 손상의 정도에 따라 증상과 피부 병변이 나타난다. 손상받는 정도는 노출된 추위의 온도와 얼어 있던 시간과 직접적인 관계가 있다. 피부가 붉어지고 통증이나 저림 등의 불쾌감이 생길 수 있지만, 손상 정도가 심하지 않다면 수시간 내 정상으로 회복된다. 심한 경우에는 조직이 죽으면서 물집이 발생할 수 있다.

- 동상부위의 피부색이 붉은색–황색–청색으로 변질된다.
- 동상부위가 차갑고 무감각하다.
- 통증을 느끼지 못한다.

기내 응급처치

- 몸을 따뜻하게 해준다.
- 상처부위를 따뜻한 물에 넣어준다.
- 상처부위를 건조시킨 후 느슨한 붕대로 감는다.

필요한 응급장비

- 거즈, 붕대, 따뜻한 물

28 두드러기(알러지, Allergy)

정의

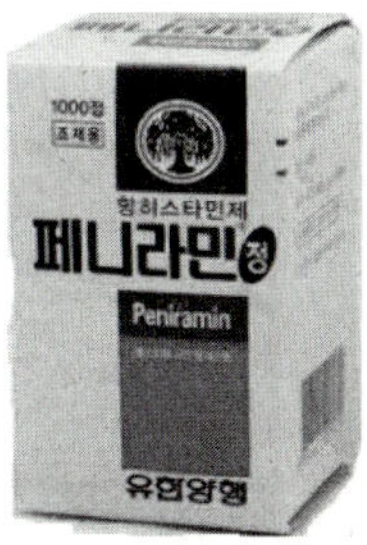

두드러기는 피부나 점막에 존재하는 혈관의 투과성(물질분자의 통과나 침입을 허용하는 성질)이 증가되면서 일시적으로 혈장 성분이 조직 내에 축적되어 피부가 붉거나 흰색으로 부풀어 오르고 심한 가려움증이 동반되는 피부 질환이다.

피부 상층부의 부분적인 부종에 의해서 피부가 부풀어 오르며, 심한 가려움증이나 따끔거림을 동반하는 경우가 많다. 벌레에 물렸을 때와 같이 피부가 부풀어오르는 것을 팽진이라고 하는데, 두드러기에서는 크기가 다양하고 붉은색으로 둘러싸인 팽진이 특징적으로 나타난다. 두드러기와 비슷하지만 피부의 깊은 곳부터 부풀어오르는 것을 혈관부종이라고 하며, 두드러기나 혈관부종은 5명 중 1명꼴로 일생에 한 번쯤은 경험하는 흔한 질환이다.

두드러기와 혈관부종은 대개 치료하지 않아도 24시간 이내에 흔적도 없이 사라지며 치명적인 경우는 없다. 그러나 어지러움, 숨을 쉴 때 쌕쌕거리는 천명음, 호흡곤란이 함께 발생하는 경우, 가슴이 답답하거나 혹은 혀, 입술, 얼굴에 부종이 있는 경우에는 생명에 위협을 줄 수 있으므로 전문의의 진료를 받는 것이 좋다.

두드러기는 기간에 따라 급성과 만성 두드러기 및 혈관부종으로 나누는데, 급성 두드러기는 대개 음식물이나 약물에 의해 발생되며 수일에서 최대 6주 이내에 호전되는 것이 대부분이고, 6주 이상 지속되는 경우를 만성 두드러기로 정의한다.

비행 중 증상

- 피부에 울긋불긋한 것이 돋고 매우 가려울 수 있다.
- 환부에 부종이 나타나며 열감이 있다.
- 호흡곤란, 저혈압, 쇼크가 일어날 수 있다.

기내 응급처치

- 환부에 냉찜질을 한다.
- 승객 소지 약물이 있나 확인 후 필요 시 제공한다.
- 기내 의료인의 도움을 받아 항히스타민제를 사용할 수 있다.
- 심한 알러지 반응 결과 호흡의 곤란이 있을 수 있으며, 활력징후를 판단하여 인공호흡이나 CPR을 시행할 수 있다.

필요한 응급장비

- 페니라민, 얼음주머니, 항히스타민제제, 스테로이드제제

29 열피로(Heat Exhaustion)

정의

30도 이상의 더위가 계속되고 폭염이 지속되면 직사광선에 오래 노출되어 발생하는 일사병 등 온열 질환이 자주 생기게 되며 열사병은 일사병을 포함하는 온열 질환으로 가장 심각하기도 하고 사망률도 높은 질환이다. 체온이 40도가 넘어가고 땀이 나지 않아 피부가 건조하며 심한 두통, 어지러움, 구역질 증상을 보이며 의식이 혼미해지고 심하면 의식을 잃기도 한다. 이러한 증상을 열탈진, 열피로라고도 불리며 영어로 heat exhaustion으로 표현된다. 흔히 더위를 먹었다 라는 말이 열피로 증상과 관계가 있다. 아주 더운 날씨에 지나친 해수욕 등 무리한 해외레저 활동 후 항공기에 탑승하게 되면 증상이 나타날 수 있으며 항공기가 비상착륙/착수 후 햇볕을 피할 장소가 마땅치 않아 직사광선에 장시간 노출되면 나타난다.

비행 중 증상

- 피부가 차갑고 창백해지며 땀으로 끈적거린다.
- 무기력 증세가 나타나며 메스꺼움, 현기증을 느낀다.
- 증세가 심할 경우 기절한다.

기내 응급처치

- 발을 머리보다 높게 하고 옷을 느슨하게 풀어주며 차가운 물수건을 이용하여 찜질해준다.
- 바람을 통하게 하고 의식이 있는 경우 차가운 물을 공급해 준다.
- 필요한 경우 기내 비치된 산소를 공급해 준다.

필요한 응급장비

- 얼음주머니, 전사체온계

30 CHOKING-기도막힘

정의

공기는 인후두부, 기관, 기관지 등의 일련의 통로를 거쳐 폐에 도달한다. 이러한 일련의 통로를 기도라 하는데, 이것이 부분 혹은 전체적으로 폐쇄되는 것을 기도 폐쇄라 한다. 일반적으로는 좁은 의미로 상기도, 즉 인후두부와 기관의 급작스런 폐쇄를 의미하는 용어로 많이 사용되고 있다. 기관지 이하의 하부 기도에도 폐쇄가 나타날 수 있는데, 의학용어로서는 이러한 하기도 폐쇄를 가리키는 의미로도 쓰인다.

이 중 비행 중 기내에서 제일 빈도가 높은 것은 이물질에 의한 기도 폐쇄, 즉 성인의 경우 주로 음식물, 어린이의 경우 장난감에 의한 것이다.

흔히 웃으면서 먹거나 잘 맞춰지지 않은 틀니를 한 채 혹은 음주 상태로 먹을 때 음식물이 기도로 넘어가 기도를 막을 수 있으며 저자의 경험으로는 수년 전 해외여행 가는 노인단체(경북지방 주민센터)에서 인절미를 가져와 먹다가 그중 한 분이 기도 폐쇄를 당해 하임리히 방법을 쓰게 된 아찔한 순간도 있었다.

비행 중 증상

- 숨을 쉬려고 하나 숨소리가 나지 않음
- 높은 음조로 헐떡거리거나 목을 움켜쥐는 행동을 함
- 기침을 하지 못하고 안색이 붉은색에서 푸른색으로 변함
- 심한 경우 의식소실 및 심장마비 발생

기내 응급처치

- 뒤에서 팔로 허리를 감싸 안는다.
- 주먹을 환자의 복부에 대고 위쪽 방향으로 압박한다.
- 이물질이 나올 때까지 계속해서 압박한다.

필요한 응급장비

- PO_2, 하임리히법

하임리히법(Heimlich maneuver)

약물·음식 등이 목에 걸려 질식상태에 빠졌을 때 실시하는 응급처치법.
하임리히법(Heimlich maneuver 또는 abdominal thrusts)이란 기도가 이물질로 인해 폐쇄되었을 때, 즉 기도 이물이 있을 때 응급처치법이다. 서 있는 어른의 경우에는 뒤에서 시술자가 양팔로 환자를 뒤로부터 안듯이 잡고 검돌기와 배꼽 사이의 공간을 주먹 등으로 세게 밀어 올리거나 등을 세게 친다. 단, 1세 미만의 영아에 대해서는 45도 각도로 하임리히를 시행하도록 한다.

31 아토피로 인한 가려움증(Urtication)

정의

아토피 피부염은 주로 유아기 혹은 소아기에 시작되는 만성적이고 재발성의 염증성 피부 질환으로 소양증(가려움증)과 피부건조증, 특징적인 습진을 동반한다. 유아기에는 얼굴과 팔다리의 펼쳐진 쪽 부분에 습진으로 시작되지만, 성장하면서 특징적으로 팔이 굽혀지는 부분과 무릎 뒤의 굽혀지는 부위에 습진의 형태로 나타나게 되며, 많은 경우에 성장하면서 자연히 호전되는 경향을 보인다.

비행 중 증상

- 건조한 기내 공기로 인한 가려움증 유발
- 손과 발 그리고 신체 일부까지 무제한 발진과 가려움증

기내 응급처치

- 냉찜질을 유도한다.
- 가려움증 예방을 위한 소지약을 복용시킨다.

필요한 응급장비

- 얼음주머니, 항히스타민제제, 스테로이드제제

아토피 피부염과 항공여행

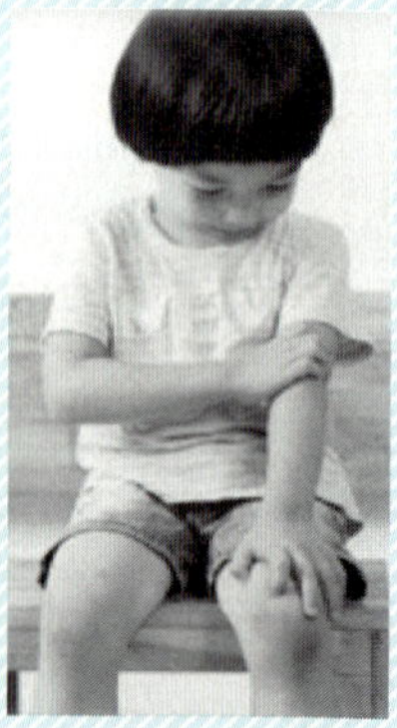

많은 사람들이 성장기를 도시에서 보내면서 자연적인 외부 미생물에 의한 감염 기회가 줄어들어 면역력이 약화되는 반면, 환경은 갈수록 오염되어 가고 있어 아토피 피부염을 포함한 알레르기 질환 발생이 점차 증가하고 있다.

아토피 피부염은 가려움증을 동반하는 만성 재발성 습진질환으로 천식, 알레르기 비염과 함께 대표적인 알레르기 질환이다. 발병 원인이 확실하지는 않으나 유전적인 소인과 함께 정신적 스트레스, 공해, 곰팡이나 세균 등에 의한 감염, 피부자극과 같은 환경적 요인, 면역적 요인 등이 서로 복합적으로 작용하여 발병하는 것으로 알려져 있다. 아토피 피부염은 주로 5세 이전에 발병하여 성장하면서 40~80%는 자연 소실되나 성인이 되기까지 호전과 악화를 반복하는 만성 경과를 보이기도 한다.

아토피 피부염의 특징적인 증상은 가려움증, 건조한 피부, 홍반 등이다. 피부 자극에 매우 민감하여 가려워 피부를 긁으면 피부가 헐고 진물이 나거나 딱지가 앉게 되며 이 부위에 균이 들어와 2차 감염이 발생되기도 한다. 병세의 호전과 악화가 반복되면서 피부주름도 두터워진다. 증상이 심하면 가려움증으로 잠을 잘 자지 못하며 자신감 소실, 성적 저하, 집중력 감소, 운동 제한 등으로 학교생활이나 사회생활에 어려움을 호소하기도 한다. 초기에는 얼굴부터 증상이 발생되나 점차 목, 손목, 복부, 사지에 접히는 부위 등으로 퍼진다.

아토피 피부염은 환자마다 치료방법이 다르다. 피부염을 악화시키는 요인은 매우 다양하며 개인차도 크다. 건조한 공기, 높은 온도, 땀, 꽉 끼거나 거친 소재의 의복, 피부를 긁는 행동과 같이 피부를 자극하는 요인을 피해야 한다. 이 외에도 집 먼지 진드기, 꽃가루, 특정 식품 등에 아토피 피부염이 악화되면 집안에서 애완동물을 기르지 않거나 카펫을 치우는 등의 적절한 대처가 필요하다.

증상을 완화하고 재발을 예방하려면 깨끗하고 촉촉한 피부상태를 유지해야 한다. 땀을 많이 흘리면 가려움증이 심해지므로 적절한 온도와 습도를 유지하고, 땀을 흘린 후에는 미지근한 물로 10분 이내에 샤워를 마치는 것이 바람직하다. 피부의 수분을 유지하는 것은 매우 중요한 일이므로 샤워 후 보습제는 3분 이내에 사용하도록 하며 건조함을 느끼면 보습제를 수시로 발라주는 것이 좋다.

환경 교정 등에 예방적 방법으로 상태가 호전되지 않고 증상이 심한 경우 약물치료를 병행한다. 가려움증에는 항히스타민제 복용, 염증을 가라앉히는 데는 국소 스테로이드제(연고류)가 매우 효과적이다. 심한 경우 스테로이드제나 면역억제제를 복용하기도 한다. 그러나 이런 약들은 부작용의 위험이 있으므로 약물치료는 반드시 전문의 진료와 처방에 따라야 한다. 아울러, 항공여행 시 기내 환경은 다소 건조한 편이기 때문에 아토피 피부염을 포함하여 피부가 민감한 경우 몇 가지 주의를 기울인다면 보다 즐겁게 여행할 수 있다. 예를 들어, 옷은 되도록 면제품을 착용, 꽉 조이는 옷은 피하고 손을 씻은 후에는 보습제를 발라주며, 얼굴이 건조하지 않도록 페이셜 워터 스프레이를 사용하는 것도 도움이 된다. 평소 사용하는 의약품이 있다면 반드시 손가방에 보관하여 갑자기 증상이 발현하였을 때 즉각 사용하도록 한다.

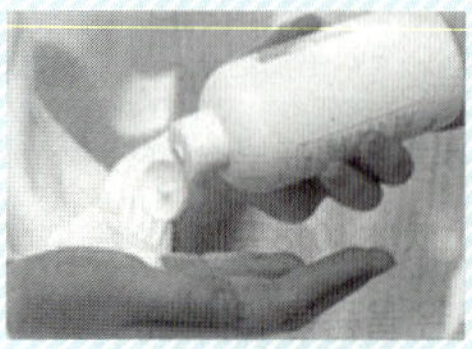

아토피 피부염은 꾸준한 관리가 중요하다. 자신에게 맞는 예방법과 치료로 건강한 피부상태를 유지하면 보다 높은 삶의 질을 누릴 수 있다.

32 이코노미 클래스 증후군, DVT(Deep Vein Thrombosis)

정의

이코노미 클래스 증후군은 좁고 불편한 비행기의 일반석(이코노미 클래스)에서 장시간 비행하면 피가 제대로 돌지 않아 다리가 붓고 저려 오며, 이것이 오래되면 혈액응고로 사망에까지 이르게 된다는 신종 증후군으로 좌석이 넉넉한 '일등석' 또는 '비즈니스석'과 달리 비좁은 3등석 승객에게만 주로 나타나기 때문에 '이코노미 클래스 증후군', '일반석 증후군' 혹은 '3등석 증후군'이라고도 불린다.

비행 중 증상

- 좁은 장소에서 오랫동안 움직이지 않고 앉아 있으면 다리 정맥이 압박되어 혈액 흐름이 원활하지 않아 혈전이 발생한다.
- 가족력, 암질환 병력, 60세 이상 고령자, 임신 말기, 전신마취 후, 흡연, 비만, 신장병, 진성 혈소판 증가증으로 인해 발생할 수 있다.
- 어지러우며 메스껍고 얼굴이 창백해지고 심하면 실신하여 사망까지 이를 수 있다.

기내 응급처치

- 다리를 높게 한다.

혈전증(血栓症)으로 사망에 이르는 과정

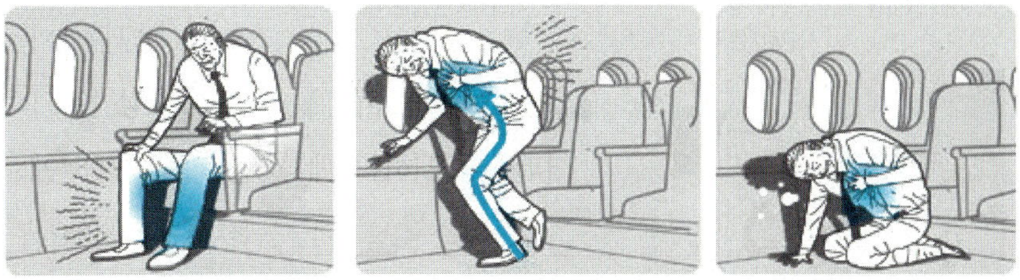

1. 장시간 움직이지 않고 앉아 있는 경우
2. 다리 정맥에 피가 돌지 않고 정체됨
3. 고인 피가 젤리처럼 굳어 혈전(血栓) 생김
4. 일어나 움직이면, 혈전이 정맥 타고 심장 쪽으로 이동
5. 심장에서 피로 가는 동맥을 막아버림
6. 급성 호흡 부전으로 신장마비 발생

- 물을 충분히 마시게 하고 필요하면 기내 산소를 사용할 수 있다.
- 좌석에 앉아있는 동안 일정시간 간격으로 다리 운동을 한다.
- 몸을 조이는 자세는 금물이며 수면제로 장시간 수면하지 않는다.

필요한 응급장비

- 혈압계, 청진기, 전자체온계, 혈전용해제제

항공여행과 혈액 순환(이코노미 클래스 증후군)

이코노미 클래스 증후군은 항공기의 좁은 일반석에 장시간 앉아 여행하는 경우에 발생한다. 허벅지나 장딴지 등 다리 깊은 곳의 정맥에 피가 엉켜 혈전이 순환계에 장애를 일으키는 현상으로, 심부정맥 혈전증이라고 한다.

근육의 수축은 혈류를 흐르게 하는 데 있어 중요한 요소이다. 오랫동안 움직이지 않거나 좌석에서 오래 앉아 있게 되면, 다리의 혈액 순환을 저해하여 피가 흐르지 않고 정체되어 있는 현상을 만들게 되고, 이는 혈전이라고 불리는 단단한 혈액 덩어리를 만들게 된다. 만들어진 혈전은 혈관을 타고 돌아다니다가 폐혈관을 막아 폐색전증을, 뇌혈관을 막을 경우 뇌졸중을 유발할 수 있는데, 이를 심부정맥 혈전증이라고 한다.

심부정맥 혈전증이 쉽게 발생하게 하는 위험 인자는 다음과 같다.

- 최근 큰 외과 수술을 받고 장기간 입원해 있었던 경우
- 평소에 비만, 사고 등으로 거동이 불편한 경우
- 혈액 응고 경향에 미치는 혈액 질환자(유전성)
- 당뇨, 염증성 장 질환, 심혈관계 질환자, 악성 종양 환자
- 흡연자
- 피임약을 정기적으로 복용하고 있는 여성이나 임신부

이런 위험 인자를 가지고 있는 경우 항공여행 전에 반드시 의사와 충분히 상담하고 유의해야 하는 사항에 대해 숙지해야 하며 예방적으로 약물 치료가 필요할 수 있다.

이코노미 클래스 증후군은 여성에게 특히 많이 발생하는 것으로 알려져 있다. 혈전과 함께 체내 수분 부족이 원인인데, 여성 승객들은 화장실에 가는 것을 번거롭게 여겨 음료수를 잘 마시지 않아 탈수 상태에 빠지고 혈류가 나빠져 혈전이 생기기 쉽기 때문이다. 그러므로 출발 전과 항공여행 시 충분한 수분공급을 해 주어 탈수를 예방하는 것이 좋고, 위의 위험 인자를 가진 사람은 체내 탈수 상태를 만드는 술을 절대 피해야 한다.

또 한 가지 이코노미 클래스 증후군 예방에 중요한 것은 스트레칭과 체조이다. 2~3시간 좌석에 앉아 있었다면 그 이후에는 반드시 기내를 걸어서 돌아다니도록 하고, 앉아 있는 동안에도 종아리 근육을 움직이는 운동이나 발을 자극해 혈액 순환을 돕고 틈틈이 자리에서 일어나 자세를 바꿔주는 것이 좋다. 무릎 굽혔다 펴기, 신발 벗고 발목 돌리기, 발바닥 지압하기, 종아리 주무르기 등 발을 자극하는 운동 역시 혈액 순환에 도움이 되어 혈전 발생을 예방할 수 있다. 또한 동맥 혈전증을 예방하기 위해서는, 종아리에 탄력 스타킹을 신는 것도 도움이 된다.

33 기내 출산(In-flight Delivery)

정의

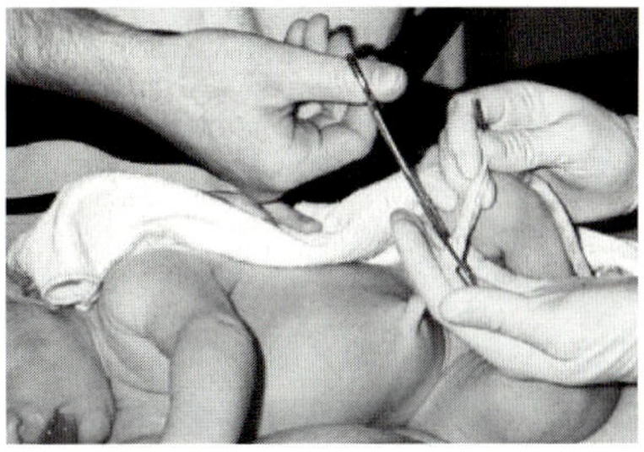

항공기 탑승일자 기준 32주 미만 임산부는 일반인 승객과 동일하게 간주되나 출산이 임박했거나 임신 합병증이 예상되는 경우에는 의사의 진단서(medical auth)가 필요하며 탑승일자 기준 32주 이상 임산부는 건강진단서 및 서약서 2부를 작성/제출하여야 한다.

또한 탑승일 기준 아기의 출산일이 많이 남았음에도 불구하고 신체적/환경적 특성에 의해 기내에서 진통을 하며 아기를 낳는 것을 기내 출산(In flight Delivery)이라 한다.

비행 중 증상

- 등 아래쪽의 통증이 심해지며 하복부로 그 통증이 옮겨간다.
- 혈색이 섞인 점액이 나올 수 있으며 월경통과 같은 진통이 10~20분 일정한 간격으로 30~60초간 유지된다.
- 양수가 터져 갑자기 분출되거나 서서히 새어 나올 수 있다.(만일 진통 주기가 10분 또는 그 이상인 경우에는 항공기 비상착륙을 위한 충분한 시간이 있다고 판단된다)

기내 응급처치

- 기내에 탑승한 의료진이 신속한 진료를 할 수 있도록 산모를 객실 전방으로 옮긴다.
- 산모승객을 안정시키며 소량의 얼음을 제공하고 무리하게 힘을 쓰지 않도록 일러준다.
- 산모승객의 화장실 출입을 억제하며 동일 공간에 함께 머물면서 안심할 수 있도록 한다.

- 만일 진통 주기가 2~3분 간격이면 기내 응급출산 준비를 실시한다.
- 산모의 머리쪽에 대기하여 진행상황을 관찰하고 산모승객의 안정을 돕는다. 아기가 자연스럽게 나오는지 확인한다.
- 정확한 출생시간을 기록한다.
- 아기가 숨을 쉬도록 유도한다.
- 탯줄을 자르지 않도록 한다.(단, 기내 의료진의 요구가 있을 경우 기내 비치된 탯줄집게와 소독된 가위를 사용하여 자른다)

기내 출산 진행 중 객실승무원의 역할

객실승무원은 기내 출산상황 발생 시 산모승객의 출산을 돕기 위해 닥터 페이징(Doctor Paging)을 실시하여 가능한 경우 의료인의 도움을 받도록 해야 하며, 아래의 사항을 기장에게 연락하여 지상 EMCS(Emergency Medical Call System)로부터 필요한 의학적 도움을 청해야 한다.
지상 EMCS와 연락 시 필요한 의학적 정보
(산모의 성명과 연령, 초산/재산 여부, 출산 예정일, 진통주기/지속시간/횟수, 양수의 분출 여부, 그외 시각적 증상)

필요한 응급장비

- 담요, 린넨, 신문, 베개, 생리대, 화장지, 위생장갑, 외과수술용 장갑, 탯줄집게, 구토대, 따뜻한 물

기내 출산 직후 객실승무원의 역할

출산한 아기를 담요나 린넨으로 감싸 산모승객의 허벅지 상단부에 머리를 아래쪽으로 하여 옆으로 눕힌다.
산모승객이 태반을 분만하는 것을 돕는다.
산모승객의 원만한 지혈을 위해 의료진을 돕는다.
산모승객을 정서적으로 안정시킨다.

Chapter 12

CPR(심폐소생술, Cardio Pulmonary Resuscitation)과 AED

LOTNICZE

CPR이란? 심폐소생술을 말하며, 부상이나 질환으로 인하여 호흡이 중단되거나 심장이 정지되었을 경우 의료진이 도착하기 전 구조호흡과 흉부압박을 시행함으로써 환자의 산소를 실은 혈액을 뇌와 각 장기에 보내주어 환자의 생존가능성을 높여주는 응급처치라 정의한다.

1 심장이란?

심장은 규칙적인 박동을 통해 우리 몸의 중요한 각 조직에 혈액을 통해 산소를 공급하는 중요한 장기이다.

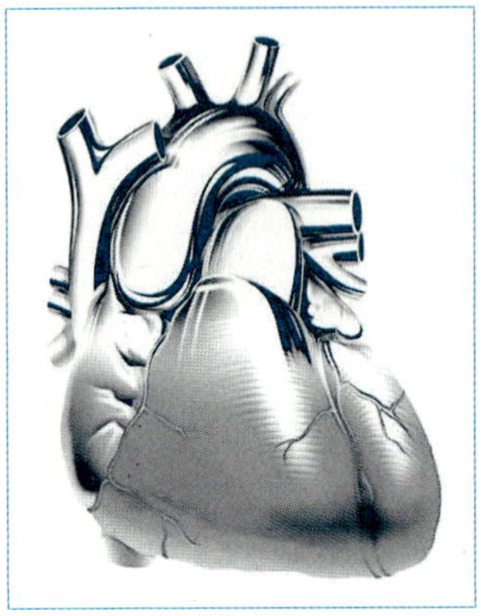

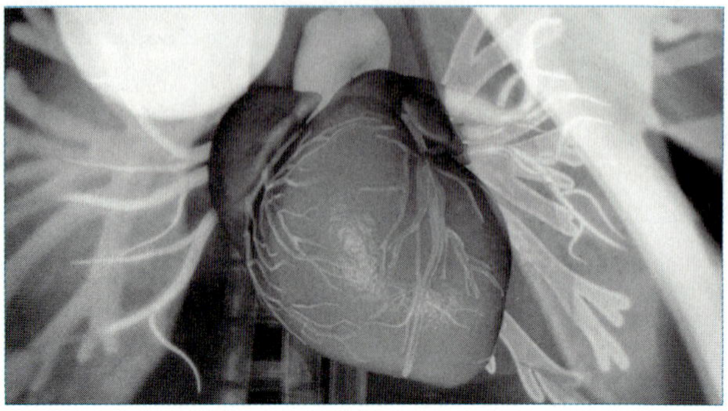

2 심장의 구조

흉골 중심부에서 약간 왼쪽으로 치우쳐 위치해 있고 두 개의 심방과 두 개의 심실로 구성되어 심장은 관(Crown) 모양의 혈관(관상동맥)으로 둘러싸여 있다.

3 심장마비란?

• 정의 : 심장의 혈관, 즉 관상동맥이 막혀 심장근육으로 산소와 영양공급이 차단되기 때문에 발생한다.

• 증상

- 흉통
- 식은땀
- 구토감
- 숨가쁨
- 의식소실

• 심장이 갑자기 정지된 상태에서 시간이 경과하면 할수록 기내 환자의 생존가능성은 감소하게 되고, 심장마비 승객이 4분 이내에 적절한 CPR을 받지 못하면 뇌로 산소공급이 되지 않아 뇌세포 손상이 일어나고, 뇌사 상태로 발전될 수 있으므로, 조기에 심폐소생술을 시행하는 것이 무척 중요하다.

심폐소생술(CPR)

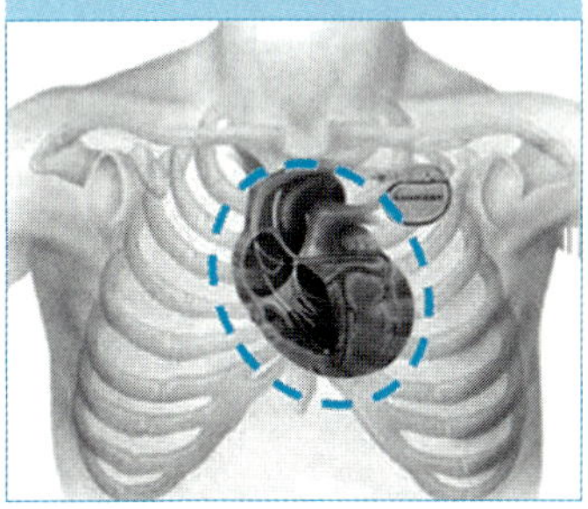

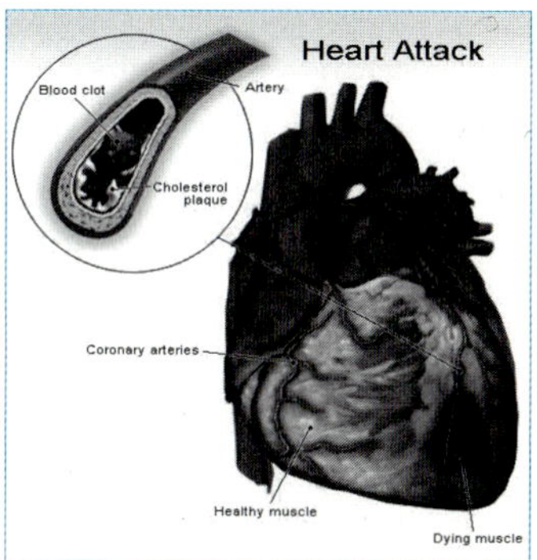

4 심장마비, 심정지의 주요 증상

Chest Pain(흉통)

Sweating(식은땀)

Nausea(구토감)

Shortness of breath(숨가쁨)

Loss of consciousness(의식소실)

5 CPR 방법

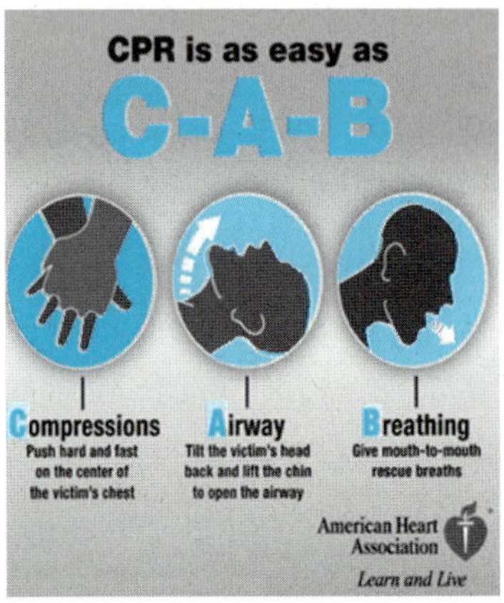

C : 가슴압박 30회
가슴 중앙, 5~6cm 깊이
분당 100~120회 속도

↓

A : 기도 유지
머리 젖히고 턱 들기
(Head tilt-chin lift)

↓

B : 인공호흡 2회
1초에 한 번씩 보통 호흡으로

심폐소생술(CPR 요령)

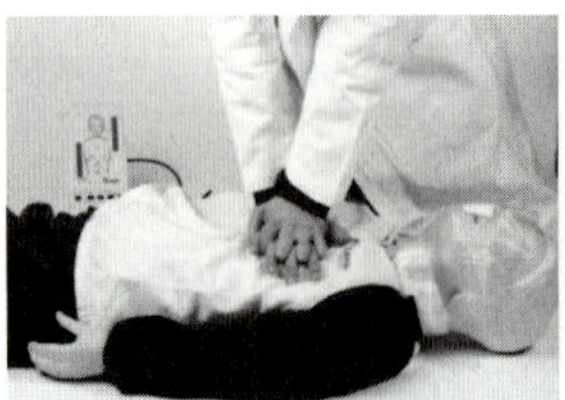
CPR하는 모습

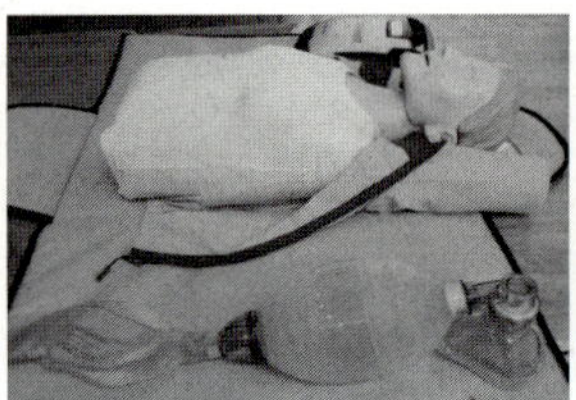
성인 CPR

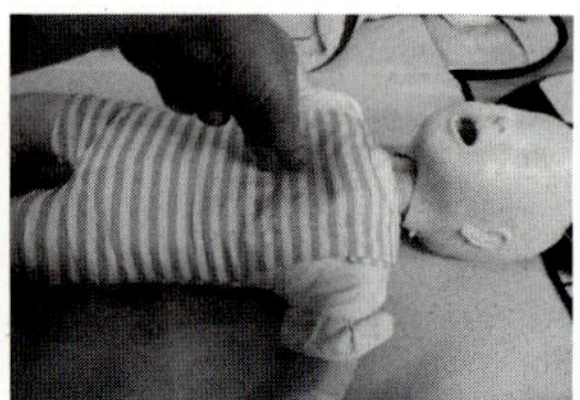
영아 CPR

가슴 압박 30회

- 압박 깊이 : 성인 5~6cm, 소아 5cm, 영아 4cm
- 압박 속도 : 분당 100~120회
- 압박 위치 : 가슴 정중앙

기도 개방 방법

- 머리 젖히고 턱 들기(Head Tilt - Chin Lift) 방법
- 한 손바닥을 환자의 이마에 댄 후 아래쪽으로 밀어 머리를 뒤로 젖히고 다른 손 둘째 셋째 손가락으로 환자의 턱뼈 아래 부분에 대고 턱을 위쪽으로 들어 올림
- 턱 밀어올리기(Jaw Thrust) 방법 : 경추 손상이 의심되는 경우 사용

기도 개방 각도

- 성인 : 90도
- 소아 : 45도
- 영아 : 15도

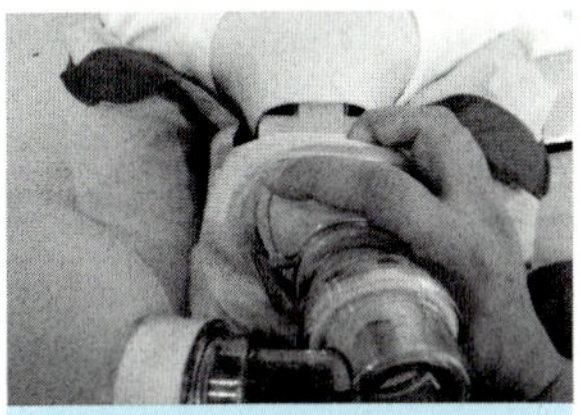
Bag valve mask 장착한 모습

마스크

마스크와 호흡기 조립된 모습

CPR 절차 (1)

- 환자 발생
- 반응 및 호흡 확인
- 반응 없는 경우, 도움 요청 및 기내 의료기기(AED, Bag valve mask) 준비
- 심폐소생술 시작 (2인1조로 30회 가슴압박과 2회 인공호흡 5회 반복)

CPR 절차 (2)

매 2분마다 환자승객의 상태를 다시 평가하여 활력반응이 돌아온 경우 회복

자세로 변경 후 상황별 응급처치를 실시하고 돌아오지 않은 경우 CPR을 활력반응 돌아올 때까지 또는 의사에 의한 사망선고 시까지 계속 실시한다.

> CPR에 관한 TIP : 2010 미국 심장학회 CPR GUIDELINE에 따라 가슴압박과 인공호흡을 교대로 시행하는 것이 어려운 상황이거나 인공호흡을 할 수 없는 상황 또는 익숙하지 않은 경우 가슴 압박만 계속 실시하는 것도 효과가 있다고 보고되어 있다.

6 AED(Automated External Defibrillator)란

급작스런 심장 이상 시(심실세동, 심실빈맥) 정지된 심장을 정상적인 리듬으로 회복할 수 있도록 하는 장치이며, 요즈음엔 지하철 및 아파트 등 공공시설과 사람의 왕래가 잦은 장소에 의무적으로 설치하게 되어있다. 적용할 수 있는 증상은

❶ 무의식

❷ 무호흡이 전제되며

❸ 전 연령대에 적용한다.

조절되지 않는, 빠른 심장리듬

대표적 심정지 리듬 : 심실세동, 심실빈맥

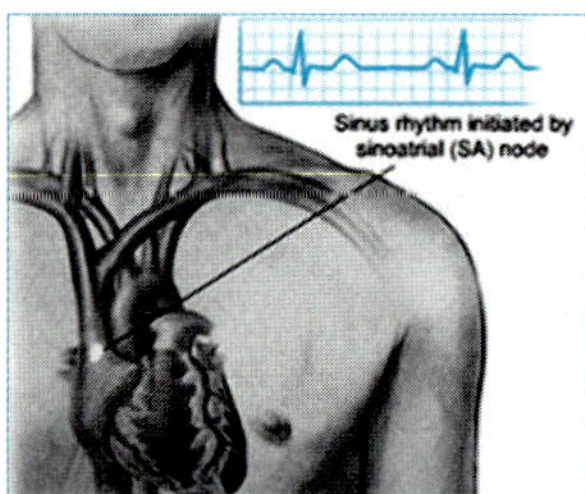

정상 심장리듬

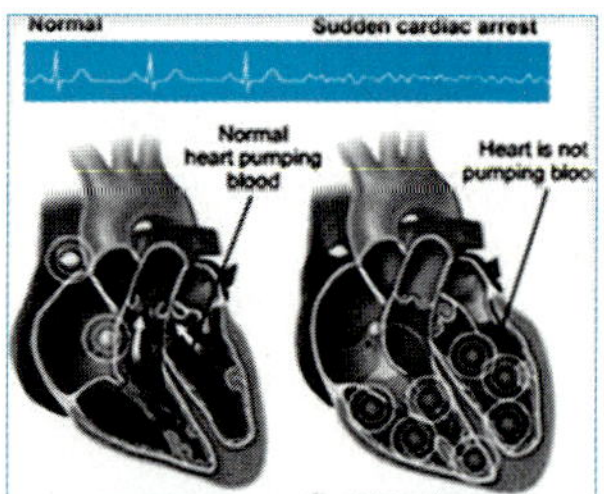

심정지 리듬

7 AED 구비 의무기관

구급대에서 운용 중인 구급차, 공공보건의료기관, 총 톤수 20톤 이상 선박, 철도차량 중 객차, 여객 항공기 및 공항, 500세대 이상 공동주택, 다중이용시설에서는 의무적으로 구비하여야 한다.

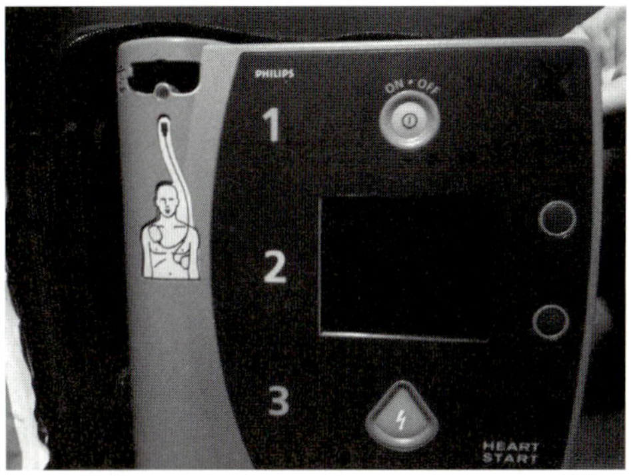

8 AED 내부

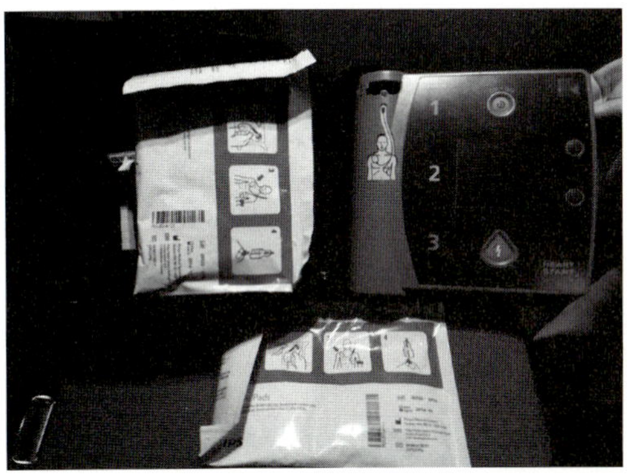

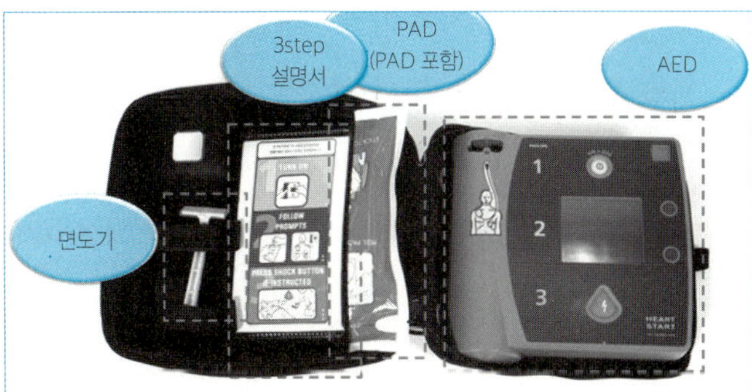

9 AED의 기본 음성 메시지

- Apply pads to patient's bare chest.
  - 패드를 환자의 가슴에 붙이시오.
- Plug in pads connector next to flashing light.
  - 패드를 연결하시오.
- Analyzing heart rhythm. Do not touch the patient.
  - 심장리듬 분석 중, 환자를 건들지 마시오.
- Shock advised. Charging. Stay clear of patient.
  - 전기충격이 필요함, 환자로부터 떨어지시오.
- Deliver shock now. Press the orange button now.
  - 전기충격을 위해 오렌지색 버튼을 누르시오.
- Shock delivered. Paused. Start CPR.
  - 전기충격, 잠시대기, CPR을 계속 하시오.

10 AED의 사용절차

- AED가 도착하는 즉시, 전원을 켠다.
- AED의 음성 메시지에 따라 패드를 부착한다.
- 패드 커넥터를 AED와 연결한다.
- 환자의 심장리듬을 분석하기 위해 환자로부터 떨어진다.
- 충전 후 전기충격을 방지하기 위해 환자로부터 떨어진다.
- 제세동 버튼(중앙 하단) 누른다.
- 30회의 가슴압박부터 심폐소생술을 재시작한다.

11 AED PAD 부착 위치

AED로 인한 전기충격의 세기는 건장한 남성이 주먹이나 발로 힘껏 환자의 가슴을 가격하는 정도의 큰 충격이다.

- 우측 쇄골 아래 부착한다.
- 좌측 가슴 아래 부착한다.
- 패드의 좌, 우 구분은 없다.

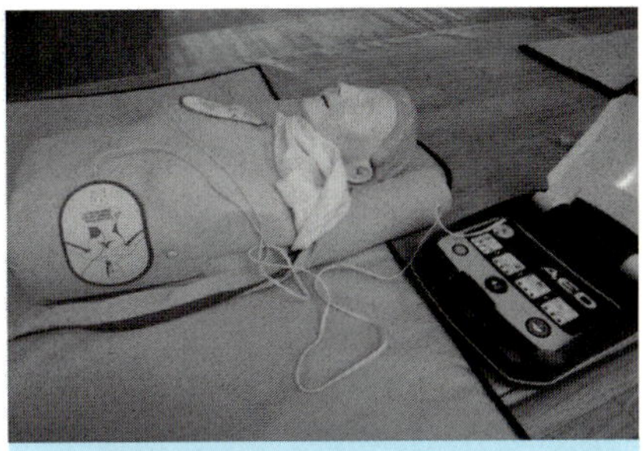

패드를 환자의 가슴에 부착한 모습

12 CPR과 AED의 사용절차

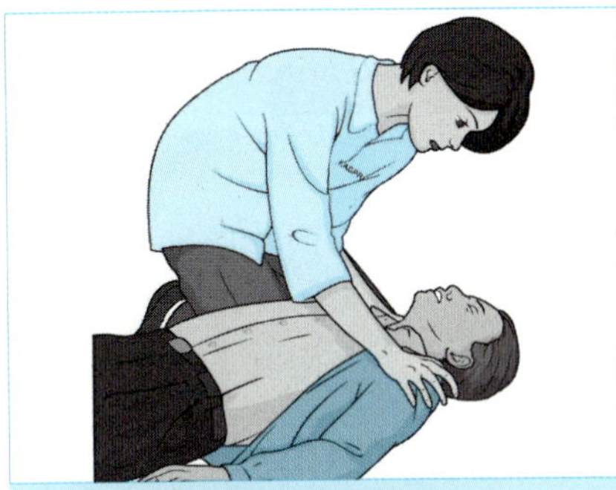

① 의식 확인

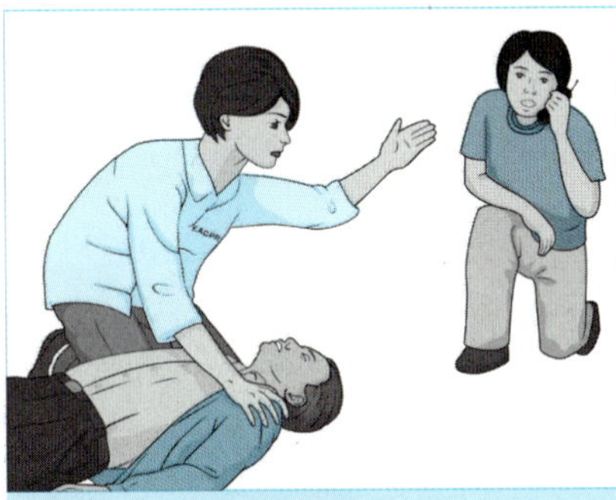

② 도움 요청

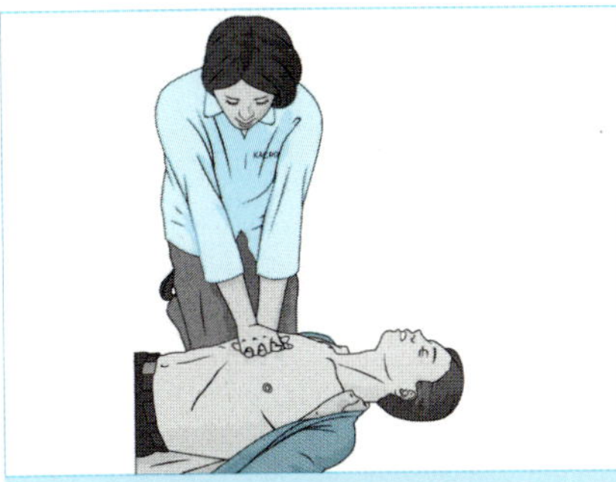

③ CPR 실시(30:2)

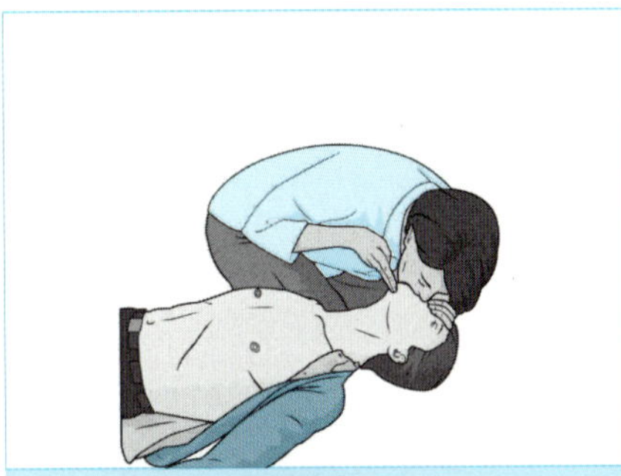

④ 인공호흡 실시

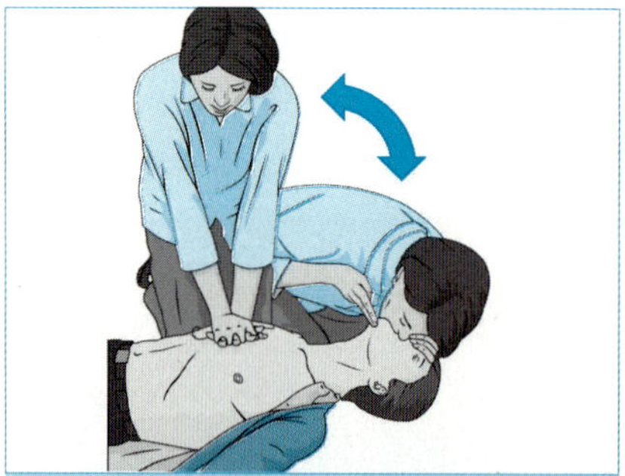

⑤ CPR 계속 실시

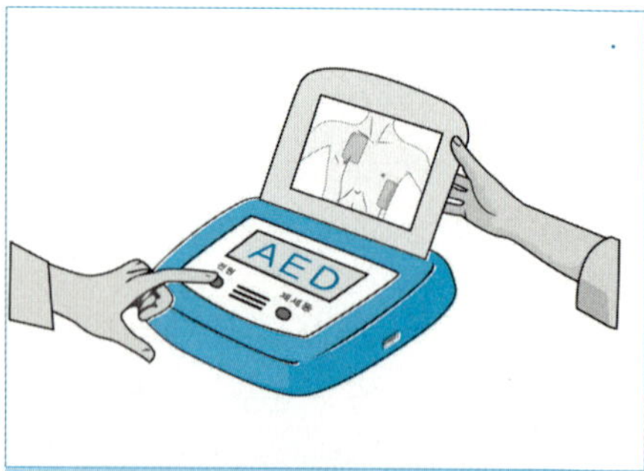

⑥ AED 도착-전원을 켠다.

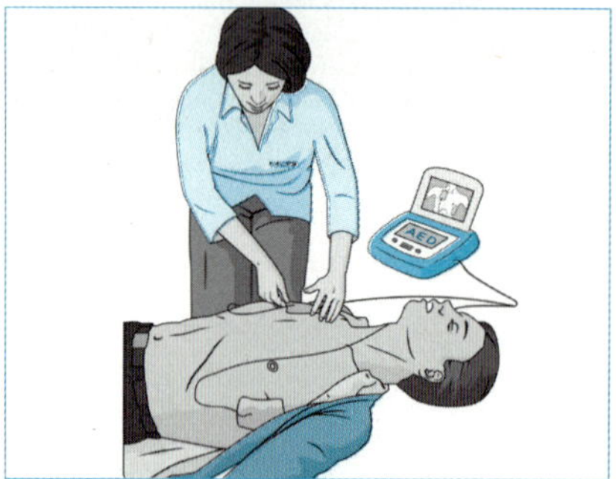

⑦ 환자의 가슴에 패드를 붙힌다.

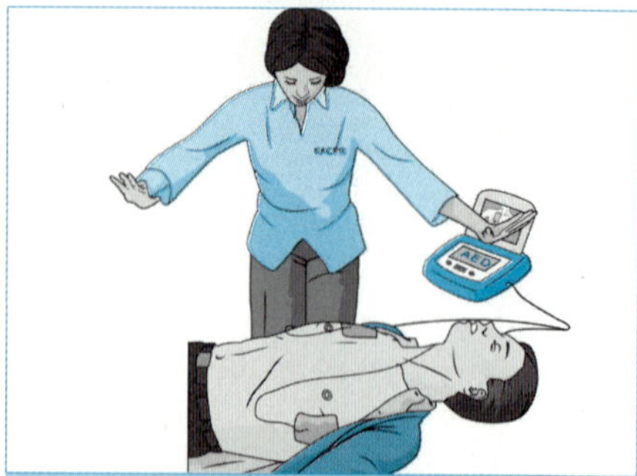

⑧ 전기충격 위해 주변사람을 보호한다.

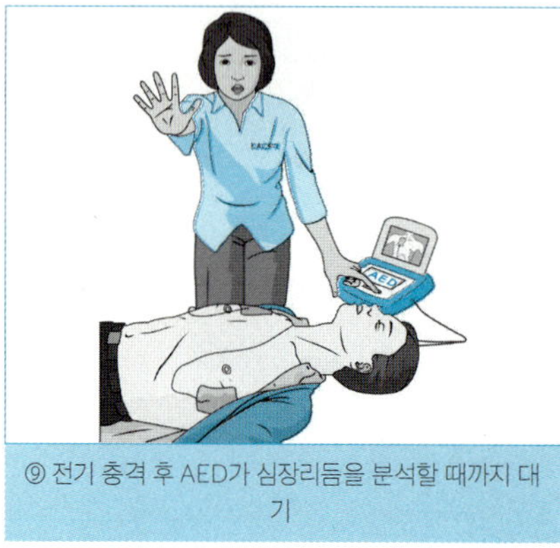

⑨ 전기 충격 후 AED가 심장리듬을 분석할 때까지 대기

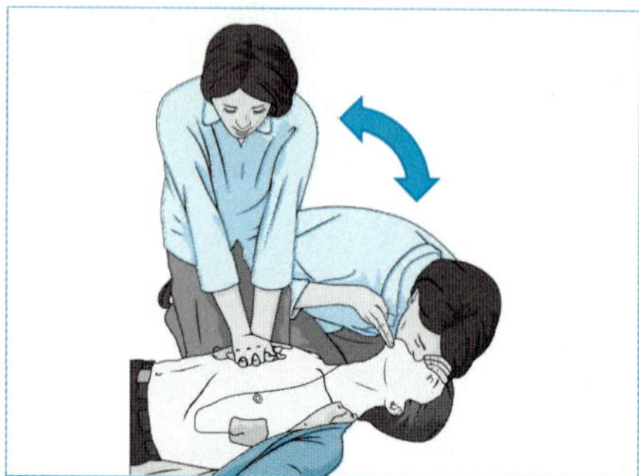

⑩ 다시 CPR을 실시한다.

사진자료 : 대한심폐소생협회

FLIGTE SAFETY PRACTICE

Chapter 13

실제 비행 중 **응급환자 처치 사례**

NOVOTEL
LOTNICZE
011

1. 메디컬 레코드(Medical Record)의 개념

* 기저질환
응급환자가 평소 앓고 있던 질환을 의미한다.

메디컬 레코드란 환자승객이 평소 기저질환이나 다른 곳에서 응급상황이 발생하여 개인의사나 병원 응급실 또는 응급구조대의 의료처치를 받은 기록을 의미하며 운항 중인 항공기 내에서는 환자승객의 처치에 시간대별 처치/의료기록 등에 관한 모든 사항을 기록하고 보관한 문서/기록을 말하며 아래의 처치 사례는 당시 기내 안전과 서비스를 담당하였던 국내 항공사 객실승무원의 보고서이다.

2. Medical Record 필수기록 사항

- 환자승객의 성명, 연령, 성별, 연락처(HP), 집전화번호, 집주소
- 환자승객의 직업
- 보호자가 있으면 보호자 연락처, 집주소, 환자와의 관계
- 기내 응급상황 발생장소 및 시간
- 기내 응급상황 발생 당시 환자의 상태(혈압, 맥박, 호흡, 체온)
- 기내 응급상황 발생 당시 비행에 관한 상황(객실고도, 현지시간, 터뷸런스 등)
- 기내 응급상황에 대한 구체적 설명
- 기내 의료장비 사용 여부
- 시간대별 의료인 조치사항
- 시간대별 객실승무원 처치사항
- 도움을 준 의료인의 성명, 연락처(명함 권장)

3. Medical Record 작성 위한 기초 의료용어

병력	영어표현	증상	영어표현
심장(질환)	Cardiac(Heart)(Disease)	장염	Enteritis, Colitis
심부전	Cardiac(Heart) Failure	호흡곤란	Dyspnea, Shortness of breathing(SOB)
심장발작	Heart attack	기침	Cough
협심증	Angina	가래	Sputum

병력	영어표현	증상	영어표현
천식	Asthma	재채기	Sneeze
폐렴	Pneumonia	흉통	Chest Pain
천식발작	Asthma attack	어지럼	Dizziness
고혈압	Hypertension	오한	Chill
저혈압	Hypotension, shock	체온저하	Hypothermia
치매	Dementia, Alzheimer's Disease	구토	vomiting
간질, 경련	Epilepsy, Seizure/Convulsion	토혈	Hematemesis, Blood vomit
수술	Operation, Surgery	각혈, 객혈	Hemoptysis, Blood sputum
맹장수술	Appendectomy	동공	Pupil
폐암	Lung Cancar	동공확대	Pupil Diliatation/Mydriasis
간암	Liver Cancer/Hepatoma	심박수, 맥박수	Heart Rate(HR), Pulse Rate(PR)
대장암	Colon Cancer	코피	Epistasis, Nose Bleed, Nasal Bleeding
위암	Stomach Cancer	맥박	Pulse
자궁암	Uterine Cancer	구강호흡	Mouth to Mouth Breating
백혈병	Leukemia	인공호흡	Artificial Respiration
골수	Bone marrow	과호흡	Hyperventilation
골수 이식	Bone marrow Transplantation	저산소증	Hypoxia
뇌경색 졸증	Cerebral Infarction	우울증	Depression
뇌출혈	Brain(Cerebral) hemorrhage	불면증	Insomnia
뇌졸중	Stroke (뇌경색과 뇌출혈을 모두 의미)	만성적	Chronic
당뇨	Diabetes/Diabetes Mellitus/DM	일시적	Temporary
심혈관	Cardiovascular	폐쇄공포증	Claustrophobia
공황장애	Panic attack	불안정한	Unstable
골절	Fracture	소변	Urine
염좌	Sprain	대변	Stool
외상	External Injury	경직	Stiffness
염증	Infection	깊은 호흡	Deep Breathing

병력	영어표현	증상	영어표현
타박상	Contusion	창백하다	Look Pale, White
찰과상	Abrasion, Scratch	심전도	EKG(Electrocardiogram)
열상	Laceration	뇌전도	EEG(Electroencephalogram)
자상	Stab Wound	동맥	Artery
체하다, 소화불량	Indigestion	정맥	Vein
위경련	Stomach cramp	정맥주사	Intravenous Injection
몸살	Generalache	근육주사	Intramuscular Injection
땀	Sweat	속이 더부룩하다	Feel Heavy In The Stomach
금단증상	Withdrawal Symptoms	설사	Diarrhea
빈혈	Anemia	변비	Constipation
체온계	Thermometer	소아과/의사	Pediatrics/Pediatrician
수은체온계	Mercury Thermometer	내과/의사	Internal Medicine/Internist
청진기	Stethoscope	이비인후과/의사	Ear-Nose-and-Throat(ENT) Clinic, Otolaryngology/Otolaryngologist
혈당계	Glucometer		
혈압계	Sphygmomanometer, Blood Pressure Meter	산부인과/의사	Obstetrics-Gynecology(OBGY)/Obstetrician
투약	Administration	안과/의사	Ophthalmology/Ophthalmologist
주사	Injection	외과/의사	Surgery/Surgeon
부작용	Side effect	피부과/의사	Dermatology/Dermatologist
후유증	After effect	치과/의사	Dental clinic/Dentist
전염	Contagion, Infection	한의학/의사	Oriental Medicine/Oriental Doctor
지혈	Hemostasis, Stop The Bleeding	비뇨기과/의사	Urology/Urologist
식염수	Saline Solution	마취과/의사	Anesthesiology/Anesthesiologist
연고	Ointment	정신과/의사	Psychiatry/Psychiatrist
소독약	Antiseptic	방사선과/의사	Radiology/Radiologist
해열제	Antipyretics, Fever Reducer	신경과/의사	Neurology/Neurologist

병력	영어표현	증상	영어표현
설사약	Diarrhea Medicine, Antidiarrheal	정형외과/의사	Orthopedic Surgery(OS)/ Orthopedist
진통제	Pain Killer	○○과 의사	○○○ Physician
소염제	Antiinflammatory	조산사	Midwife
면봉	Cotton Swab		
소화제	Digestive Medicine		

4. 비행 중 응급처치 실제 사례

염좌/삠

- 일자 및 구간 : 2013년 9월 28일, 인천 국제공항 /뉴질랜드 오클랜드 국제공항
- 인적사항 : 52세 한국여성
- 기내 상황 개요 및 처치
  - 이륙 세 시간 후 심한 기체요동이 발생하였음.
  - 화장실 이용 위해 기다리던 승객이 부상을 입어 오른쪽 발목 부분에 통증을 심하게 호소함.
  - 기내 의사 호출 후 염좌가 의심된다며 부목과 붕대를 이용하여 부상 부위 고정하고 아스피린 처방함.
  - 보행이 불가능해 기내 탑재된 휠체어를 이용하여 해당 승객의 좌석으로 이동 후 다리를 뻗어 올릴 수 있도록 조치함.
  - 뉴질랜드 오클랜드 공항 도착 후 지상직원에게 병원진료 인계함.

위통

- 일자 및 구간 : 2013년 10월 22일, 인천 국제공항/워싱턴 덜레스 국제공항
- 인적사항 : 60세 한국여성
- 기내 상황 개요 및 처치
  - 워싱턴 공항 착륙 2시간 전 승객이 식은땀 흘리며 위 통증을 호소함.
  - 승무원이 차가운 타월과 물을 제공하고 의사호출(Doctor paging) 방송 실시
  - 기내 의료진이 승객 진찰 후 승객이 소지하고 있던 진경제를 복용하도록 안내
  - 이후 승객을 지속적으로 관찰하였고 상태 호전되어 정상적으로 하기함.

임신부 하혈

- **일자 및 구간** : 2013년 12월 27일, 인천 국제공항/샌프란시스코 국제공항
- **인적사항** : 38세 한국여성
- **기내 상황 개요 및 처치**
  - 임신 3개월된 경산부로 복통과 하혈증상을 호소
  - 활력징후 측정하고 의사호출(Doctor paging) 방송 실시
  - 의사에 의해 승객 상태 확인 후 편안한 자세로 휴식을 취하고 30분 간격으로 활력징후 확인하도록 당부함.
  - 활력징후 측정 결과 정상소견이며 하혈 정도도 심하지 않음.
  - 기내 의사가 산부인과 정밀검진을 권유하여 도착 후 샌프란시스코 지상직원에게 인계하여 현지 병원으로 이송함.

심장이상

- **일자 및 구간** : 2014년 3월 23일, 인천 국제공항/브라질 상파울루 국제공항
- **인적사항** : 60세 한국여성
- **기내 상황 개요 및 처치**
  - 인천 국제공항 이륙 약 6시간 후 승객이 몸의 불편감을 호소하며 혈압측정을 요청함.
  - 승무원이 자동혈압계를 이용하여 혈압을 측정하였으나 측정되지 않음.
  - 의사호출(Doctor paging) 방송 실시하여 기내 의료진에게 도움을 청하고 자동혈압계로 승객의 혈압을 재측정 시도함.
  - 기내 의료진의 승객 문진 시 심장 부정맥으로 PACE MAKER 삽입한 상태임을 확인하였고 이로 인해 자동혈압계로 측정이 어려울 수 있다며 직접 맥박을 확인함.
  - 본인 소지약 복용, 기내 휴대용 산소통을 이용하여 산소 제공 및 휴식을 권유
  - 이후 상태 호전되어 워싱턴에 정상 하기함.

    ※ PACE MAKER-심장의 리듬을 감지하여 규칙적인 심박동이 유지될 수 있도록 하는 기구이며 공항 검색대 통과 시 박동기 카드 또는 의사소견서를 보여주면 검색 없이 통과한다(일명 '심장박동조율기'라고 한다).

폐질환

- **일자 및 구간** : 2014년 4월 21일, 인천 국제공항/나고야 국제공항
- **인적사항** : 17세 일본여성

- 기내 상황 개요 및 처치
  - 휠체어를 이용하여 공항에 도착하였음.
  - 재발성 기흉으로 인해 흉관 삽입술을 시행한 상태이며 비행 가능하다는 의사소견서를 소지하였음.
  - 이륙 후 승객 일행이 의사로부터 비행 중 산소를 흡입하도록 권유받았다며 산소 제공을 요청함.
  - 기내에서 휴대용 산소통을 이용하여 약 40분 정도 산소를 흡입함.
  - 특이사항 없이 나고야 공항에 정상 하기함.

코피

- 일자 및 구간 : 2014년 5월 6일, 인천 국제공항/캐나다 토론토 국제공항
- 인적사항 : 50세 한국여성
- 기내 상황 개요 및 처치
  - 비행기 이륙 후 약 10시간 후 다량의 비출혈 호소
  - 객실승무원에 의해 얼음찜질 및 콧등지압 실시
  - 기내 의료진에 의해 혈압측정 결과 117/95mmhg로 측정됨.
  - 이후 잠시 비출혈이 멈췄으나 재출혈로 FAK 내 나리스타-S를 사용함.
  - 콧등과 목 뒷부분에 얼음주머니 이용하여 지혈 후 약 30분 정도 지나 상태 호전되어 토론토 국제공항에 정상 하기함.

피부상처

- 일자 및 구간 : 2014년 7월 27일, 인천 국제공항/암스테르담 국제공항
- 인적사항 : 57세 유럽여성
- 기내 상황 개요 및 처치
  - 비행 중 기내 화장실 문에 발톱이 부딪혀 다량의 출혈 발생
  - 승무원이 FAK 내 소독솜과 EMK 내 생리식염수를 이용하여 상처 소독 및 드레싱 조치를 취함.
  - 이후 정상활동 가능하여 특별한 문제 없이 하기함.

복통, 구토, 설사

- 일자 및 구간 : 2014년 9월 3일, 인도네시아 자카르타 국제공항/인천 국제공항
- 인적사항 : 36세 한국여성

- 기내 상황 개요 및 처치
  - 비행 중 지사제를 요청하는 승객에게 정로환 제공
  - 보호자가 복통이 심하다고 하며 의사호출(Doctor paging) 방송 요청하여 실시
  - 환자승객의 현지 섭취한 음식을 확인해본 결과 발리에서 랍스터, 연어회, 맥주를 마셨다고 함.
  - 기내 의료진이 탑승하지 않아 조종실에서 EMCS 연락 후 기내의 겔포스, 부스코판, 타이레놀 제공함.
  - 승객상태 호전됨.

화상

- **일자 및 구간** : 2014년 12월 9일, 인천 국제공항/애틀란타 국제공항
- **인적사항** : 4세 한국남성
- **기내 상황 개요 및 처치**
  - 이륙 후 기내식 서비스 시 미역국을 오른쪽 허벅지에 쏟아 화상을 입은 유아승객 발생
  - 상처 확인 결과 보호자가 해당 유아의 바지를 무리하게 벗기면서 수포를 터트린 상태였음.
  - 생수와 얼음팩을 이용하여 지속적으로 화기를 제거함.
  - 의사호출(Doctor paging) 방송을 실시하였으나 의료진의 부재로 조종실에서 EMCS와 연락함.
  - EMK 내 생리식염수로 소독 후 화상거즈, 실마진약을 피부에 도포함.
  - 애틀란타 도착 후 대기 중이던 공항 의료진에게 환자승객 인계함.

가슴통증 및 호흡곤란

- **일자 및 구간** : 2015년 1월 4일, 케냐 나이로비 국제공항/인천 국제공항
- **인적사항** : 72세 한국남성
- **기내 상황 개요 및 처치**
  - 이륙 후 4시간 뒤 가슴통증 및 호흡곤란을 호소하여 기내 휴대용 산소통을 이용 산소 제공
  - 왼쪽 가슴을 부여잡고 계속 가슴통증을 호소하여 협심증을 의심함.
  - 의식을 점점 잃어가고 있어 승무원이 생명 위험상황이라 판단하였고 나이트로글리세린을 투여하면 증상이 호전됨을 알고 있어서 EMK 내 NTG(나이트로글리세린) 1정을 설하에 투여하고 휴식을 취하게 함.

- 승객상태 호전되어 인천 국제공항에 무사히 하기함.

가슴통증 및 호흡곤란

- 일자 및 구간 : 2015년 3월 7일, 로스앤젤레스 국제공항/인천 국제공항
- 인적사항 : 49세 한국여성
- 기내 상황 개요 및 처치
  - 승무원이 기내 순회 중 흉통 및 호흡곤란 승객 발견하여 즉시 산소를 제공함.
  - 의사호출(Doctor paging) 방송을 실시하고 기내 의료장비를 준비함.
  - 승객 건강상태 체크리스트에 의거 환자상태 파악함.
    (BP:97/136, P:95 BT:37.2도, 의식명료하고 의사소통 가능)
  - 왼쪽 윗부분 가슴에 손을 대며 통증이 심하고 호흡곤란 호소
  - 재 의사호출(Doctor paging) 방송을 실시하였으나 기내 의료진 부재함.
  - 상기 내용을 기장에게 보고하고 EMCS와 연락을 취함.
  - 환자승객의 혀 밑에 나이트로글리세린(NTG)을 넣고 발을 높이고 머리를 낮추도록 함.
  - 환자상태가 호전되지 않아 두 번째로 EMCS와 연락하였고, EMCS에서는 NTG를 다시 한 번 더 사용할 것을 권고함.
  - 여전히 가슴통증과 호흡곤란을 호소함.
  - 승객의 손가락을 마사지해주니 훨씬 가슴이 편안해진다며 계속 마사지를 원하여 착륙 전까지 마사지 및 산소를 공급함.
  - 인천 국제공항 도착 1시간 전 원래의 상태를 회복하고 공항에서 대기시켜 놓은 구급차를 타고 삼성서울병원으로 이송함.

간질

- 일자 및 구간 : 2015년 4월 18일, 로스앤젤레스 국제공항/인천 국제공항
- 인적사항 : 23세 한국남성
- 기내 상황 개요 및 처치
  - 미국 로스앤젤레스 국제공항을 이륙한지 7시간 경과 시점 한 승객이 구토증세를 호소하며 소화제를 요청하여 약을 제공하던 중 좌석에 쓰러져 의사호출(Doctor paging) 방송 실시
  - 잠시 후 의식을 회복하여 문진한 결과 교통사고 후유증으로 수년 전부터 간질증세가 있었으나 현재 복용 중인 약은 소지하고 있지 않음.
  - 10분 정도 경과 후 발작과 함께 구토하여 쓰러짐.

- 간질증세로 혀를 깨물어 구강에서 선혈이 낭자했고 기내 의료진이 EMK 내 진정제(디아제팜)를 투약함.
- 이후 4시간 동안 3회 추가로 발작하였으며 인천 국제공항 도착 즉시 구급차를 이용하여 병원으로 이송함.

당뇨

- 일자 및 구간 : 2015년 5월 28일, 인천 국제공항/시카고 오헤어 국제공항
- 인적사항 : 68세 한국남성
- 기내 상황 개요 및 처치
  - 평소 당뇨환자이나 본인의 약과 혈당기를 소지하지 않고 비행기에 탑승함.
  - 비행 중 호흡곤란을 호소하여 의사호출(Doctor paging) 방송을 실시 후 기내 의료진이 나타남.
  - 의료진이 기내의 혈당측정기를 이용하여 혈당을 확인한 결과 510 수치로 판정됨.
  - 의료진이 소지하고 있던 인슐린 30단위와 EMK 내 수액을 환자승객에게 주사함.
  - 이후 전신의 통증을 호소하여 아스피린 1정을 복용하였으며 인천 국제공항까지 비행이 무리하다는 의료진의 판단을 기장에게 전하여 비행 중 일본의 삿포로 국제공항에 긴급회항함.
  - 삿포로 공항에 도착 후 대기하고 있던 구급차에 탑승하여 현지 대형병원으로 이송됨.

정신질환

- 일자 및 구간 : 2015년 8월 3일, 뉴욕 존에프케네디 국제공항/인천 국제공항
- 인적사항 : 38세 한국여성
- 기내 상황 개요 및 처치
  - 비행기 탑승 전 지상에서 보호자(남편)가 사무장에게 비행 중 잘 보살펴 달라고 요청함.
  - 보호자에 따르면 아내가 혼자 비행기 타는 것을 불안해 하여 안정제를 복용하였다고 하였으며 단순 심리적 불안으로 판단하고 탑승조치함.
  - 이륙 후 약 5시간 후 불안감을 표현하며 알 수 없는 이야기와 욕설을 주위승객에게 하였음.
  - 승객의 상태를 확인 중 가방에서 본인의 이름이 명시된 4개의 약통을 발견하여 EMCS에 약의 내용을 확인요청함.
  - EMCS에서 승객이 소지하고 있던 약을 확인해본 결과 신경안정제 및 우울증 치료제로 이상행동을 보일 수 있으니 집중관찰할 것을 안내받음.

- 승객을 설득시켜 약을 복용시킨 후 증세가 차츰 호전되기 시작하였으며, 인천공항에 도착 후 지상직원에게 상기의 내용을 설명하고 인계하였음.

고열

- 일자 및 구간 : 2015년 9월 28일, 캐나다 밴쿠버 국제공항/인천 국제공항
- 인적사항 : 11세 한국남성
- 기내 상황 개요 및 처치
  - 비행 중 고열(당시 체온 40.5도)로 승무원이 타이레놀, 얼음주머니와 찬물수건을 제공했으나 고열이 계속 되었음.
  - 의사호출(Doctor paging) 방송을 실시하여 기내 의료진이 진찰해 보니 인후염 소견으로 건강상태 관찰 후 소지하고 있던 약을 복용하게 함.
  - 이후 증상이 회복되어 인천 국제공항에 정상적으로 하기함.

고열

- 일자 및 구간 : 2015년 10월 3일, 인천 국제공항/파리 국제공항
- 인적사항 : 8세 한국남성
- 기내 상황 개요 및 처치
  - 인천 국제공항 이륙 후 6시간 경과 고열(당시 체온:38.6도)을 호소하는 어린이가 발견되어 승무원이 어린이용 타이레놀을 제공하여 복용
  - 타이레놀 복용 후 체온이 37.9도로 약간 떨어짐.
  - 3시간 후 다시 체온이 원래상태로 상승되어 재차 약을 복용하고 의사호출(Doctor paging) 방송을 실시함.
  - 기내 의료진이 진찰 후 서스펜 좌약을 항문에 투약하였고 이후 상태 회복됨.

고혈압

- 일자 및 구간 : 2015년 11월 24일, 인도 뭄바이 국제공항/인천 국제공항
- 인적사항 : 62세 한국여성
- 기내 상황 개요 및 처치
  - 비행 중 승객이 두통과 흉통을 호소하며 도움을 요청함.
  - 평소 고혈압이 있어 약 1시간 전에 소지하고 있던 약을 복용한 상태라고 말함.
  - 의사호출(Doctor paging) 방송을 실시하여 기내 의료진이 확인해본 결과 혈압이 227/115mmHg로 측정되었고 어러지움과 구토증상도 추가로 호소하여 고혈압으로 신난

- 기내 의료진이 EMK 내 PRANOL(혈압약)과 MACPERAN(항구토제)를 각 1정씩 처방하여 복용하였으며 약 20분 후 혈압을 재측정해본 결과 154/97mmHg로 낮아짐.
- 이후 승객도 증상이 회복되어 수면을 취하고 인천 국제공항에 정상적으로 하기함.

허혈성 심장질환

- 일자 및 구간 : 2015년 12월 14일, 사우디아라비아 제다 국제공항/인천 국제공항
- 인적사항 : 55세 한국남성
- 기내 상황 개요 및 처치
  - 사우디아라비아를 이륙하여 인천 국제공항까지 10시간 정도 남은 시점에 한 승객이 심장쪽의 쥐어짜는 듯한 통증을 호소함.
  - 의사호출(Doctor paging) 방송을 즉각 실시하여 나타난 기내 의료진에 의해 NTG(나이트로글리세린)를 환자승객의 혀 밑에 넣게 함.
  - 환자승객은 두달 전부터 고혈압 약을 복용 중이며 가끔 가슴통증이 있었다고 함.
  - 생리식염수 정맥주사와 활력징후를 측정함(혈압 : 148/58, 맥박 : 104).
  - 의료진과 회항 여부를 논의하였으나 AED로 심전도 모니터 및 혈압 재측정 결과 호전양상을 보여 인천 국제공항까지 비행을 계속하기로 결정함.
  - 환자승객의 안정을 위해 디아제팜 및 NTG를 2차례 더 투약함.
  - 인천 국제공항 도착 후 구급차로 이송함.

5. 기내 응급환자 발생 및 회항 보고사례

일자 및 구간

- 2014. 12. 1. 인천 국제공항/달라스 포트워스 국제공항
- STD 23:55 / STA 06:50, ATD 24:09 / ATA 08:45
- FLIGHT TIME(비행시간) : 13시간 20분

환자 인적사항

- TRAN/******* (남성, 베트남계 미국인, S/N : 35D, 1954년생)
- 동반인 없이 탑승하였으며, 미국 국내선 연결편 승객임.

발생 개요

인천 국제공항 이륙 1시간 50분 경과 시점에 승객이 이상징후를 보여(의식불명) 즉시 CPR 및 구조호흡, AED MONITORING 실시하였으며, 일본 나리타 국제공항으로 회항 후, 일본 현지 의료인에게 인계하여 병원 후송 조치함.

시간대별 상세 경위(KST-한국시간)

- 02:19 TAKE OFF (이륙)
- 02:40 동 승객은 비행 중, 음료 서비스 시 물을 반 잔 마셨으며 AVOD를 시청한 후 취침하였음.
- 04:10 옆 좌석 여자 승객이 동 승객의 이상징후를 느끼고 승무원을 호출하여, 즉시 승객의 상태를 확인함(맥박은 약하게 잡히고 있으나 동공이 풀려있었으며 거품이 섞인 침을 흘리고, 자극에도 반응하지 않는 의식불명 상태였음).
- 04:11 승객을 좌석에서 끌어내어(승객의 좌석이 소변에 젖어 있는 것을 발견) L2 DOOR SIDE로 옮긴 후, CPR 실시함. 아랫 틀니가 반쯤 걸려 있어, 제거 후 기도 유지 및 구조호흡 실시함.
- 04:12 타 승무원에게 도움 요청 후, 기장에 보고 및 DOCTOR PAGING 실시함(의사는 나타나지 않음). 또한 도움을 요청받은 승무원들이 AED, PO2 BOTTLE, BAG VALVE MASK를 가져와 승객에게 부착하고 지속적으로 CPR 실시함.
- 04:13 2차 DOCTOR PAGING 실시 및 2분 간격으로 추가 DOCTOR PAGING 2회 실시하였으나, 의사는 없었음.
  (야간 비행으로 대부분의 승객들이 깊이 취침한 상태였음)
- 04:17 COCKPIT(조종실)에 들어가 EMCS로 통화 시도하였으나, 연결이 안 됨. 기장에 연락이 되면 알려 달라고 요청하고, 승객의 상태 확인 및 CPR 지속 교대 실시(객실승무원끼리 조를 이루어 교대로 AED의 지시에 따라 CPR 및 구조호흡을 실시)
- 04:30 EMCS 연결되어 당직 의사에게 환자 상태 보고하였으며, 지속 CPR 실시할 것과 기장과 회항을 협의함.
- 04:35 기장은 항공기 종합통제센터와 회항 결정 후, 여부를 알려주겠다고 함.
- 04:40 NRT(일본 나리타 국제공항)로 회항하기로 결정되었음을 통보받음(회항 예정 안내 방송 사무장 실시).
- 04:50 기장으로부터 약 15분 정도 후에 NRT 공항에 착륙할 것임을 전달받음.
  * 승객 의식불명 발견 후, 지속 CPR 실시하였으며, 승객의 맥박이 약하게 잡히고 AED는 승객의 심장 리듬을 보여주며 SHOCK에 대한 지시 없이 CPR을 지속할 것을 지시함.
- 05:04 승객의 심장 리듬을 분석하던 AED로부터 SHOCK을 지시받아, 1회 SHOCK 실시함.
  이후 추가 SHOCK 지시는 없었으며 현지 의료인에게 인계 시까지 CPR 실시

- 05:10 CPR 지속 실시하며 NRT(나리타 국제공항) 공항 착륙
- 05:12 회항공항 임시 착륙 안내 방송 사무장 실시
- 05:15 L1 DOOR OPEN
  대기하고 있던 현지 의료진(남2명, 여1명)이 기내에 들어와 승객의 상태 확인 후, 승무원과 교대하여 CPR 실시함.
  당사 지상직원은 아직 SHOW UP 하지 않아, 나리타 국제공항 직원에게 AMBULANCE 관련 문의하였으며, AMBULANCE 대기 및 현지 의료진에 의한 병원 이송을 전달받음.
- 05:17 탑승객 기내 착석 및 대기 안내 방송 실시 및 각 CLASS별로 대 고객 개별 안내 실시함.
- 05:20 R2 DOOR로 AMBULENCE 도착할 것임을 통보받음.
- 05:28 R2 DOOR OPEN하였으나, 환자 이송을 위해 추가 인원을 기다림(현지 의료진의 STRETCHER 준비가 원활하지 못함).
- 05:44 추가 인원 4명 도착하였으며, STRETCHER를 이용하여 R2 DOOR로 환자 하기시킴(현지 지상 직원 SHOW UP).
- 05:45 기장에 보고 후 R2 DOOR CLOSE
  항공기 정비 관련하여 RELEASE해야 할 내용 및 환자승객의 CHKED BAGGAGE 1EA를 하기한 후에 이륙이 가능함을 전달받고, 환자승객의 짐을 내리는 작업을 실시함.
- 05:50 환자승객 짐 하기 예정 방송 실시
- 05:56 승객 짐 하기 방송 추가 실시하였으며, ZONE별 개별 안내 실시
- 06:02 승객 짐 지연 하기 방송 실시
- 06:15 기장 추가 안내 방송 실시
  (환자 발생으로 인한 회항 양해 및 지연 안내)
- 06:30 짐 하기
- 06:36 DOOR CLOSE
- 06:38 PUSH BACK
- 06:50 TAKE OFF
- 08:45 달라스 국제공항 LANDING(착륙)

기타 사항

- 탑승 시 동 승객은 건강상 이상징후를 보이지 않았으며, 지상직원으로부터 전달받은 사항(서약서 등)은 전혀 없었음.

- 휴대수하물은 없었으며, 소지품으로는 안경, 틀니, 모자가 있었고, SLEEPER를 신은 상태로 여권 및 TICKET을 주머니에 소지하고 탑승함(하기 시 의료진에 인계함).
- CPR 실시 중, 환자승객의 바지 주머니 속의 약병이 발견되어, NRT 현지 의료진에게 인계함.
- 의식불명 상태 전까지는 옆 승객들도 건강상태의 이상징후를 느끼지 못하였다고 함.
- 35C에 착석한 승객의 증언에 따르면 자는 도중 약간의 경련을 일으켰으며, 이후 숨을 거칠게 들이쉬는 것을 목격하고 곧바로 승무원을 호출한 것이라 함.
- 발견 즉시부터, NRT 공항 도착 후, 현지 의료진에 인계 시까지 쉬지 않고 CPR, AED HEART RHYTHM MONITORING 및 구조호흡을 실시함.
- 현지 의료진은 지속 CPR 실시, 환자 기도 내의 이물질 제거 및 구조호흡, 주사를 투여하였음.
- 현지 의료진 도착 후, 동 의료진이 준비한 대용량 PO2 BOTTLE 교체하여 구조호흡 실시하였으며, 환자승객 하기 시, NRT 의료진이 소지한 AED로 교체함.
- NRT LANDING SIGN ON 시, 10G, H에 앉아 취침 중이던 승객이 깨어나 의사라고 얘기하여, 환자 상태 확인을 요청하였으나, 승무원의 조치가 매우 정확하다고 하며, 당시 도움될 만한 사항이 없어 좌석으로 돌아감. 이후 승무원의 정확하고 숙련된 환자 조치에 대해 놀라움과 칭송을 표현함.
- 환자승객 AMBULANCE 이송 시까지 심장 박동은 뛰는 상태로 AED에 표시됨.
- NRT 기내 대기 시, 대부분의 승객은 계속 취침하였으며 승무원은 지속적인 WALK AROUND를 통한 대 고객 안내 및 음료를 제공함.
- 회항 관련 불만을 표출한 승객은 없었으며, 오히려 환자승객의 상태를 문의하거나 승무원을 격려하였음.
- 연결편 관련 문제는 없었으며, 연결 승객 2명은 도착 후, 대기하고 있던 지상직원에 인계함(항공기 종합통제센터로부터 조치사항을 전달받아 대 고객 안내 실시).
- 35C 승객의 목격자 진술서 확보함.
- 환자승객이 사용한 오염 물질은 BIO HAZARD BAG에 넣어 인천공항 도착 후 인계하였으며, 오염된 승객 좌석 CUSHION 교체 및 승객 처치를 위해 사용한 PO2 BOTTLE, AED, RESUSCITATOR BAG은 CL(Cabin Log)에 기재하였음을 보고함.

비행 중 응급처지 실제 사례 용어해설

사용된 용어	용어해설
BP	혈압-Blood Pressure
BT	체온-Body Temperature
NTG	나이트로글리세린, 심장 이상에 사용하는 하얀색 알약
EMCS	Emergency Medical Call System, 지상 응급연락체계
FAK	구급약통
EMK	Emergency Medical Kit, 기내 의료진만 사용할 수 있는 약품통
지사제	설사를 그치게 하는 약
STD	Standard Time of Departure, 예정 출발시간
STA	Standard Time of Arrival , 예정 도착시간
ATD	Actual Time of Departure, 실제 출발시간
ATA	Actual Time of Arrival, 실제 도착시간
AED SHOCK	AED에서 전기충격을 주는 것
PUSH BACK	항공기 출발 위해 게이트에서 뒤로 밀어내는 행위
TAKE OFF	이륙
NRT	일본 나리타 국제공항의 3 LETTER CODE

6. 기내 응급환자 중간 기착지/도착지 공항 인계방법

기내 응급환자가 발생하여 EMCS의 지시 또는 기내 의료진이 회항을 권유하거나 회항 없이 목적지까지 비행하여 공항의 지상직원에게 인계할 경우 아래의 사항을 참고하여 인계한다.

❶ 항공기 도착 후 유도로 택싱(Taxing) 중 기내 모든 승객에게 항공기가 게이트에 도착하면 응급환자 인계까지 착석상태를 유지할 수 있도록 기내 안내방송을 실시한다.

❷ 게이트에 도착 후 항공기 문이 열리면 대기하고 있던 지상직원과 응급구조요원에게 응급환자의 증상/처치한 방법/환자상태/인적사항을 구두/문서로 자세히 인계한다.

❸ 응급구조요원이 기내에 진입하여 환자를 이송할 때 의식이 있는 환자는 On board wheel chair를 이용하고, 의식이 없는 환자일 경우 환자 이송용 들것을 이용하여 환자승객을 안전하게 외부로 운송할 수 있도록 주변의 승무원과 함께 기내 준비를 실시한다.

❹ 안전하게 기내 외부로 환자승객을 운송한 후, 지상직원에게 한국 소재 항공사 본사로 유선이나 팩스(FAX)를 이용하여 기내에서 응급처치한 기록/의료진 인적사항을 송부할 수 있도록 조치한다.

❺ 기내에서 응급조치를 실시한 의료진에게 감사의 인사를 전하고 응급환자 운송을 위해 기내 대기를 협조해 준 승객에게 역시 감사의 인사를 전한다.

❻ 회항한 경우 재출발 위해 기장에게 객실의 출발 준비완료를 보고하며 CDML을 CL(Cabin Log)에 사용한 모든 응급장비의 내용을 기록한다.

❼ 호텔/모기지 도착 후 응급환자 처치에 대한 보고서를 6하 원칙으로 작성하여 회사에 제출한다.

Reference

Docs From 32 years Flight in Korean air

Knowledges From 32 years Flight in Korean air

NCS 학습모듈 기내 일상 안전 관리(홍영식)

NCS 학습모듈 응급 환자 대처(임향아)

Pictures From 32 years Flight in Korean air

www.airbus.com(에어버스사 홈페이지 for A320/330/380)

www.boeing.com(보잉항공사 홈페이지 for B737/777/747)

www.bombardier.com(봄바르디어 항공사 홈페이지 for CRJ-200/1000)

www.tsa.gov 미국교통안전청(Transpotation Security Administration) 홈페이지

국가법령정보센터

국토교통부 국토교통뉴스(www.news.airport.co.kr)

네이버백과사전

대한 심폐소생협회(www.kacpr.org)

대한항공/아시아나/제주항공/진에어/이스타항공/T way/유스카이 항공 홈페이지

대한항공 객실승무원 교범

대한항공 객실승무원 서비스 교범

대한항공 사무장/승무원 방송문 및 부록

대한항공 칼맨 사이트 내 '영종블로그'

대한항공 홈페이지

메디컬커리어 연구소(www.mcareerlab.com)

미국교통안전청(Transpotation Security Administration) 홈페이지(www.tsa.gov)

보잉항공사 홈페이지(www.boeing.com for B737/777/747)

봄바르디어 항공사 홈페이지(www.bombardier.com for CRJ-200/1000)

서울대학교병원 의학정보 제공처

시사상식사전

아시아나항공 홈페이지

에어버스사 홈페이지(www.airbus.com for A320/330/380)

위키백과

위키백과 /위키 pedia /You tube

인천국제공항 홈페이지(www.airport.kr)

항공정보 포털 시스템(Air Portal)

비행안전실무

초판1쇄 발행 2018년 6월 25일
2판 1쇄 발행 2022년 2월 10일

저 자 최 성 수
펴 낸 이 임 순 재
펴 낸 곳 (주)한올출판사
등 록 제11-403호
주 소 서울시 마포구 모래내로 83(성산동, 한올빌딩 3층)
전 화 (02)376-4298(대표)
팩 스 (02)302-8073
홈페이지 www.hanol.co.kr
e-메일 hanol@hanol.co.kr
ISBN 979-11-6647-181-0